建筑设计速查手册

MATERIALS, STRUCTURES, AND STANDARDS

（美）朱莉娅·麦克莫罗 著
Julia Mcmorrough
夏云峰 译

大连理工大学出版社

Materials, Structures, and Standards
By Julia Mcmorrough
© 2006 by Rockport Publishers, Inc.
All rights reserved. No part of this book may be reproduced in any form without written permission of the copyright owners. All images in this book have been reproduced with the knowledge and prior consen the artists concerned, and no responsibility is accepted by producer, publisher, or printer for any infringement of copyright or otherwise, arising from the contents of this publication. Every effort has been made ensure that credits accurately comply with information supplied.
© 大连理工大学出版社 2008
著作权合同登记06-2006年第127号
版权所有·侵权必究

图书在版编目(CIP)数据

建筑设计速查手册／（美）麦克莫罗（Mcmorrough,J.）著；夏云峰译.—大连：大连理工大学出版社，2008.2（2014.1 重印）
ISBN 978-7-5611-3959-2

I. 建… Ⅱ.①麦…②夏… Ⅲ.建筑设计–技术手册 Ⅳ.TU2-62

中国版本图书馆CIP数据核字（2008）第001594号

出版发行：大连理工大学出版社
（地址：大连市软件园路80号　邮编：116023）
印　　刷：利丰雅高印刷（深圳）有限公司
幅面尺寸：146mm × 210mm
印　　张：7.5
出版时间：2008 年 2 月第 1 版
印刷时间：2014 年 1 月第 2 次印刷
责任编辑：裘美倩　张　泓
责任校对：韦林晓
封面设计：温广强

ISBN 978-7-5611-3959-2
定　　价：59.80元

电 话：0411-84708842
传 真：0411-84701466
邮 购：0411-84703636
E-mail：dutpbook@gmail.com
URL：http:// www.dutp.cn

如有质量问题请联系出版中心：（0411）84709246　84709043

MATERIALS, STRUCTURES, AND STANDARDS

目　录

前 言

建筑设计是相关方面知识相互交流以及生产制造过程的统一体，即使对于一项很小的工程也是如此。建筑师经常使用自己的语言，包括专业术语和能表达设计意图的手绘、模型和图表。此外，想要自己的建筑创作被客户采纳，建筑师必须博学并具备以下知识：建筑规范、人体尺度、制图标准、材料特性以及相关的建筑技术。即使通过学校的学习和长时间的工作实践能够熟悉各种问题的解决方法，但对于一名经验极为丰富的建筑师而言，他们也必须利用各种途径获得与建筑相关的讯息，从规范集到图例标准，从建筑材料库到生产商的产品。

本书是一本独特的汇编书，它为建筑师、建筑系学生以及任何一位打算参与建筑项目的人提供了基本的信息。书中涵盖了诸多建筑师日常所需的表格、图表、人体尺度、建筑规范以及日常需要的相关基本数据。该书不是为了代替建筑师经常查阅的建筑设计资料集，而是可作为建筑师放在办公桌上或是背包中可“第一时间”查阅的工具书。

从第一部分到第四部分，“基本制图”“比例与形式”“规范与准则”以及“体系与构件”，论及了建筑实践的主要方面。议题包括基本的几何学知识、建筑制图类型及制图惯例、数字技术、人体尺度、停车场的设计、建筑规范、建筑的无障碍设计、建筑结构、机械体系以及建筑构件。第五部分“材料的特性”提供了现今常用建筑材料的详尽目录，包括木材、砖石、混凝土、金属以及各种各样的内部精修样式。第六部分，“纲要”提供了专业术语表，用于阐述建筑构成的目录表，以及在建筑史上重要的建筑。最后，如此简明扼要的书不可能尽乎所有，参考资料中提供的出版社、机构组织以及相关的网站为您提供了更为广泛的向导。

对于每个项目而言，建筑师必须考虑到无尽的外界因素的干扰，不仅仅是设计与结构规范。但这些规范不能被看做是约束建筑的因素，建筑师需要运用自己的知识与创造力来摆脱制约的因素。事实上，就是思维活跃与充满激情。

第一部分

基本制图

要把建筑意念逐渐转化成考虑周密的设计实践，建筑师们需要不断地评估、调查以及进行相关的实验。快速而合乎比例且寥寥几笔的笔记和意念草图是必需的。从二维空间到三维空间，以及空间的内外关系均要考虑周全。进入建筑实施的阶段，建筑师的意图还必须与其他不同的专业进行交流，相互配合，如此，建筑师就进入了建筑设计过程中实践与展示介绍的周期中。

在对业主进行设计的展示介绍过程中，与业主之间的交流可以采用多种多样的草图、手工模型、计算机模型以及数字动画，想尽办法使业主明白建筑师的设计理念。在准备这些材料的过程中，建筑师经常会发现能够进一步研究和介绍设计理念的更新的方式。

在建筑的实施阶段，建筑师需要按照一定的标准准备相应的建筑文件材料。计算机制图可以绘制建筑施工所必需的详尽的材料。根据工程项目的大小，也要涉及到其他专业的配合，从结构与机械工程师、电气工程师到灯光设计师，他们每个专业都要提供相应的施工文件来配合整个工程项目，在每一份建筑施工文件中，他们的绘图与专业术语都必须清晰而准确地表达，以确保建筑的合理施工。

第 1 章　基本几何体与画法几何

平面几何计算公式

长方形

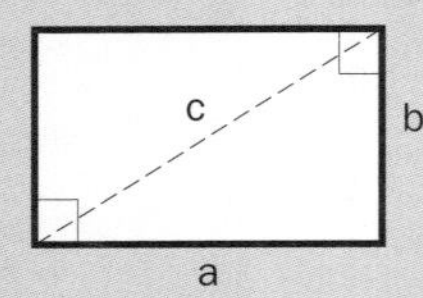

面积 = ab

周长 = $2(a+b)$

$a^2 + b^2 = c^2$

等边三角形（三边相等）

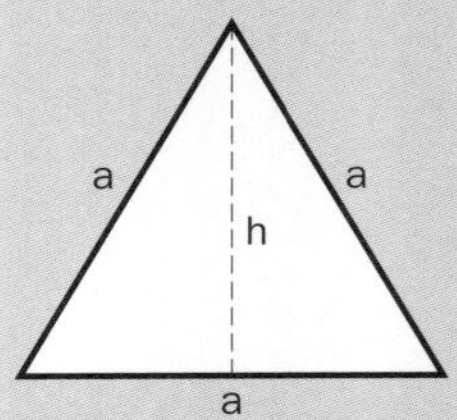

面积 = $a^2\frac{\sqrt{3}}{4} = 0.433\,a^2$

周长 = $3a$

$h = \frac{a}{2}\sqrt{3} = 0.866a$

平行四边形

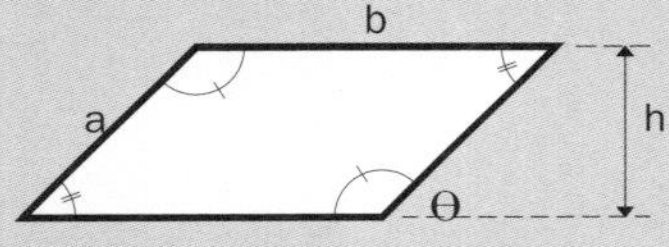

面积 = $bh = ab\sin\Theta$

周长 = $2(a+b)$

三角形

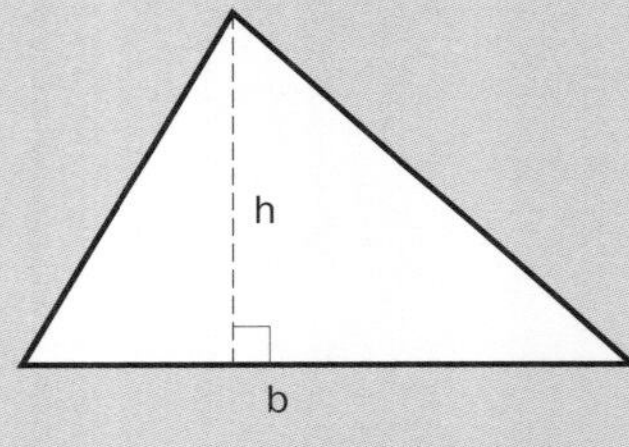

面积 = $\frac{bh}{2}$

周长 = 各边之和

梯形

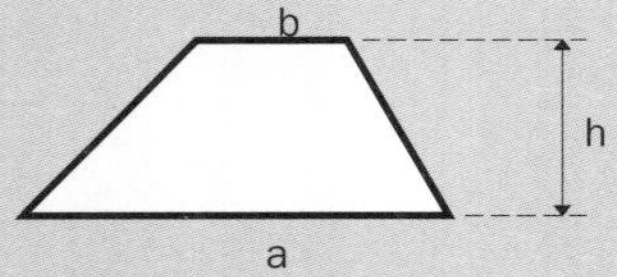

面积 = $\frac{(a+b)}{2}h$

周长 = 各边之和

不规则四边形

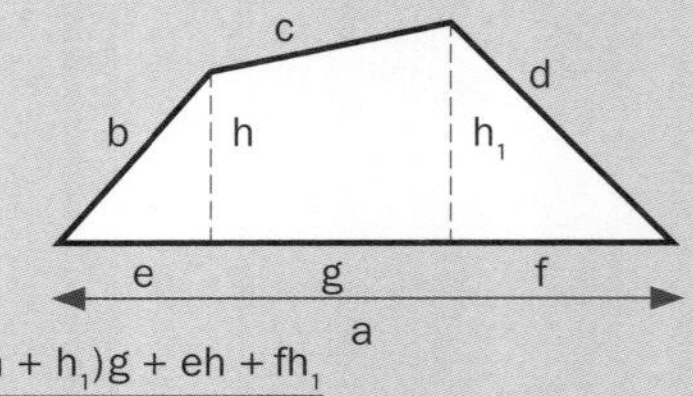

面积 = $\frac{(h + h_1)g + eh + fh_1}{2}$

周长 = 各边之和

四边形

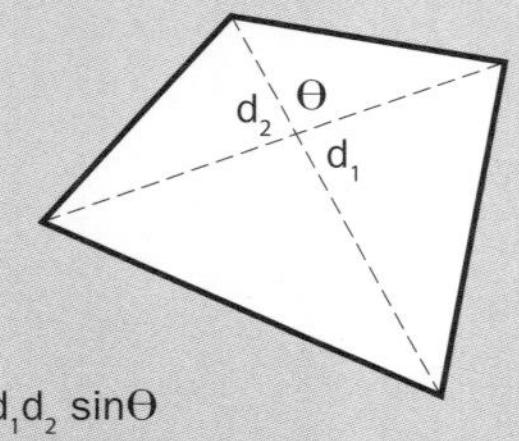

面积 = $\frac{d_1 d_2 \sin\Theta}{2}$

或

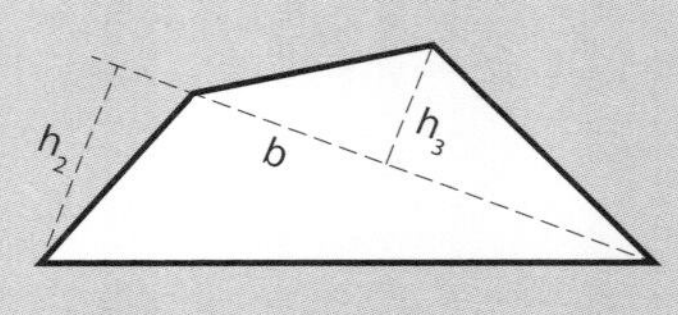

面积 = $\frac{bh_2}{2} + \frac{bh_3}{2}$

（将图形分为两个三角形，之后面积相加）

正多边形
（各边相等）

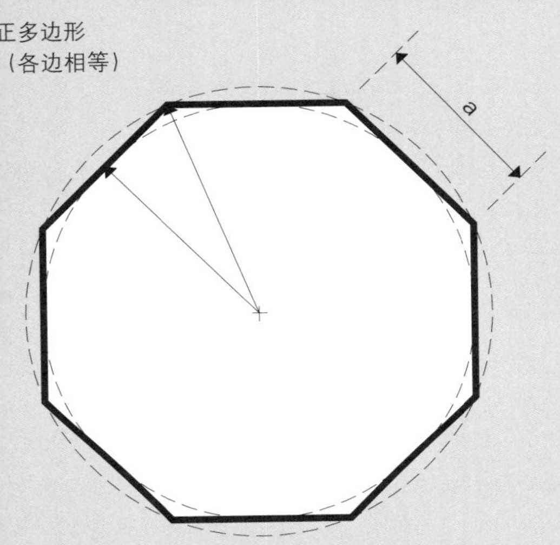

n = 边数

面积 = $\frac{nar}{2} = nr^2 \tan\Theta = \frac{nR^2}{2}\sin 2\Theta$

周长 = n a

正多边形	边数	面积
正三角形	3	$0.4330\ a^2$
正方形	4	$1.0000\ a^2$
正五边形	5	$1.7205\ a^2$
正六边形	6	$2.5981\ a^2$
正七边形	7	$3.6339\ a^2$
正八边形	8	$4.8284\ a^2$
正九边形	9	$6.1818\ a^2$
正十边形	10	$7.6942\ a^2$
正十一边形	11	$9.3656\ a^2$
正十二边形	12	$11.1962\ a^2$

体积

四棱柱或圆柱体（正的或斜的，规则的或不规则的）

体积 = 底面积 × 高度

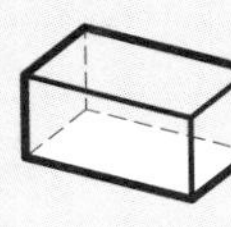

高度 = 两个平行底面之间的垂直距离；当两个底面不平行时，高度为其中一个底面至另一个底面中心的垂直距离

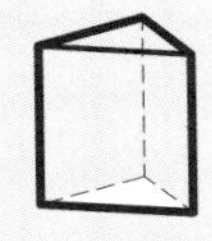

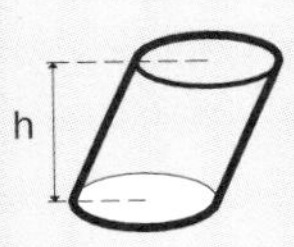

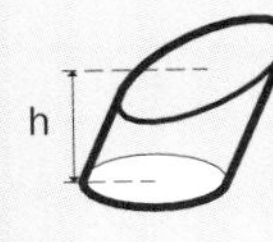

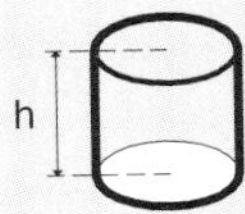

三棱柱或棱锥体（正的或斜的，规则的或不规则的）

体积 = 底面积 × $^1/_3$ 高度

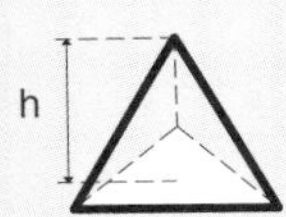

高度 = 底面至顶点的垂直距离

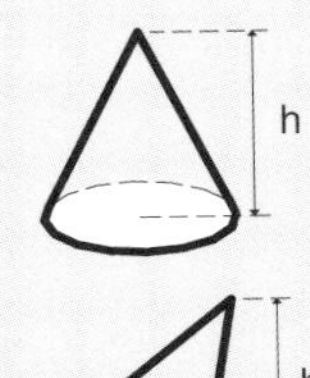

圆

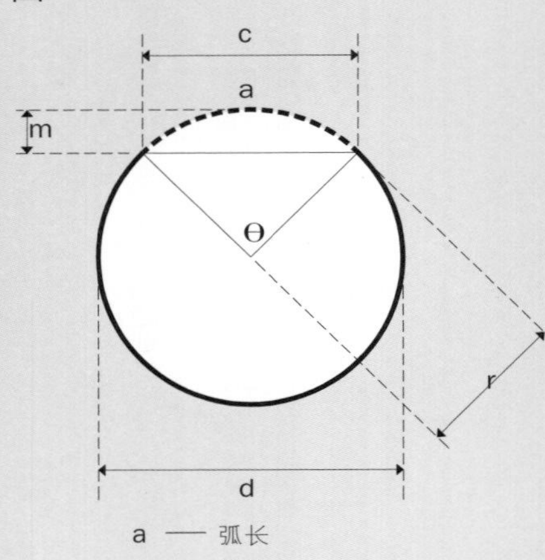

a —— 弧长
r —— 半径
d —— 周长
c —— 弦长
m —— 高度
Θ —— 圆心角
π = 3.14159

周长 $= 2\pi r = \pi d = 3.14159\,d$

面积 $= \pi r^2 = \pi \frac{d^2}{4} = 0.78539\,d^2$

弧长 $= \Theta \frac{\pi}{180} r = 0.017453\,\Theta\, r$

$r = \frac{m^2 + c^2/4}{2m} = \frac{c/2}{\sin \frac{1}{2}\Theta}$

$c = 2\sqrt{2mr - m^2} = 2r \sin \frac{1}{2}\Theta$

$m = r \pm \sqrt{r^2 - \frac{c^2}{4}}$

"+" 当所对应圆心角大于等于180°
"–" 当所对应圆心角小于180°

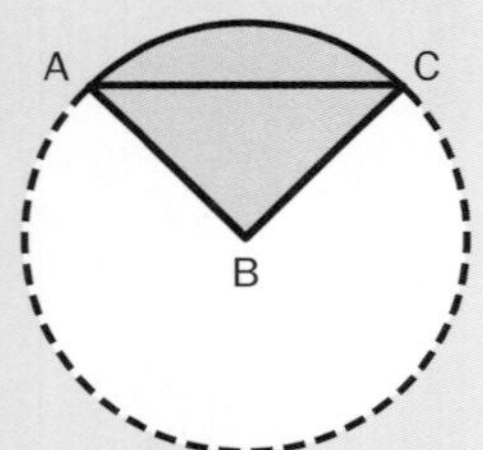

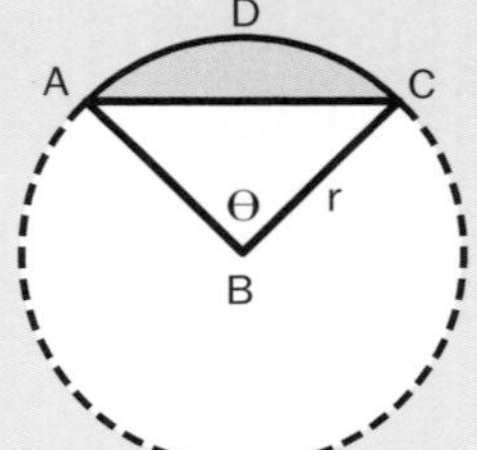

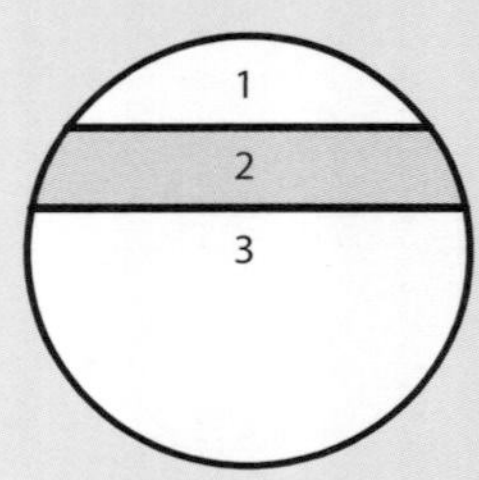

扇形

弦长AC = $\frac{\pi r \Theta}{180}$

面积ABCA = $\frac{\pi \Theta r^2}{360}$

或

面积 ABCA = $\frac{弦长AC \times r}{2}$

弓形

面积 ACDA =

$\frac{r^2}{2} \times \left(\frac{\pi\Theta}{180} - \sin\Theta\right)$

r —— 半径
Θ —— 圆心角
π = 3.14159

圆周区段

面积 2 =
圆面积 – 面积 1
– 面积 3

1 —— 弓形
2 —— 区段
3 —— 弓形

椭圆

周长（近似）= $\pi\,[1.5\,(x + y) - \sqrt{x\,y}]$

(G为椭圆中心，坐标为(0,0)，B点坐标为(B_x，B_y)

面积 ABFEA = $(B_x \times B_y) + ab\,\sin^{-1}(B_x/a)$

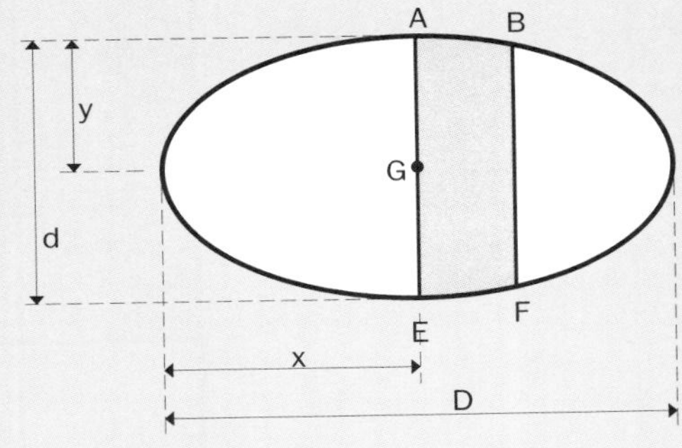

双曲面实体

球形

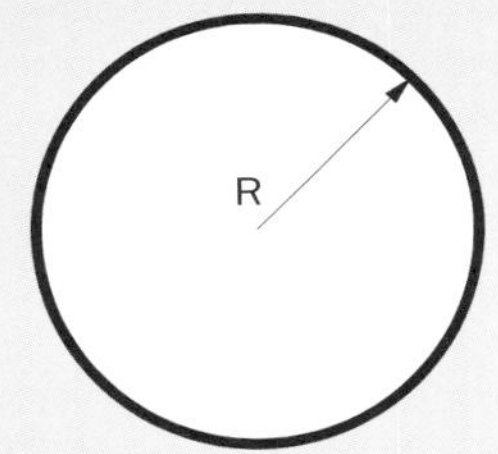

体积 $= \dfrac{4\,\pi\,R^3}{3}$

表面积 $= 4\,\pi\,R^2$

球形段

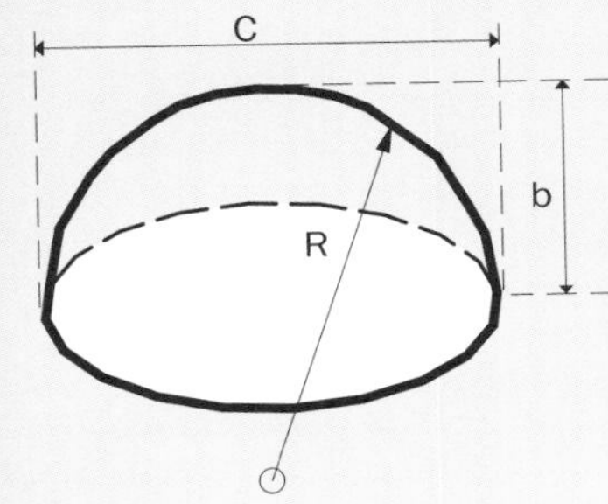

体积 $= \dfrac{\pi\,b^2\,(3R-b)}{3}$

（扇形 － 锥体）

表面积 $= 2\pi Rb$

球形区段

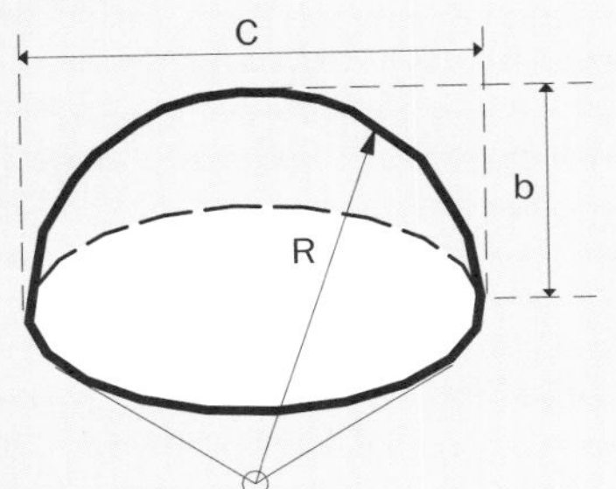

体积 $= \dfrac{2\pi\,R^2\,b}{3}$

表面积 $= \pi\,\dfrac{R(4b + C)}{2}$

球形段＋锥体

椭球体

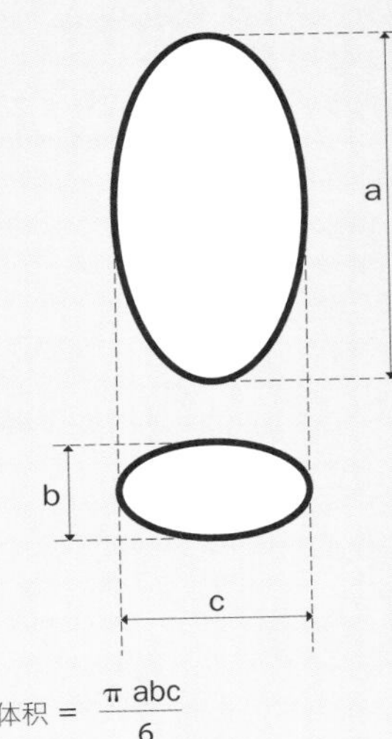

体积 $= \dfrac{\pi\,abc}{6}$

表面积无简单计算公式

三维制图

投影制图

投影制图就是将物体在各个方向的投影通过图形表示出来，这些图形可以看做是物体在一个旋转视点和一个高视点下，在各个方向上的正投影。我们通常称之为轴测法。轴测图区别于透视图，就是投影线在图形中仍保持平行，而不是集中于水平线上的一点。

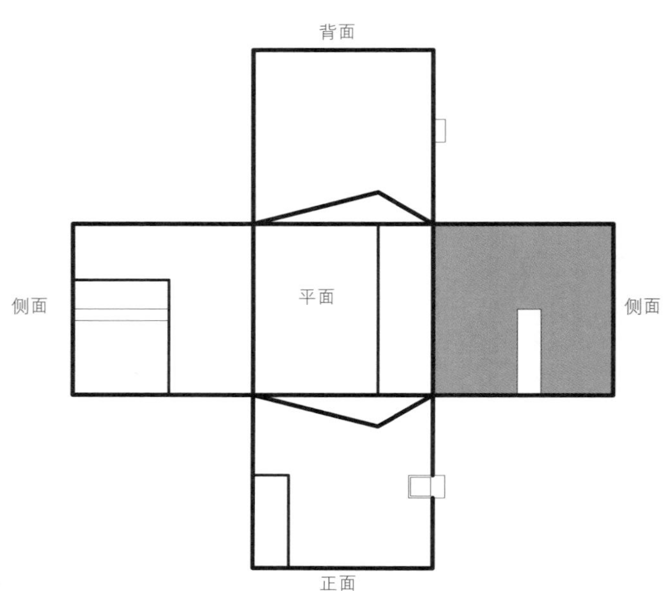

展开物体

斜投影

在斜投影图中，一个表面（无论是平面还是立面）直接绘制在图面上。而投影线则以 30° 或 45° 方向投射在图面上。投影线的长度取决于侧面的长度。

四边形投影

同斜投影类似，但由于物体被旋转，因此只有一个角在图面线上。

等角投影

等角投影是一种比较特殊的四边形投影类型。即物体所有的投影线均同时投向图面，保持同一个角度，所有线在长度上均有变化，但保持 1:1:1 的比例。

三角形投影

同四边形投影类似，但因为物体被旋转，因此两个展示面在图面线上并不是相同的角度。

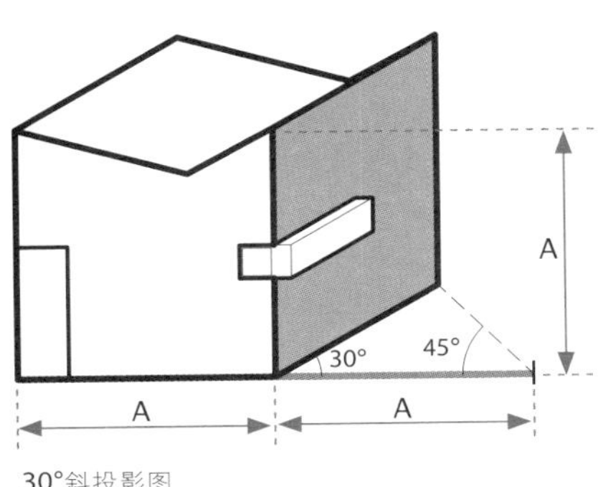

30°斜投影图

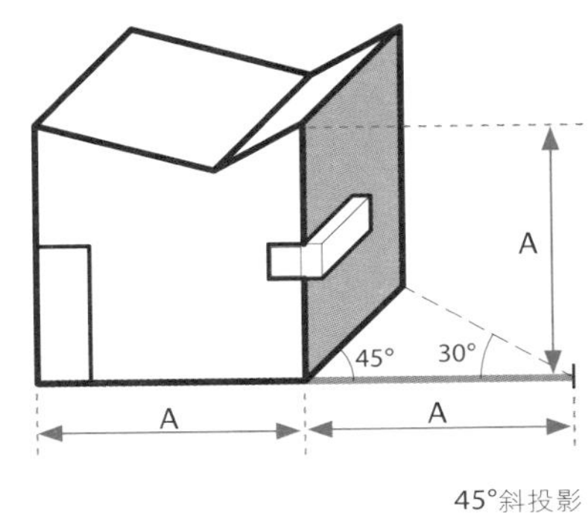

45°斜投影

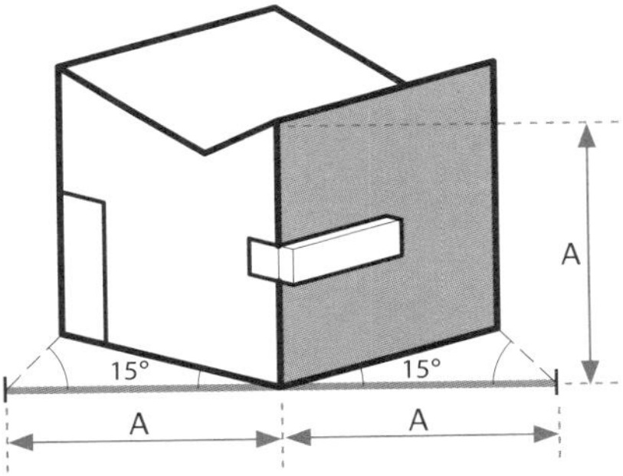

15°四边形投影图

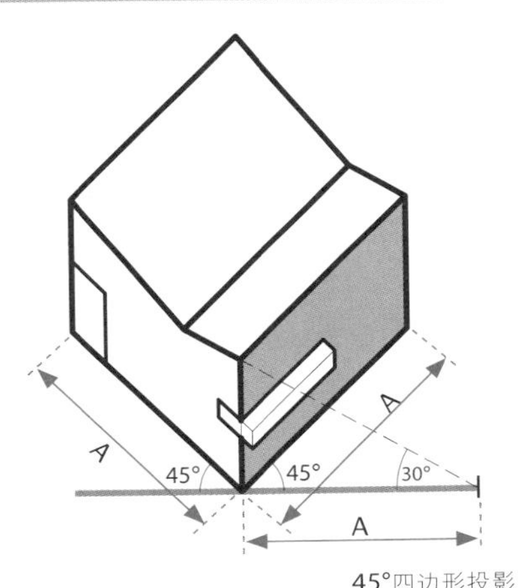

45°四边形投影图

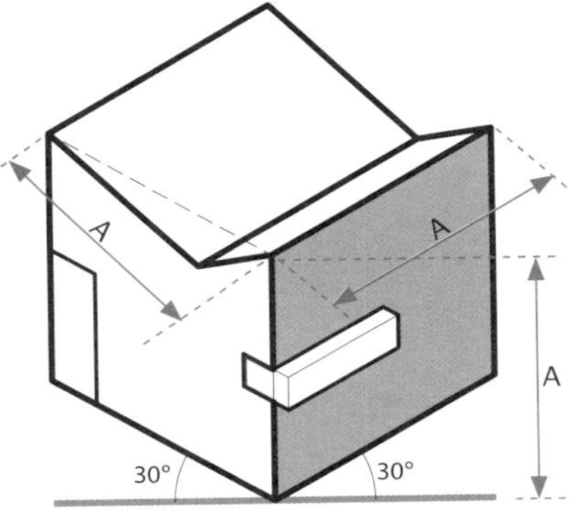

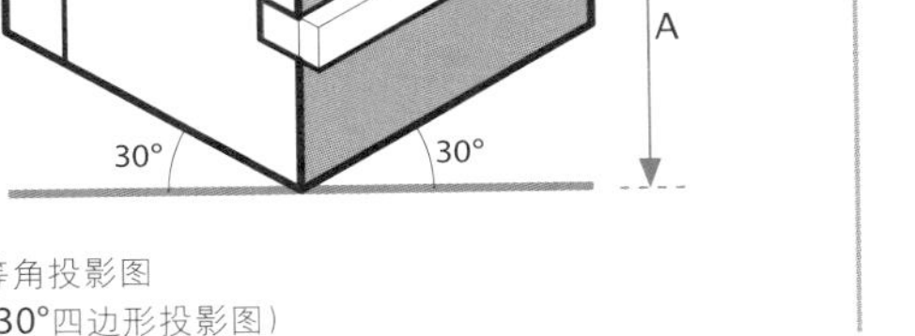

等角投影图
（30°四边形投影图）

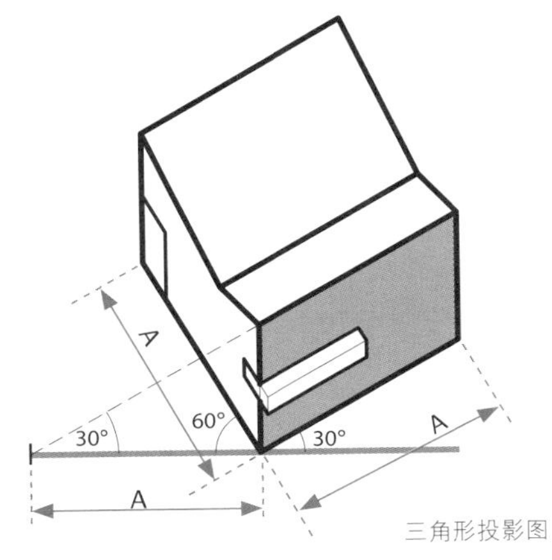

三角形投影图

两点透视

站点（SP）：观察者的站立位置。

画面（PP）：绘制透视图的二维平面，并定位视点的画面投影。在透视范围内只有画面是真实大小的。位于画面后的物体，透视尺寸比真实尺寸小；位于画面前的物体，透视尺寸比真实尺寸大。

真高线（ML）：透视图中惟一代表真实尺寸的投影线。

视平线（HL）：视平面与画面的交线。

灭点：透视图中平行线的交点。物体的长度方向和宽度方向的灭点取决于由站点作平行于物体长度和宽度方向的平行线与画面线的交点，由交点在视平线上的投影点。

基线（GL）：地面与画面的交线。

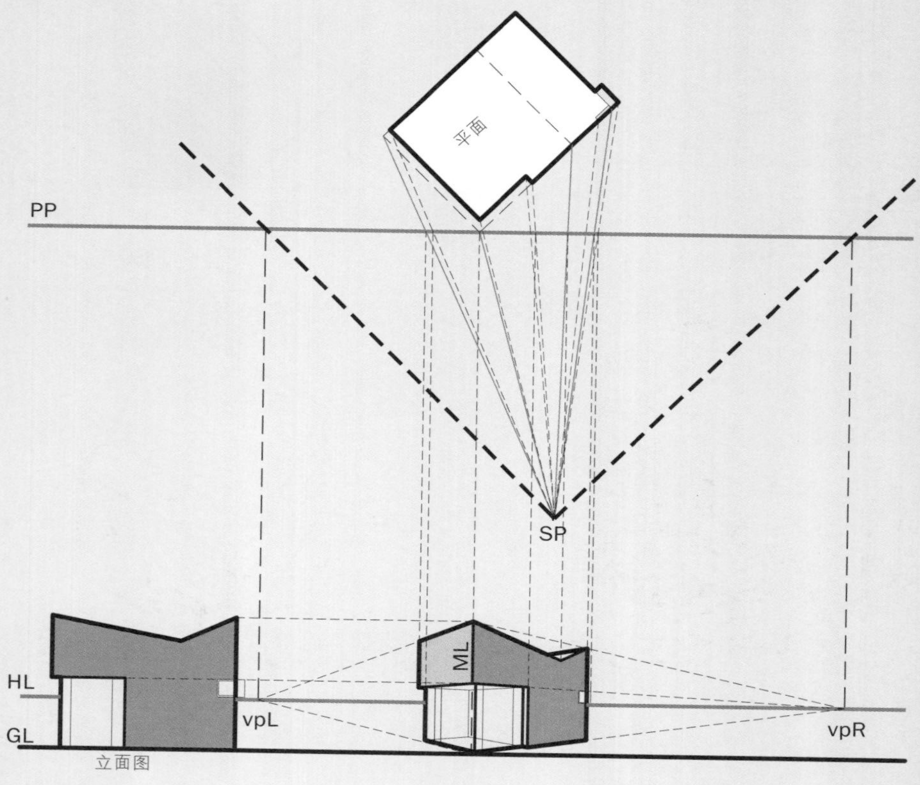

一点透视

一点透视图中只有一个灭点，所有的边线和面在图面上的投影均在这一点消失，从视点向水平线画一条垂直线来定位该点。建筑物中的平行边界线在一点透视图中也是平行的，它们不能相交于灭点。

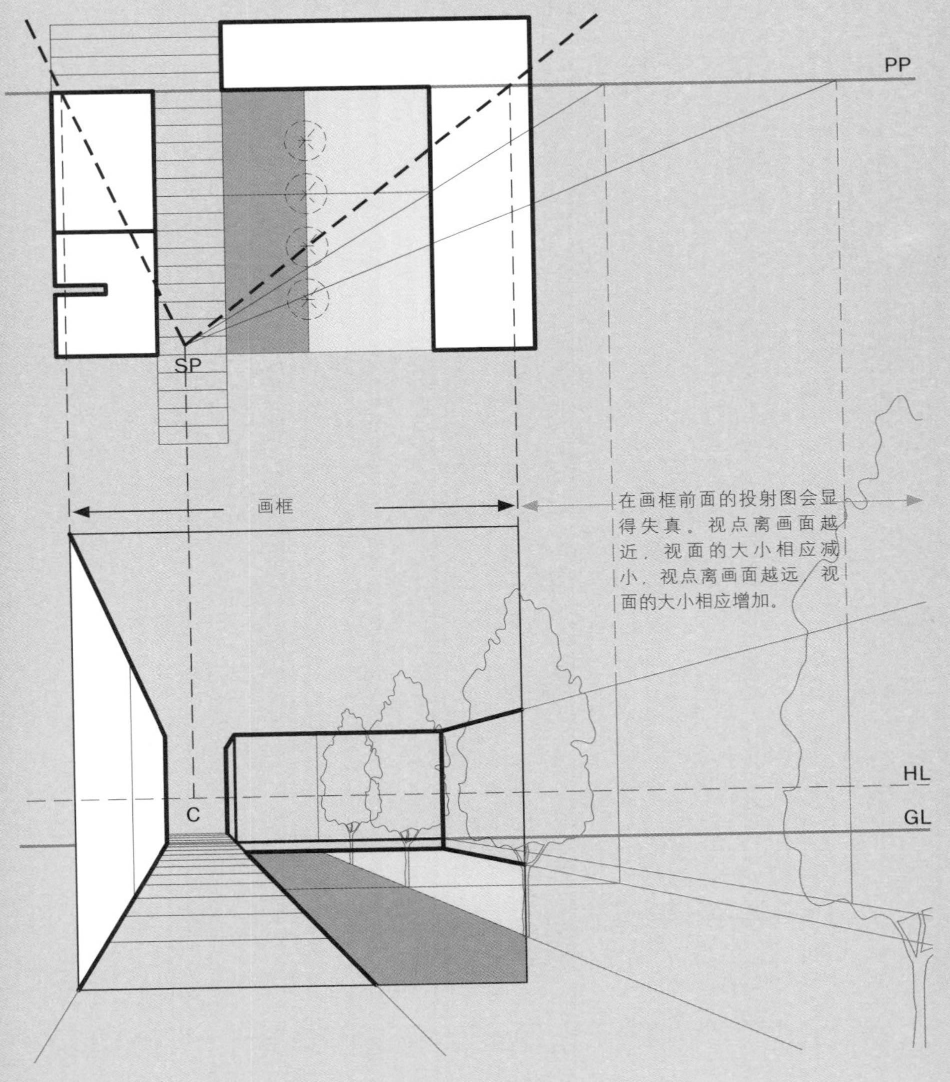
PP
SP
画框
在画框前面的投射图会显得失真。视点离画面越近，视面的大小相应减小，视点离画面越远，视面的大小相应增加。
HL
GL
C

第 2 章　建筑制图的类型

想要完整表达一幢建筑物的设计，建筑师通常用八种建筑制图类型来完成。

平面

建筑物的平面反映了各功能空间的相互关系。平面就是水平的剖面，即在距地面大约915mm高处的建筑物的水平剖面。

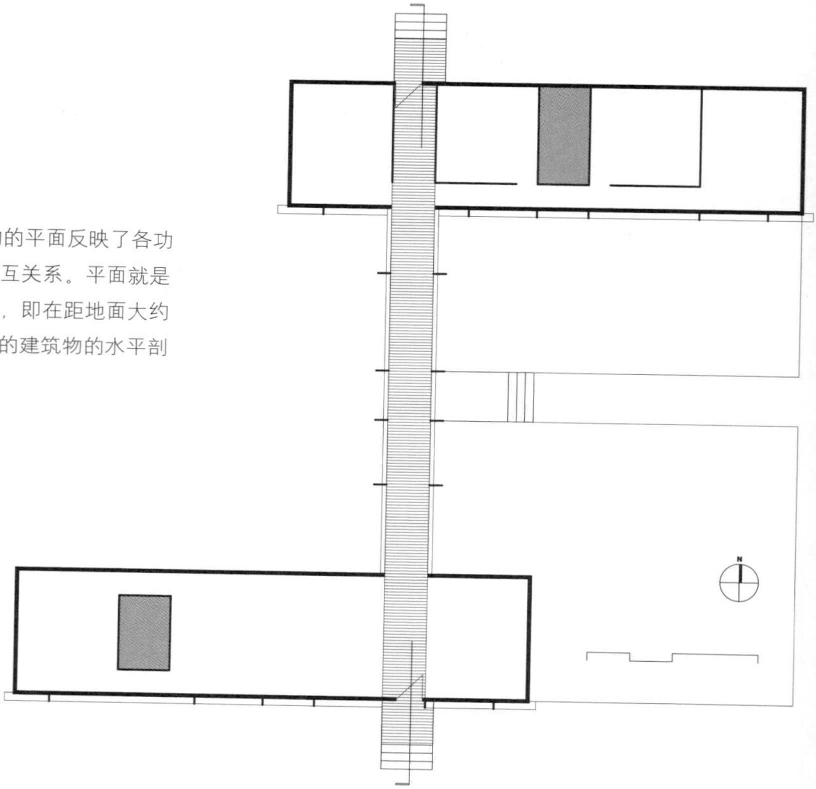

剖面

即将建筑物各部件垂直剖开的展示图。剖面也是建筑物的垂直平面，并包含立面的一些信息，比如门和窗。看到建筑部件的线要比剖切到的建筑部件轮廓线细。

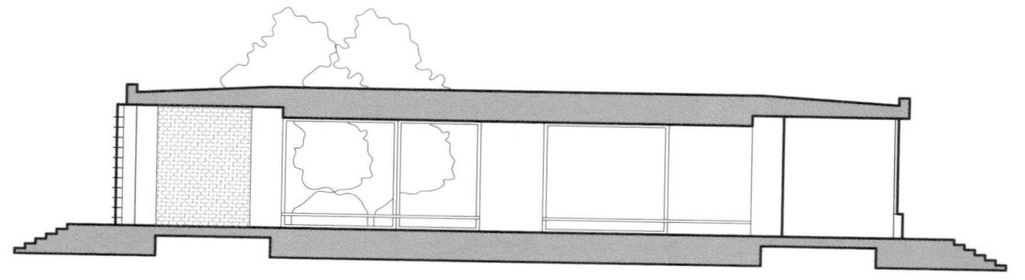

立面

建筑物在垂直方向上的投影，并表示相互之间的关系。立面可看做是垂直方向上的平面图。

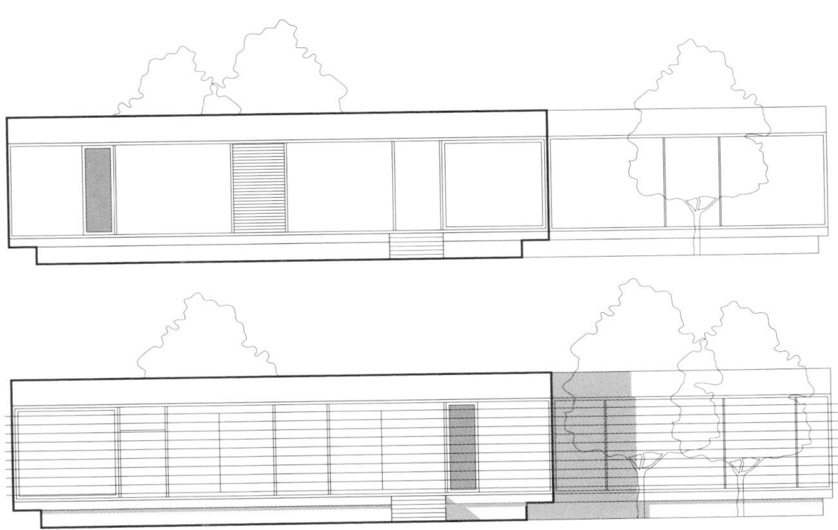

三维透视图

透视图（无比例）、轴测图以及等角轴测图均能在某一方面描述建筑外观或空间关系，但传统的平面、立面以及剖面却不能。透视图是一种在选定视点后，真实反映空间设计的相当有效的表达方式。

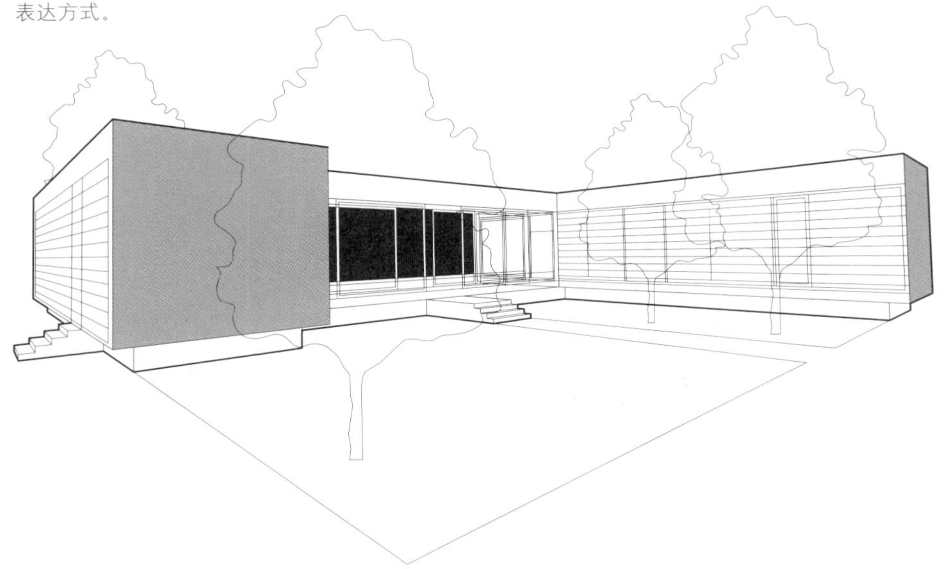

放大图

在基本的平面、立面或者剖面基础上，将其比例放大，并带有更详细的细部标注。放大图应表示材料做法、特定的尺寸标注及文字标注。

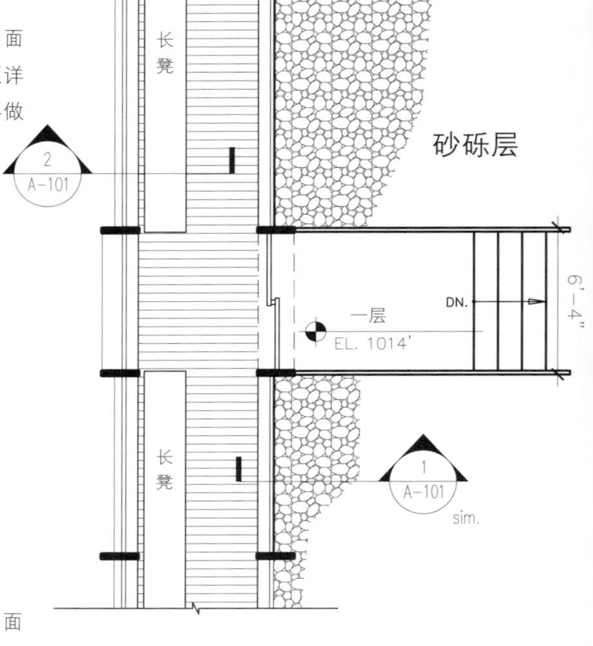

细部

比例放大的平面、立面或者剖面图，包括建筑某一局部的材料和构造柱的相关信息。细部是放大比例制图的关键。

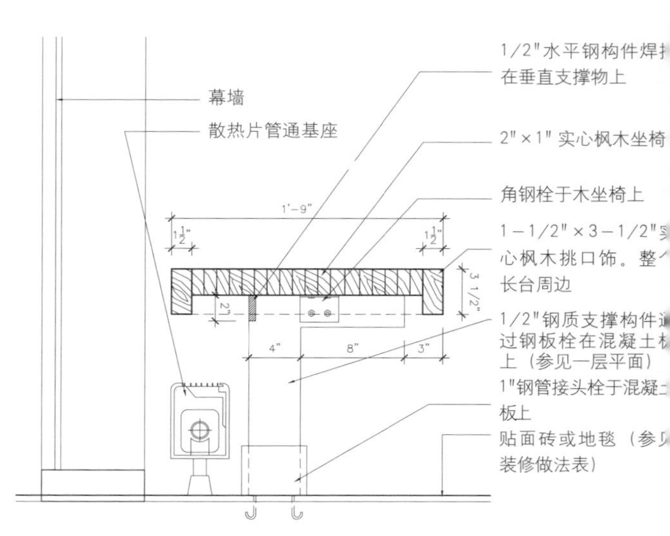

图示

通过流程图、体系构件或连接处的处理，描述建筑物的整体设计，无特定的比例。图示并不是传统比例制图的一部分。

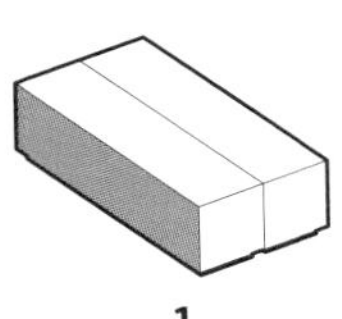

1

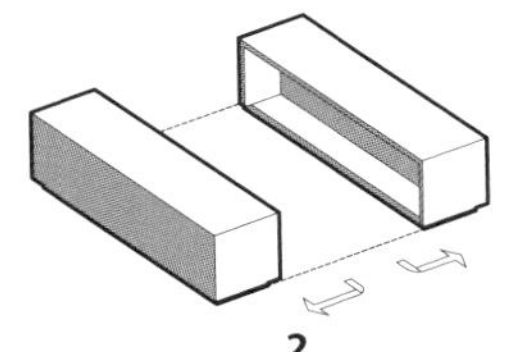

2

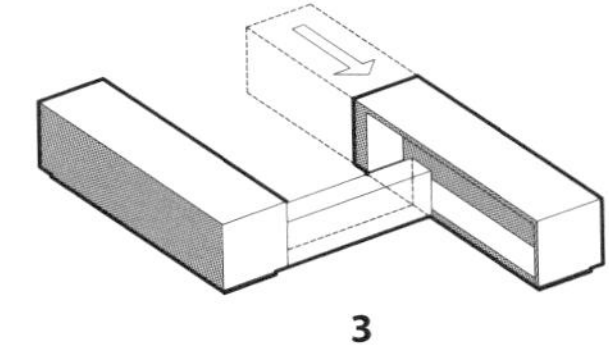

3

做法表

表格中含有材料、装修、电器选用、产品选用、窗户类型和门的类型等等。做法表对于其他专业制图来说是非常关键的。

房间装修做法表									
房间编号	房间名称	楼板	墙板				顶棚		注释
			N	S	E	W	材料	高度	

第 3 章　工程管理和建筑文件

建筑实践

建筑语言要表达很多东西：它涉及艺术的风格样式或真实的合同管理状况。建筑一旦付诸实践，随之而来的不仅仅是艺术上、科学上以及土木工程上的运作，还有商业、经济以及社会各方面的运作。在某种程度上，各专业都有自己的专业语言。在他们所表达的基础上，建筑师添加图画、符号和标记，并合理合法地组织成一套可接受的标准。作为一名优秀的管理者，重要的不是这些标准的汇编而是如何使这些标准便于交流和参与讨论。

各个国家均有自己的建筑实践部门——在美国就是美国建筑师协会（AIA）——该协会负责道德与专业管理行为上的监察工作，并为工程项目计划合同及法律文件制定相应的规则。建筑师几乎不可能精通建筑实践中的每个环节。然而，所有乐于建筑实践的建筑师都要求自己谙熟专业领域的商业行为，因为建筑的艺术体现在实施的建筑上。

常用工程词汇

附录（Addendum）：关于竞标材料的分类或修改的书面信息，经常用于竞标的过程。

比较方案（Alternate）：附加于建筑文件或计划书的额外设计方案或材料选择，以提供更多的评估项目造价的可能性。"增加－比较方案"意味着会增加材料和投资；"削减－比较方案"意味着为了减少投资，要去除部分构件。

ANSI：美国国家标准协会。

竣工图（As-built drawings）：用于反映在工程建造中有任何改动的图纸，不同于竞标文件。

招标（Bid）：给出各自的项目建议和工程造价。当一项工程进行公开招标时，合同方要提交自己关于项目时间和工程造价的草案。

建筑许可证（Building permit）：由建筑主管部门发出的对于项目建设认可的书面材料。

使用证明书（Certificate of occupancy）：由当地政府机构发放的法律文件，以表明房屋或财产符合当地居住条例，并符合公共卫生和建筑法律法规。

工程变更通知单（Change order）：由业主和承包商共同签名的书面文件，表明在实施过程中的变更或时间等的调整。在业主授权以后，建筑师和工程师也会署名工程变更通知单。

研讨会议（Charrette）：快速解决建筑难题的集中会议。经常由建筑系学生和设计过程中其他专业的专业人士参加。

造价（Construction cost）：承包商用于人工、材料、设备、工具及服务等方面的费用以及承包商的开销和酬金。造价不包括设计费、电气工程设计费、咨询费、土地费或其他与此相关的费用。

工程管理（Construction management）：工程项目中有关人工、材料以及机械台班的使用管理。

工程管理合同（Construction management contract）：协调工程项目总体计划、设计的书面文档，以及建筑公司之间或建筑公司和私人之间的管理合同。

顾问（Consultant）：由业主或建筑师请来，依据自己的实践经验可为某项建筑项目提出自己建议的专业人士。

合同管理（Contract administration）：在工程建设过程中，建筑师和工程师应履行的义务和职责。

成本超支（低于预算）［(Contract over–(or under–) run]：最终的开支与最初的成本预算有出入，包括所有的变更调整。

承包商（Contractor）：能够采用适当人工、机械台班和材料完成某项工程项目的具有一定资质的企业或个人。

竣工日期（Date of substantial completion）：彻底完成工程项目的日期。

设计建造（Design–build construction）：即由某一承包商完成的由设计到建造的全过程。

建筑预算（Estimating）：对完成建筑项目所需的材料、人工以及机械台班的估算。

提前开工（Fast–track construction）：工程管理的方法，即在建筑文件完成之前开工，结果是不间断的设计－建造过程。

家具及装置设备（FF&E）：动产家具装置或其他设备，不需要与建筑物永久相连。

场序（Field order）：在施工建造过程中，有关分类或小的变动，但不需要对合同进行调整的书面记录顺序。

总承包商 (General contractor)：主要负责工程项目的有资质的企业或个人。

间接投资 (Indirect cost)：特定项目中无法控制的花费，比如自我开销。

NIBS：美国国家建筑科学院。

验收清单 (Inspection list)：验收清单在工程项目结束时产生。它载有项目清单或工作需要修理或完成清单，由业主、承包商确认。

业主/建筑师协定 (Owner–architect agreement)：在建筑师和业主之间产生的关于建筑师专业服务的书面合同。

变位 (Parti)：管理和组织建筑工作的中心思想。

任务书 (Program)：所要求的功能房间空间以及它们的大小。

工程进度表 (Progress schedule)：线状表格，用于记录工程开始与结束的时间进度。

工程造价 (Project cost)：工程项目的总投资，包括土地费用、土建费、装修、设备等所有与工程相关的花销。

工程负责人目录 (Project directory)：工程中各专业负责人的姓名及住址，包括承包商、建筑师以及工程师等。

工程总指挥 (Project manager)：业主授权的有一定资质的公司或个人，负责工程进度的协调，以及项目中设备、资金、任务和人员的调配。

工程手册 (Project manual)：关于建造材料和方式的详尽的书面说明。

资料申请书 (Request for information)：承包商向业主或建筑师提供的关于承包分类的请求。

建议申请书 (Request for proposal)：向承包商，建筑师或分包商提出的关于预算或投资建议的请求。

进度表 (Schedule)：工程进度的计划表；可用带有图画的表格或图表表示。

计划图 (Scheme)：用于表示拟用体系的分析表格、图表或略图。

工程范围 (Scope of work)：在工程中由承包人负责的工作。

施工图 (Shop drawings)：交给承包商或分包商，由制造商、服务商提供的描述某一部分工程的图表、计划表以及其他的信息。这些图表向承包商表明了如何布置家具、结构施工、组装或产品安装。建筑师有责任对这些图表复查并加以改进。

施工现场（Site）：建筑物的施工地点。

软投资（Soft costs）：除了间接投资之外的花费，包括建筑和电气设计费、建筑许可证、建筑费用、经营费、租金、供给费用、产权证、广告和宣传以及监理费用。软投资和建筑费用合起来就是工程造价。

专业水准（Standards of professional practice）：在专业实践中，由有资格的、被认可的专业组织采用优质的实践经验和组织管理经验管理专业队伍。

结构体系（Structural systems）：由梁柱确定的承重系统。

子承包商（Subcontractor）：在总承包商下分包的承包商。

替代材料（Substitution）：由相同价格和质量的材料取代原定的材料。

用户改进（Tenant improvements）：工程竣工后用户的室内改进。

时间与材料（Time and materials）：即按照人工、设备、材料以及维修补偿发放报酬的书面协定，但不包括企业的管理费用。

价值工程学（Value engineering）：即采用替代的材料、设备和体系所产生的性价比的分析过程，经常用于低投资高收益的工程项目。

区划（Zoning）：由城市规划部门制定的，基于建筑性质和大小确定建筑的用地范围。

区划许可证（Zoning permit）：由城市规划部门下发的规划建筑用地文件。

工程项目时间表

以下以一个典型的工程项目在各个阶段相应的工作为例，对建筑项目做一个总体的概述。工程项目的时间长短是依据项目大小来计算的，但是时间段的安排有很大的灵活性。在某段时间的预期目标和所持续的时间必须得到项目负责人的首肯。

前期设计

在进行正常的工程设计之前，建筑师要独自或与其他专家负责以下的任务：项目选址与项目评估、环境分析、公众参与调查、可行性研究、项目计划、工程造价分析以及概念设计。这些任务对于一个参与建筑实践的建筑师而言，是很平常的。

时间不定

市场调研

在现今激烈的建筑市场竞争中，取得一项建筑项目远比实施它要更加费时费力。市场调研可以采用多种形式，但常用的模式和相关工作如下：

竞标：企业或者个人提交相关详尽的项目计划书和选址的设计作品，其中的优秀者胜出。竞标者有不同的类型——他们有的是有酬的，有的是无酬的，公开招标的或是邀标的，他们不一定会参与工程的建设实施。

询问资质：业主要求建筑师提交他们的设计资质，有时则需要详细具体的说明。

咨询建议：类似于询问资质，有时设计公司会被问及他们已经完成的建筑项目。建议可能包含很广泛的信息，包括项目预算与预定计划表，有时还要提交项目计划设计书。

会谈：业主将与建筑师会面，时常会带着他（她）的前景咨询顾问。在会议中，设计师团队会被问及关于项目的一些建议。

(SD) 初步设计

提出并探究主要的设计理念，包括可调整方案。这个阶段的图纸包括能够反映项目造价的总平面图、立面图和剖面图。在简明设计阶段，为方便业主的重审和评估需要进行多方面的准备，图纸包括描述设计理念的透视效果图、渲染图和模型等。

3 个月

(DD) 深入设计

设计阶段的细部深入发展阶段，为更加精确的项目投资计算确定采用何种制图。在这一阶段，与承包商的协调配合是很关键的，在设计过程没有很深入之前确定可能潜在的问题。为业主准备的文件材料要涉及这些问题的协调，还有造价控制以及房间和空间本质的反馈信息。设计文件要涵盖室内和室外，包括构造细部和技术要求，所有的这些将在CD阶段更加深入。

6 个月

(CD) 建筑施工文件

即建筑的施工图设计阶段，设计中的所有部分均按照一定比例和规则绘制，是花费时间和精力比较集中的时期，而且随着工作的深入，设计队伍也会壮大。在这一阶段，施工图设计必须很好地完成，同时，任何在深入设计阶段后的设计调整，必须加入到“后期服务”的协定中，以确保项目设计的完工日期。

施工图是正式的工程文件，用于承包商的竞标，政府审查以及其他相关部门的许可审查。建筑师在这一阶段要对业主负责。

施工图包括总平面、各层平面、顶棚平面、室内和室外立面、墙身构造大样、室内细部、门窗表、设备表、装修表以及设计说明，同时也包括其他专业的设计图纸。

9 个月

(CA) 施工管理

尽管处于施工阶段，但是建筑师仍要对其进行指导，通过定期的施工现场视察，遵照施工图的设计来确保工程质量，同时还要解决施工中出现的意想不到的问题。建筑师要反复地复查施工图纸和更改图纸顺序，并从承包商那里获得相关信息，为业主争取最小的投资而获得最大的收益。在项目施工结束以后，建筑师准备好项目清单并以此为业主获取可使用证明。

建筑施工期

市场宣传

工程一旦建成，建筑会被拍成照片并做成文档。建筑师有可能将其在一些建筑杂志上发表，包括公司的宣传册或公司的网站。作为市场宣传的工具，以争取更多的工程项目。

制图设置

制图符号

符号以及相关的标志对于导航制图设置是必要的。它们向看图人传达了可以在哪里找到更详尽的相关信息。

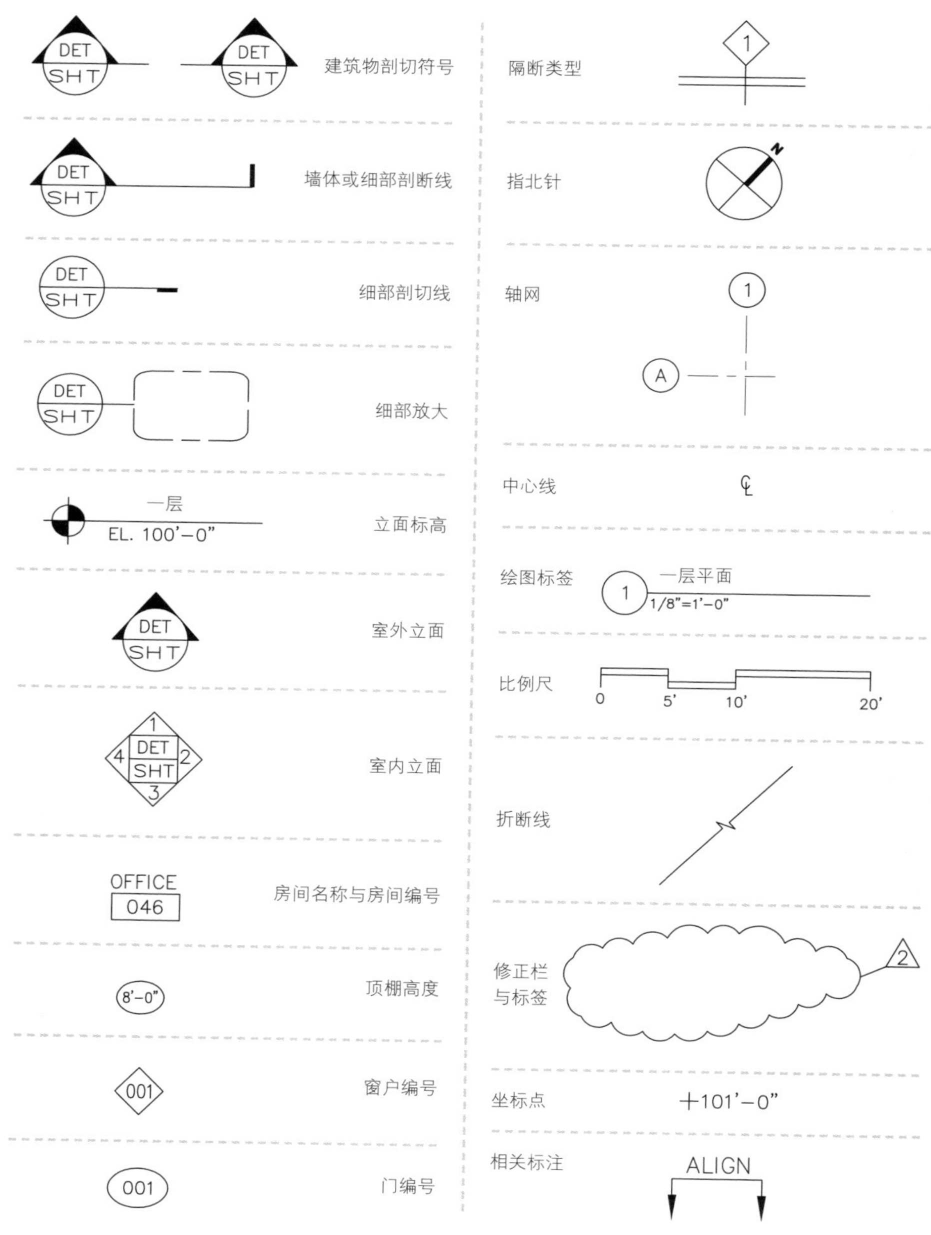

首层平面

建筑平面通常是按照一定比例绘制的，能够使人对建筑总体布局有个了解。在总平面上的大多数元素对其他的专业图纸来说是很关键的，像平面放大图、细部放大图、立面图以及剖面图。有些信息可能被键入或重新用于其他多种图纸中。以下图示中显示的就是可用于其他图纸的相关关键信息。

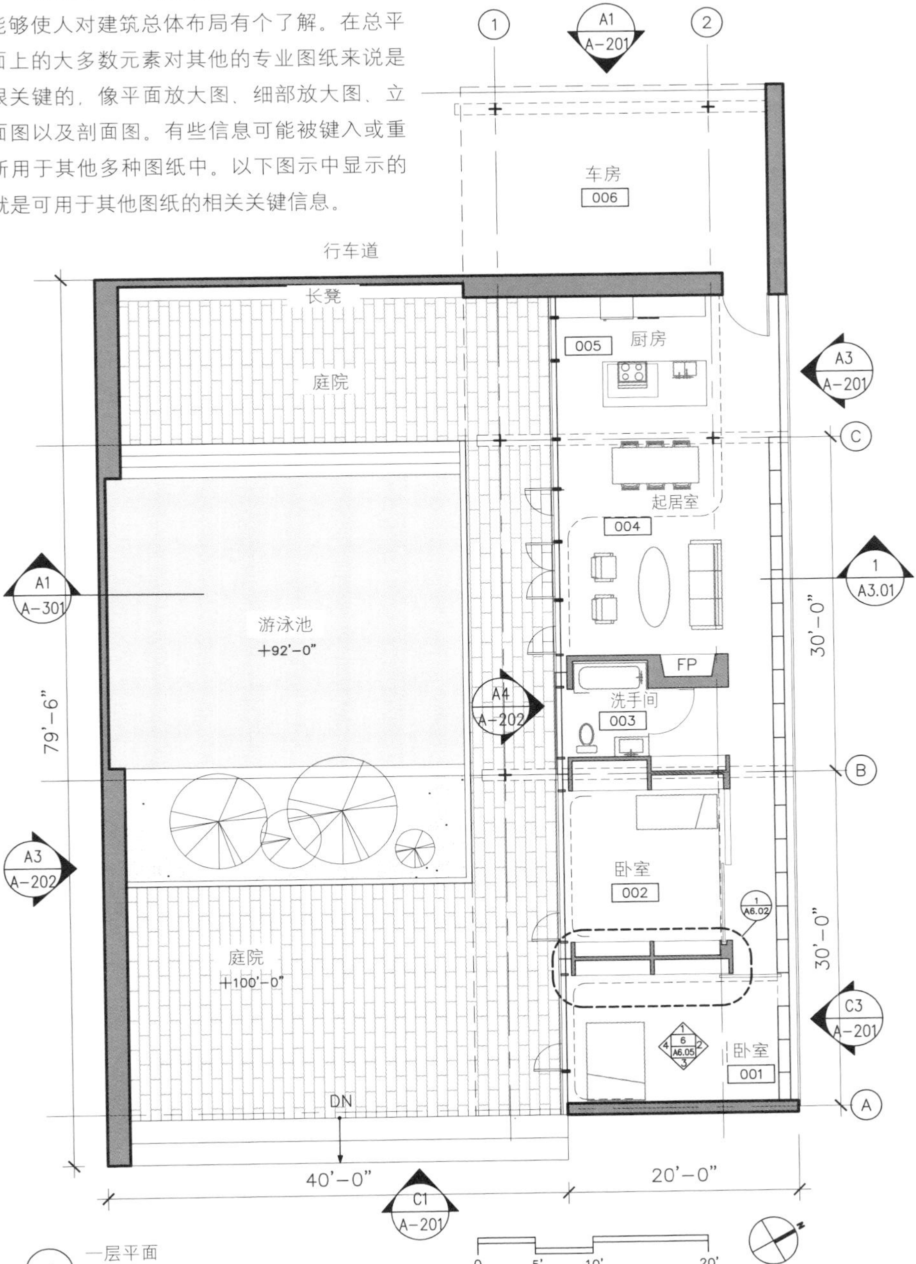

1 一层平面 1/4"=1'-0"

建筑立面

建筑立面描述的是建筑外表面的信息——外表面材料与重要的立面标高。当图形在标准图纸里难以放下的时候，图形必须被分开，放在同一图纸或是其他同型号的图纸中，这就要求有表示相关联的线。

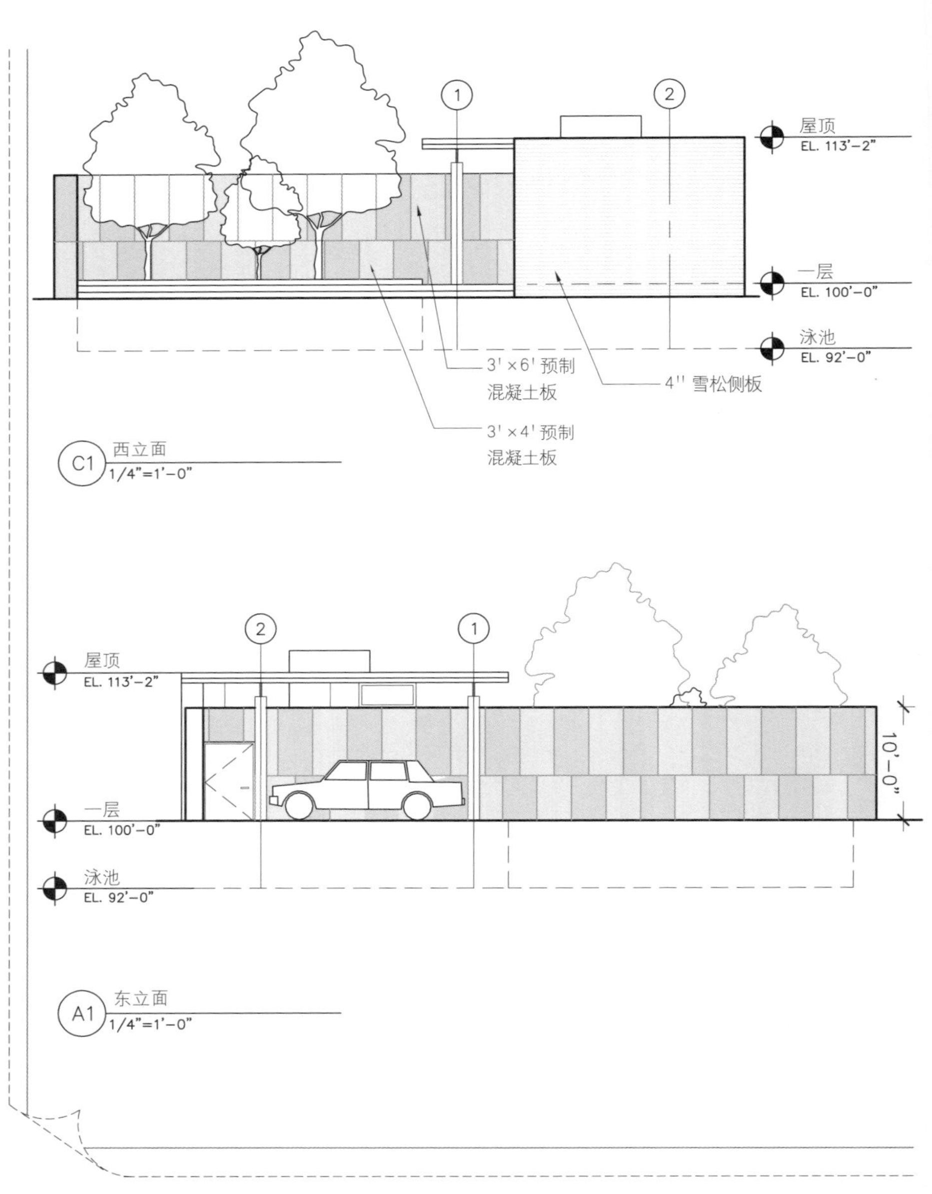

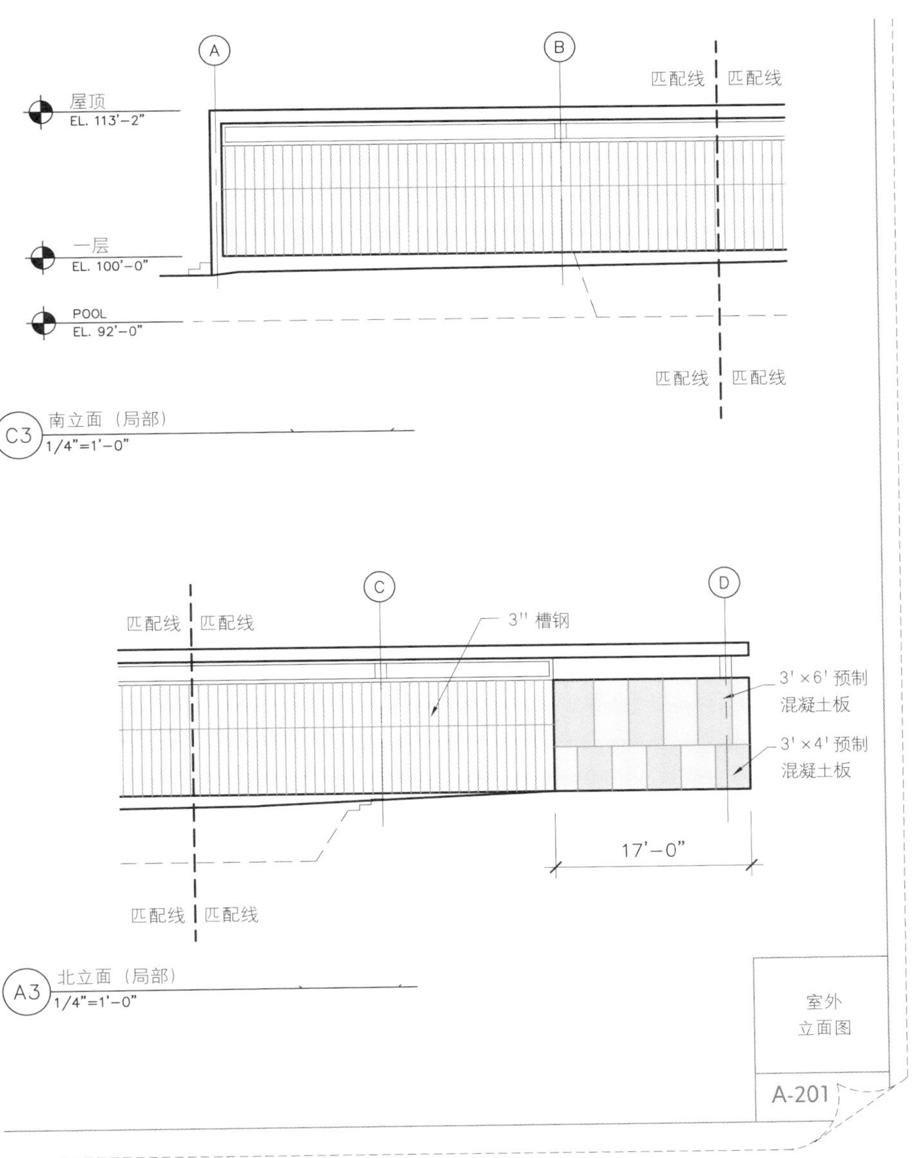
A
B
匹配线
匹配线
屋顶
EL. 113'-2"
一层
EL. 100'-0"
POOL
EL. 92'-0"
匹配线
匹配线
C3
南立面（局部）
1/4"=1'-0"
C
D
匹配线
匹配线
3" 槽钢
3'×6' 预制
混凝土板
3'×4' 预制
混凝土板
17'-0"
匹配线
匹配线
A3
北立面（局部）
1/4"=1'-0"
室外
立面图
A-201

顶棚平面

顶棚平面可以看做是顶棚在地面上的投影平面。它们用来描述灯的安装位置、类型、顶棚高度、材料以及任何能够在顶棚平面上找到的物体。顶棚平面可采用标准的符号标注。也可以采用顶棚平面自己特有的标注符号。

灯的安装位置经常会出现标签栏，便于设计师对其进行特定的描述。

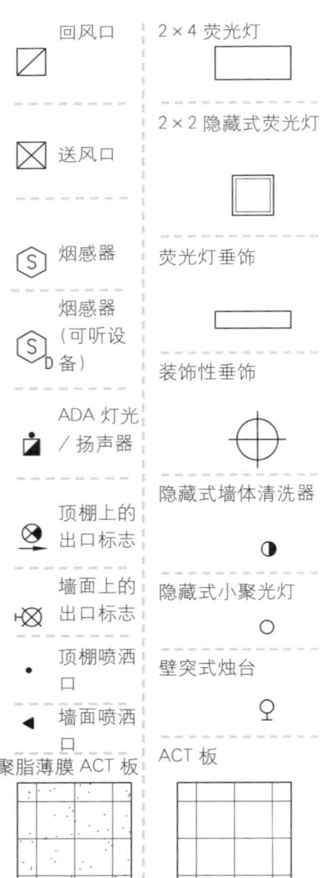

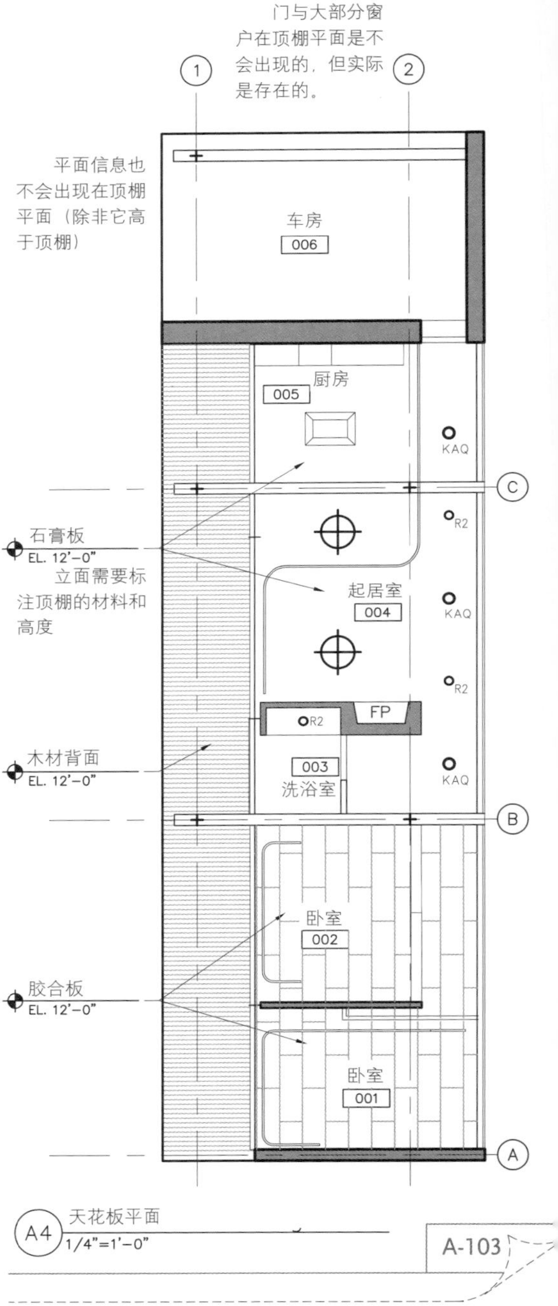

门与大部分窗户在顶棚平面是不会出现的，但实际是存在的。

平面信息也不会出现在顶棚平面（除非它高于顶棚）

车房 006

厨房 005

KAQ

C

R2

石膏板 EL. 12'–0"

立面需要标注顶棚的材料和高度

起居室 004

KAQ

R2

FP

R2

木材背面 EL. 12'–0"

003 洗浴室

KAQ

B

卧室 002

胶合板 EL. 12'–0"

卧室 001

A

1

2

A4 天花板平面 1/4"=1'–0"

A-103

室内立面

室内立面的绘图比例要大于建筑平面的比例，要附有大量的细节、文字标注和尺寸标注。正如室内立面可以从其他图纸导入一样，反过来，它也要为其他图纸借用。室内立面图是一种大比例的视图，表示了剖切位置、橱柜细部构造和墙体的剖切线。

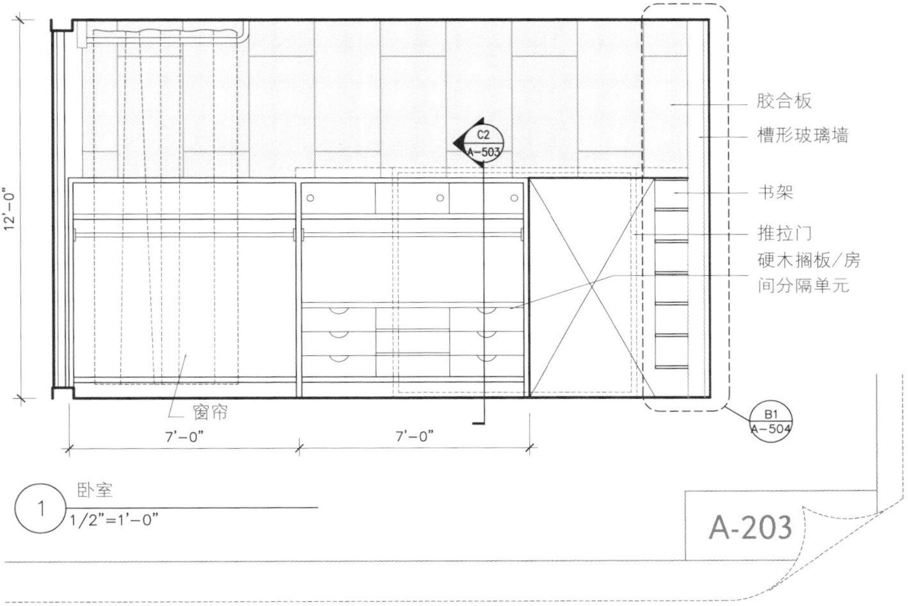

胶合板
槽形玻璃墙
书架
推拉门
硬木搁板/房间分隔单元
C2
A-503
12'−0"
窗帘
7'−0"
7'−0"
B1
A-504
1
卧室
1/2"=1'−0"
A-203

细部大样

细部大样图纸的比例一般取1：20、1：50，有时采用1：1的比例绘制。同样，它也要从其他图纸导入并为其他图纸借用。

B1
A-504
胶合板
推拉门
硬木搁板/房间分隔单元
12'−0"
7'−0"
1'−6"
4"
1'−6"
C2
卧室搁板
1 1/2" = 1'−0"
A-503

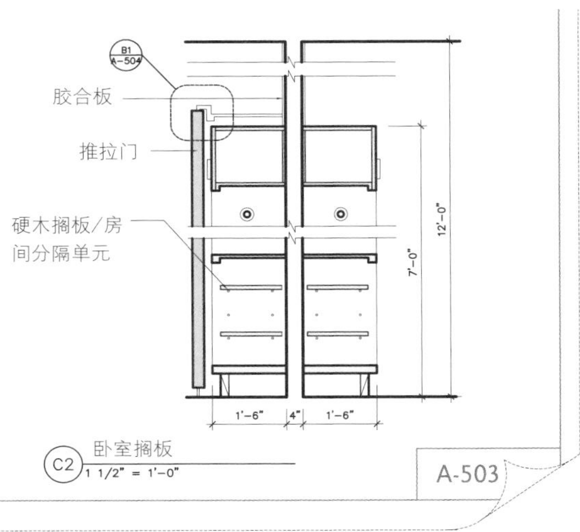

制图缩写设置

当处于徒手制图阶段，建筑书写这种特有的艺术形式是枯燥而费时的。最终，建筑师和绘图员选择了文字缩写。虽然制定了许多制图标准，但却没有延续下来，而且还出现过由于承包商的理解而造成的误解。CAD制图简化了文字，并且整编程序，使缩写有更广泛的用途。如果空格能影响缩写的表达含义，就必须采用空格。一般的缩写没有空格或分隔号，而且字母全部大写。虽然还存在很多的变化，但以下的列表是被广泛采用的缩写形式。

ACT: 吸音顶棚
ADD: 附加的
ADJ: 可调整的
AFF: 楼面竣工标高以上
ALUM: 铝
APPX: 大约

BD: 木板
BIT: 沥青
BLDG: 建筑物
BLK: 砌块
BLKG: 模块
BM: 梁
BOT: 底部
BC: 砖层
BUR: 装配式屋面

CB: 雨水井
CBD: 黑板
CI: 铸铁
CIP: 现场浇筑
CJ: 控制缝
CMU: 混凝土砌块
CEM: 水泥
CLG: 天花板
CLR: 间距
CLO: 壁橱
COL: 柱子
COMP: 可压缩的
CONC: 混凝土
CONST: 构造
CONT: 连续的

CPT: 地毯
CRS: 流线
CT: 陶瓷砖
CUB: 柱形公用信箱

DF: 可饮喷泉
DET: 细部
DIA: 直径
DN: 下
DR: 门
DWG: 绘图

EA: 每一个
ENC: 闭合
EJ: 伸缩缝
EL: 立面/电气的
ELEV: 电梯
EQ: 等于
EQUIP: 设备
ERD: 屋面排水沟
EWC: 电动水冷却器
EXIST: 出口
EXP: 扩展
EXT: 室外

FE: 灭火器
FEC: 灭火器橱
FHC: 消防水带箱
FD: 楼面排水管

FDN: 基础
FFT: 竣工楼面过渡
FIN: 精修
FLR: 地面
FLUOR: 荧光灯
FOC: 混凝土表面
FOF: 饰面表面
FOM: 砖面
FTG: 基脚
FIXT: 装置
FR: 耐火等级
FT: 英尺
FUB: 楼层公用信箱

GA: 标尺
GALV: 电镀
GC: 总承包商
GL: 玻璃
GWB: 石膏墙板
GYP: 石膏板

HC: 空心的/ 路障
HDW: 金属构件
HM: 空心金属
HORIZ: 水平的
HP: 高点
HGT: 高度
HTR: 加热器
HVAC: 加热、通风和空调装置

IN: 英寸
INCAN: 白炽灯
INCL: 包含
INS: 绝缘体
INT: 室内

JAN: 房屋管理员
JC: 门卫房
JT: 节点

LP: 低点
LAM: 层压的
LAV: 厕所
LINO: 亚麻油毡
LTG: 灯光

MAT: 材料
MO: 圬工开口
MAX: 最大值
MECH: 机械的
MEMB: 构件
MFR: 生产商
MIN: 最小值
MISC: 杂项的
MTL: 金属

NIC: 未在合同内的
NTS: 无比例的
NO: 编号

OC: 位于中心
OD: 范围之外/溢水口
　　排水沟
OHD: 升降门
OHG: 升降格栅
OPNG: 开口
OPP: 相反的
OPPH: 对立面

PC: 预制
PGL: 平板玻璃
PTN: 隔墙
PL: 横木
PLAM: 塑性胶合板

PLUM: 铅管工
PTD: 着色
PT: 涂料
PVC: 聚氯乙烯

QT: 方砖
QTY: 数量

R: 半径/（梯级）起步板
RA: 回流空气
RD: 屋顶排水沟
REG: 通风装置
RO: 大致开口部位
REINF: 加固、加强
REQD: 必要的
RM: 房间
REV: 修正/相反
RSL: 弹性地板

SC: 实心
SECT: 剖面
SHT: 薄板
SIM: 相似的
SPEC: 技术要求
STD: 标准
SSTL: 不锈钢
STL: 钢
SUSP: 悬吊
SQ: 广场
STRUC: 结构的
STOR: 贮藏间
STA: 车站

T: 踏步
TBD:（软木制）布告板
TD: 排水沟
THK: 厚度
TEL: 电话
TO: 顶部
TOC: 混凝土压顶
TOF: 基脚顶部
TOR: 扶手顶部
TOS: 钢上层
TRT: 防腐处理

TOW: 墙体上部
TYP: 典型的

UNO:未有其他注明

VCT: 乙烯基合成砖
VERT: 垂直的
VIF: 界限核定
VP: 饰面粉刷
VWC: 乙烯基墙涂层

W/: 带有
WD: 木材
WC: 卫生间
WF: 宽翼
WPR: 防水的
W/O: 不包含
WWF: 焊接钢丝网
WDW: 窗户
WUB: 墙上公用信箱

&: 和
<: 角度
": 英寸
': 英尺
@: at
CL: 中心线
[: 槽形
#: 数字
Ø: 直径

制图顺序

典型的专业制图顺序

在不同的公司有不同的专业制图顺序规定。以下的制图顺序是由统一制图体系（UDS）制定的，以最大限度地减小各专业之间的不同设置而造成的混乱。不是所有的工程项目都要包含以下列表中的专业学科，或许有些还要附加一些所需要的其他专业学科。

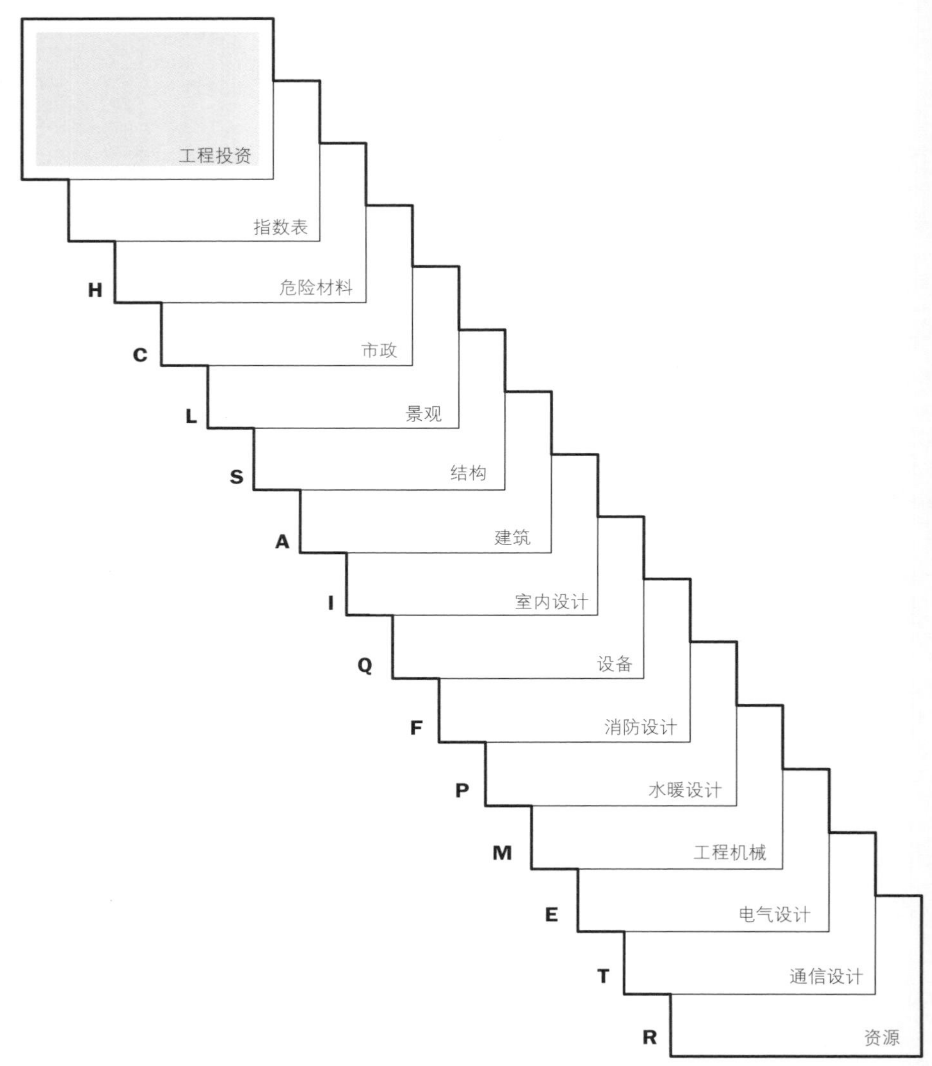

建筑规范对制图顺序的要求

A-0: 概述

A-001 标示符号

A-1: 建筑楼层平面图

A-101 一层平面图
A-102 二层平面图
A-103 三层平面图
A-104 一层RCP
A-105 二层RCP
A-106 三层RCP
A-107 屋顶平面图

A-2: 建筑立面图

A-201 外立面图
A-202 外立面图
A-203 内立面图

A-3: 建筑剖面图

A-301 建筑剖面图
A-302 建筑剖面图
A-303 墙体剖面图

A-4: 大比例视图

A-401 卫生间放大平面图
A-402 放大平面图
A-403 楼梯和电梯平面图与剖面图

A-5: 建筑细部图

A-501 外细部图
A-502 外细部图
A-503 内细部图
A-504 内细部图

A-6: 图表

A-601 分隔类型
A-602 房间完工时间
A-603 门窗时间表

常用图纸大小

ANSI（美国国家标准协会）

图纸大小	mm
ANSI-A	216 x 279
ANSI-B	279 x 432
ANSI-C	432 x 559
ANSI-D	559 x 864
ANSI-E	864 x 1 118

建筑学常用

图纸大小	mm
Arch-A	229 x 305
Arch-B	305 x 457
Arch-C	432 x 559
Arch-D	610 x 914
Arch-E	914 x 1 219

ISO（国际标准化组织）——以1 m^2 为基础

图纸大小	mm
4A0	1 682 x 2 378
2A0	1 189 x 1 682
A0	841 x 1 198
A1	610 x 914
A2	914 x 1 219
A3	297 x 420
A4	210 x 297

图纸大小	mm
B0	1 000 x 1 414
B1	707 x 1 000
B2	500 x 707
B3	353 x 500
B4	250 x 353

图纸大小	mm
C0	917 x 1 297
C1	648 x 917
C2	458 x 648
C3	324 x 458
C4	229 x 324

图纸的折叠

为了保存和邮寄，图纸必须按照合理的前后一致的方式折叠。应将标题栏、图纸页码等信息显示在折好的图纸的右下角。大量的图纸最好捆扎成册，然后卷起备运或平放储藏。

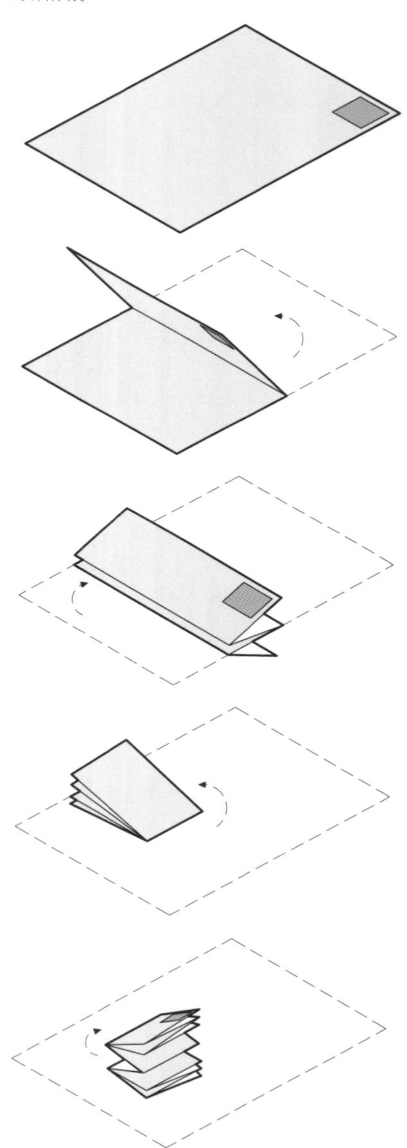

图纸布局与设置

依据NIBS标准制图布局（为与国际CAD制图标准符合），带有表格的图元是按照以下所示的正交体系命名绘制布局的。图元包括图形或文字信息，它们的编号是按照从左下部起正交排列的。这种体系使得新增加的绘图元能够方便地加入原有图元中，而无须对原有图元进行重新编号，从而可以在将图元置入其他图样设计时节省大量时间。

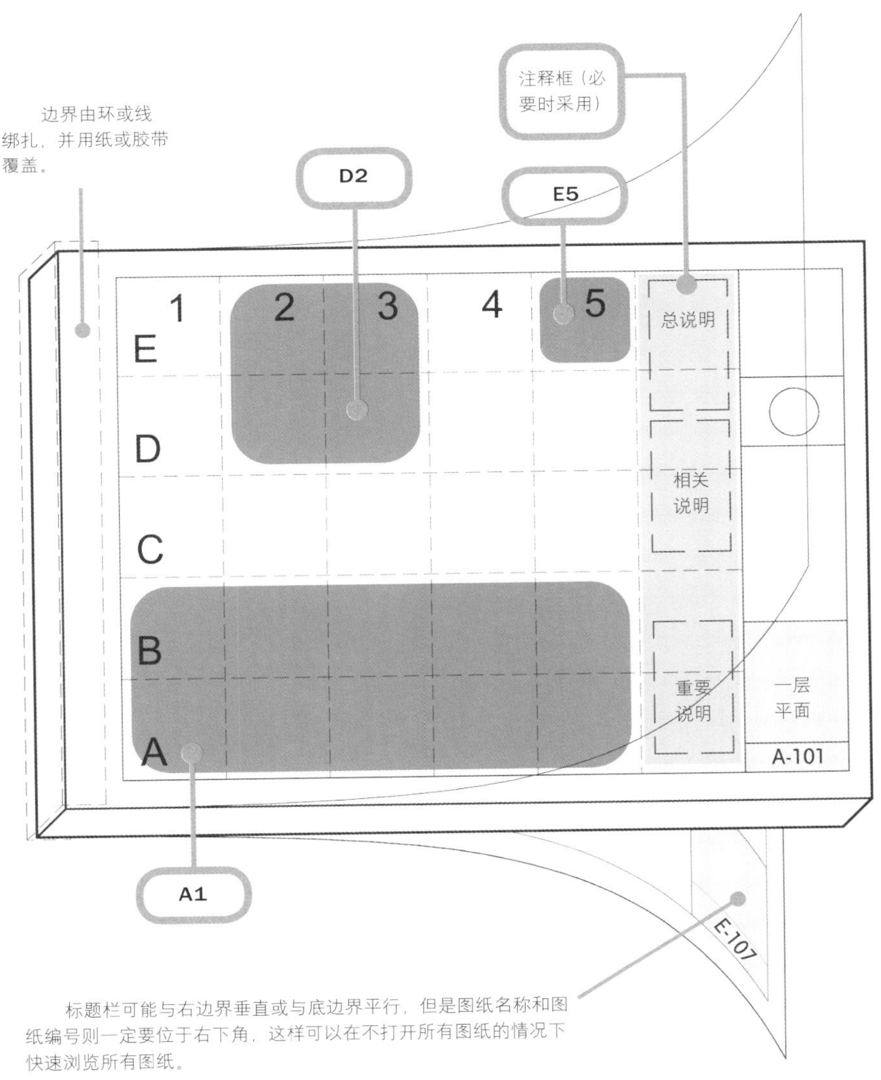

第 4 章　工程标准

建筑工程标准法案是对承包商和所有工程建造者的条文说明。工程标准是建筑文件的一部分，经常作为独立的工程手册使用。工程标准记录了建筑中所有方面的可行性材料，从类型到涂料颜色到防火构造做法。工程标准的编写是一项费时费力的工作，经常由工程标准专业人士或是擅长这方面的建筑师编写。合格的编写人员会在他们名字的后面标注 CCS（注册工程标准编写人员），优秀的工程标准对于确保工程安全和工程造价，以及满足业主和建筑师两方面的共同需求是非常重要的。

CSI MASTERFORMAT体系

美国建筑规范委员会（CSI）成立于1948年，对二战后的建筑潮加以规范。CSI规定规范的编写和版式，它的实践手册（MOP）是与工业相关联的。标准的编写人员可利用已写好的并已为很多工程提供基准的规范，也可以从零开始自己编写一套。

CSI MASTERFORMAT体系已成为非居住建筑项目的标准版式，在美国和加拿大使用。它由一系列的代码和标题组成，对工程规范手册上的信息进行组织。

规范分部样本

分部 00 00 00
材料分部

第一部分　总则

1.1　包含的分部
A.
1.2　相关的分部
A.
B.
1.3　参考部分
A.
1.4　提交
A.
B.
1.5　质量保证
A.
1.6　运输、储存和操作
A.
B.
1.7　工程条件
A.
1.8　额外材料
A.

第二部分　产品

2.1　生产商
A.
B.
2.2　产品
A.
1.
2.

第三部分　制作

3.1　检查
A.
B.
3.2　准备
A.
3.3　安装
A.
B.
3.4　保护
A.
B.

分部结束

CSI MASTERFORMAT分部标题

预留分部是用于以后的发展与扩展，CSI声明这些扩展部分不适用于使用者自己使用。

促成和承包要求部分

00—促成和承包要求部分

工程标准部分

总体要求分组

01—总体要求

设施建设分组

02—现有条件
03—混凝土
04—砖石
05—金属
06—木材、塑料和合成物
07—温度和湿度的防护
08—开口部位
09—饰面
10—特制品
11—设备
12—家具
13—特殊建造
14—输送系统
15—工程机械
16—电气
17—预留分部
18—预留分部
19—预留分部

设施服务分组

20—预留分部
21—消防
22—水管设置
23—加热、通风和空调设施
24—预留分部
25—整体自动化
26—电气
27—通信
28—防电和安全保护
29—预留分部

现场和地下分组

30—预留分部
31—土方工程
32—室外改进
33—公用事业
34—交通
35—水路和海路建设
36—预留分部
37—预留分部
38—预留分部
39—预留分部

加工设备分组

40—整体加工
41—材料加工和设备操控
42—加热、制冷和干燥设备处理
43—气体和液体操控、净化和储存设备处理
44—排污设备
45—特种工艺生产设备
46—预留分部
47—预留分部
48—供电系统
49—预留分部

第 5 章　尺规绘图

尽管现在计算机绘图逐渐取代了尺规绘图，但是仍有许多人在使用尺规绘图。它的绘图原理同样适用于计算机绘图。尺规绘图需要使用以下几种工具。

绘图界面

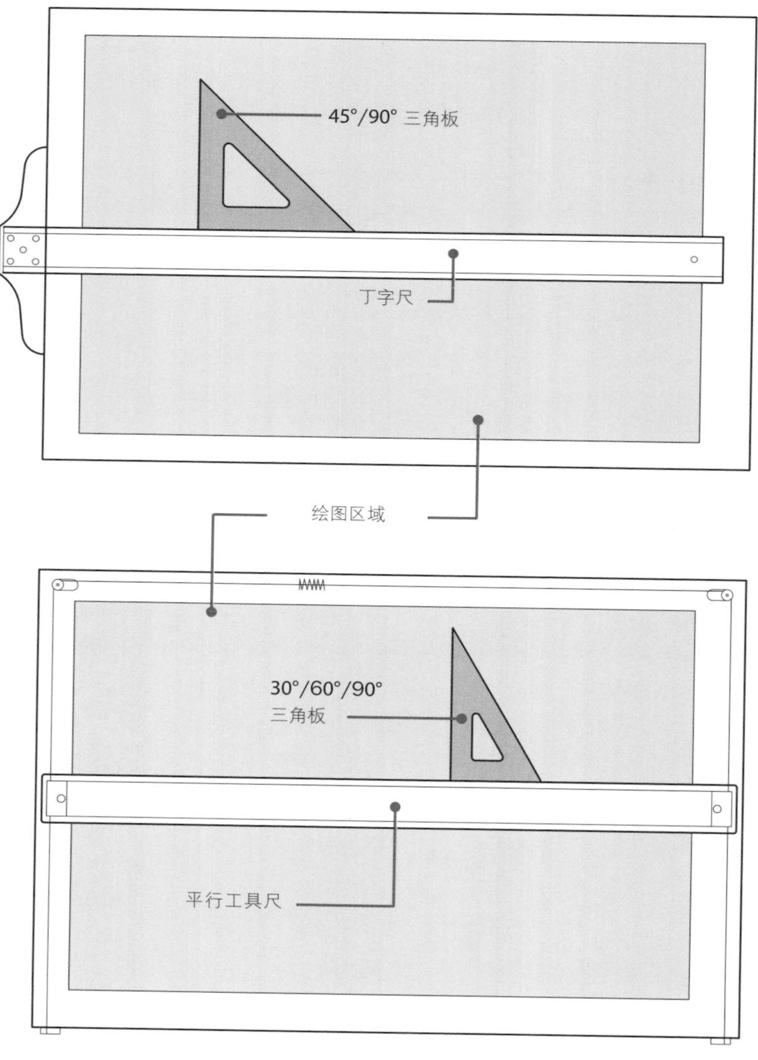

图纸和画板

图纸类型	质量	版式	最佳用途	是否用于覆盖绘图
描图纸	白色，暗黄或黄色的，价格不贵	卷轴形式 多种大小	草图绘制，布图	是
羊皮纸	油浸处理而显得透明	卷轴，单张，成笺	铅笔或工具笔绘制 用于覆盖描图	是
聚酯薄膜	非吸湿性聚酯胶片	卷轴，单张	铅笔或工具笔绘制 理想的建筑制图纸张	是
绘图纸	有不同重量，颜色和纹理	卷轴，单张	平滑型适用于钢笔 纹理型适用于铅笔	否
插图板	高质量的白色板	大比例单片纸	可用水彩笔、铅笔、粉笔或钢笔涂抹	否
粗纸板	多种绒面 多为灰色	大比例单片纸	制作模型	否
泡沫板	纸张衬垫之间附以聚苯乙烯泡沫，白色/黑色	大比例纸板	制作模型	否

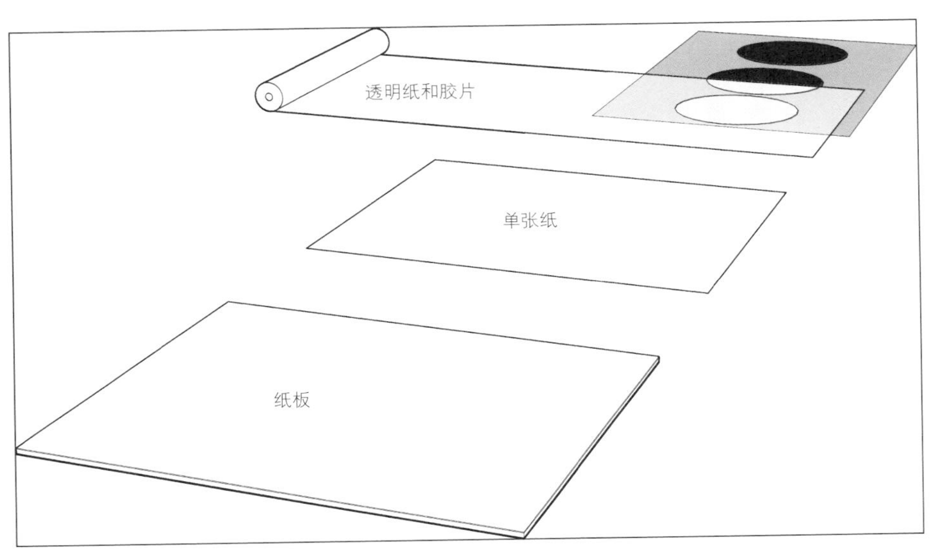

绘图工具

1. 毛刷：

用于清理橡皮屑或是绘图粉。

2. 绘图粉：

研磨很细的白色粉末，用于避免粉尘、脏物或是污渍进入绘图介质。

3. 曲线板：

用于绘制想要的任意曲线。

4. 模型切割刀：

用于切割模型。

5. 擦图片：

用于擦除特定的线或区域，而不影响到其他区域。

6. 可调式三角板：

单独使用或是与其他三角板并用，可绘制任意大小的角度。

7. 模板

带有各种图形（字母、toilets、人物）和刻度的图板。

8. 圆规

用铰链连接的工具，其上可安装钢笔或铅笔来画圆圈或圆弧。

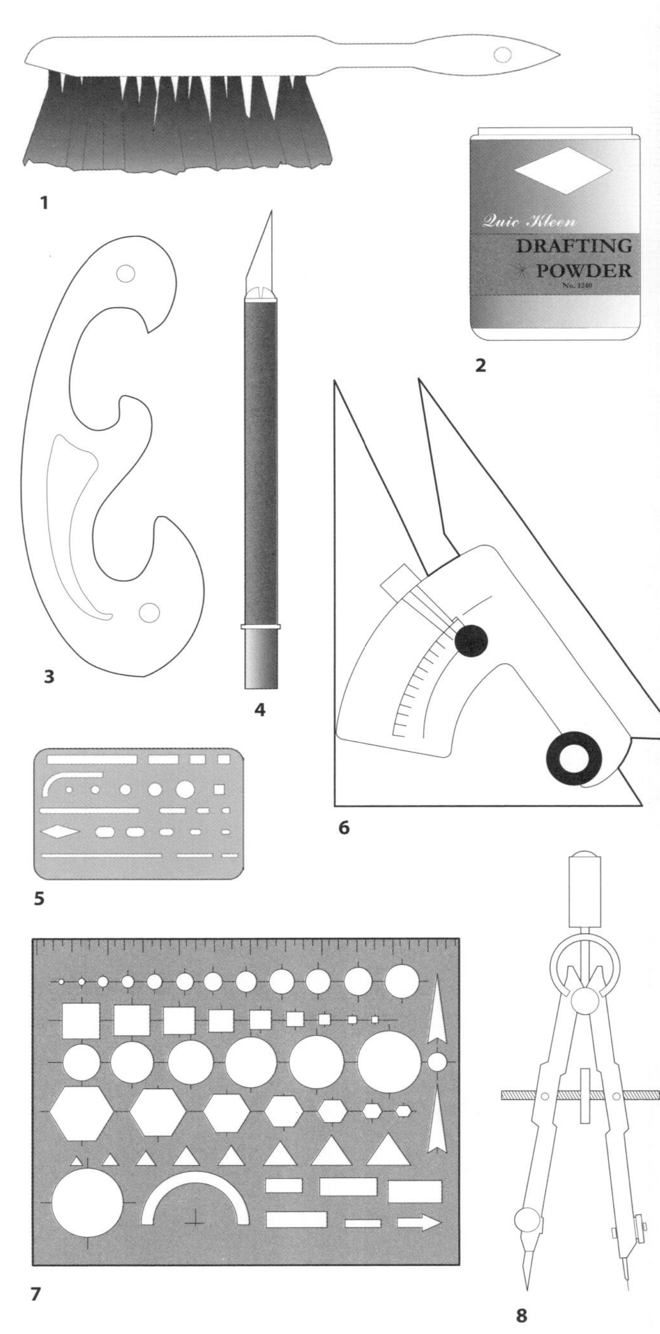

建筑比例尺

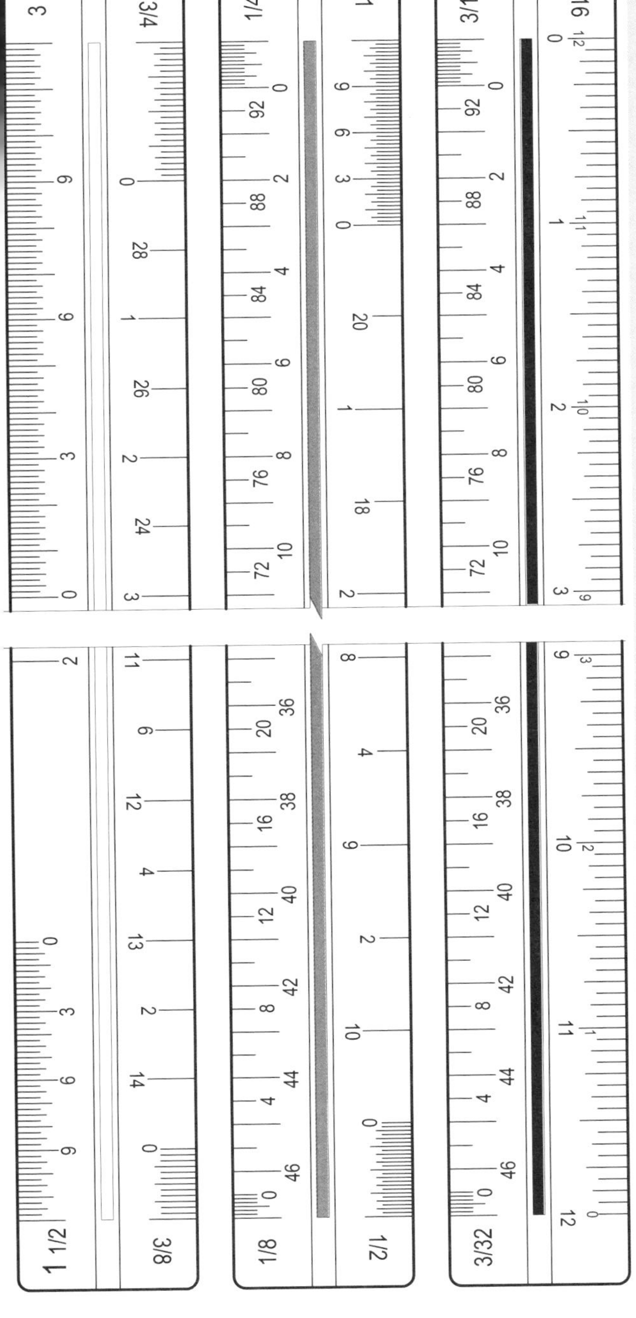

除了透视图和一些三维视图，大多数建筑制图都是要求有比例的。如果图纸容不下按照1：1绘制的平面图或是立面图，那么它们必须按比例缩放。要如此，就必须使用标准的建筑制图比例。图表中显示的为1/4的比例，即表示图形中的1/4英尺代表实际的1英尺。

三面均有刻度的建筑比例尺提供了11个比例，写法如下：

1/16″=1′-0″

3/32″=1′-0″

1/8″=1′-0″

3/16″=1′-0″

1/4″=1′-0″

3/8″=1′-0″

1/2″=1′-0″

3/4″=1′-0″

1″=1′-0″

1 1/2″=1′-0″

3″=1′-0″

工程师们经常使用大的比例制图，像总平面图等，他们也遵循同样的原理，但一般他们采用10倍的建筑比例（例如1″=10′、1″=50′、1″=100′等）。比例的单位通常为公制。

绘图铅笔

硬质的铅笔芯含有黏土多一点，而软质的铅笔芯含石墨更多一点。自动铅笔带有推头，每次可向前推出2mm的铅芯，铅芯的硬度颜色不一，也可用无法影印的蓝芯（即不可复制），笔头应在砂纸上打磨使之足够锋利。

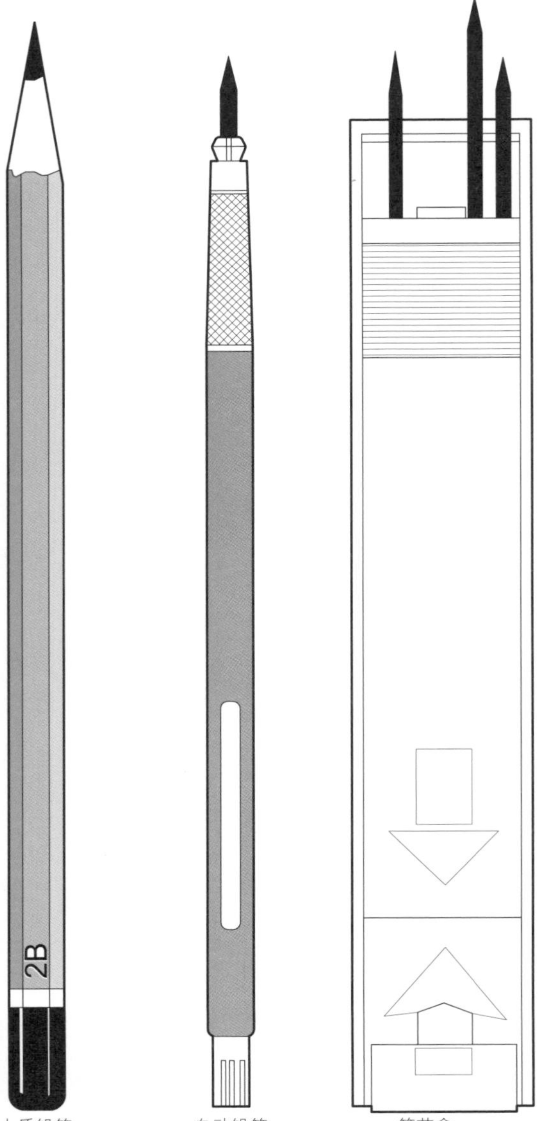

木质铅笔　　自动铅笔　　笔芯盒

铅笔硬度分类

等级	质量及用途	
9H	非常硬而质密	
8H		
7H		
6H		适用于初稿打底以及覆盖描图工作
5H		
4H		
3H		
2H	中等硬度	
H	中等	用于制图的修饰
F	中等 一般效果	
HB	中等质软 绘制实线	
B		
2B		
3B		用于绘制实线及阴影，不适用于绘制草图
4B		
5B		
6B	非常软	

针管笔

针管笔是一种使用墨水的制图工具笔，通常是带有一种管状的笔头，能够绘制相当精细的线型。依据笔头的类型，墨水通常是预先充进墨水囊或从笔筒直接装进去的。笔头越细，相对就越脆弱，并且易于堵塞。所有的笔头均需很好地清理和维护。墨水应是防水的，不褪色且不透明。墨水应适应大多数的纸张类型，尤其要适用于羊皮纸和薄膜纸。同样，它们最好也能被绘图橡皮或是电动擦擦除。

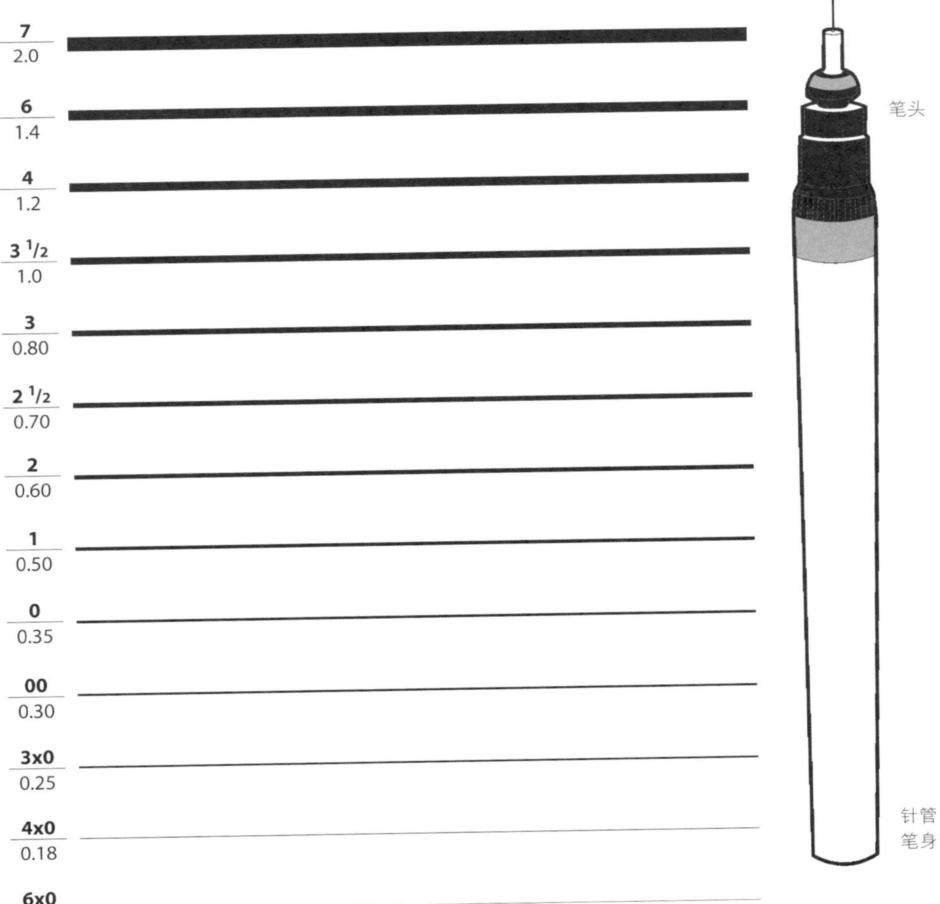

第 6 章 计算机制图标准与指南

建筑设计和施工要涉及大量关于组织和在各种利益团体之间宣传的信息。计算机的引入改变了建筑构想、设计和施工制图的方式。事实上，现在许多事情可以由计算机简单快速地操作，但计算机却对文件管理、交付文件材料的标准以及需跟上快速发展的技术等方面提出了新要求。计算机文件标准与指导原则是随时可变的，并不是静态和独立的。基于此，本章重点讲述计算机的主要原则，用于建筑施工文件的工业化标准制图、模型渲染以及动画制作的程序。在这里，只是简要地叙述，作为未来发展趋势的展望。

计算机程序

建筑制作可分为两个主要部分：交付合同文件和大致的外观材料。

交付文件即常说的建筑文件，由基本的二维制图类型（平面、剖面、立面、细部和计划表）组成，能够向业主描述建筑实体的文件。

计算机程序用于制作交付文件材料的标准，即为绘图程序。基本上，它们可以绘制有效精确的，并易于修改的制图。AUTOCAD是大多数建筑师和工程师的首选制图程序。它能为高质量的显示图绘制三维图，可以使用渲染插件，是一款比较实用的绘图软件。

展示文件材料包括标准平面、剖面以及立面和三维模型，计算机渲染图和动画。计算机模型渲染程序有多种类型且各有变化，采用哪种取决于期望的效果。可以说，对产生的效果要求越精确，则所用程序价格就越高。

模型制作程序不局限于工程图纸输出，许多还用于设计难以想像的复杂形式。同样的，还可以用于其他领域，比如自动化工业生产、音频游戏以及电影动画制作。

AUTOCAD术语

Aspect ratio：显示的视图高宽比。

Block：由一个或多个单体制作成的组合体。一旦创立块，就会建立块名并附以插入点。

CAD：计算机辅助设计。

Command line：命令行，用于输入绘图命令。

Coordinates：坐标系。

Crosshairs：十字光标。

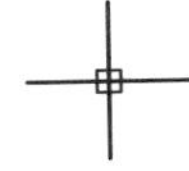

Cursor：指针，激活单元，用于拾取物体。

Drawing file：制图文件。

Drawing web format（DWF）：由DWG文件制成的压缩文件格式，用于网上发布。

DWG：CAD制图文件。

Drawing interchange format（DXF）：图形互换文件。

Entity：实体，CAD文件中的绘图数据，比如线、点、圆、多义线、模型或是文字信息。

Explode：炸开，将组合图元分解，比如图块或多义线。

External reference：外部参照，在另一制图文件中作为引用的文件或制图，只能在其原始文件中直接编辑，比如建筑轴网和地形图。

Layer：图层，用于建筑文件中的分层，每层有各自的特性，方便信息编辑。

Model：模型，CAD中物体的二维或三维的表达，或是设计作品的三维视图。

Model space：模型空间，CAD视图中一种主要的制图空间。模型空间是一种三维坐标系，是可在二维和三维视图下绘制的空间，绘制比例采用的是1：1。

Paper space：图纸空间，CAD中另外一种主要的制图空间，用于打印图纸布图，经常带有命名标题。

Polyline：多义线，由一段或多段相连的线组成，但是作为单个图元编辑。

Sheet file：样板文件，预先设置好的打印样本文件，包含特定的模型视图、角度、文字等。

User coordinate system（UCS）：用户坐标系，定义为*x*、*y*、*z*三维的视图。

UCS icons：用户坐标系图标，在图纸空间和模型空间中表明*x*、*y*、*z*轴的方向。

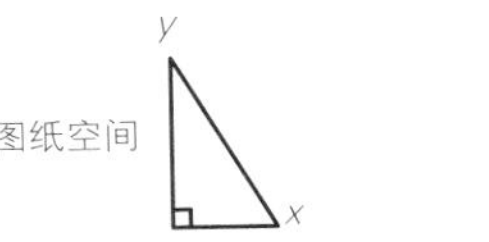

Viewport：视口，显示部分制图文件的可观面。

Window：窗口，绘图区域，包括命令行和周围的目录。

AUTOCAD 视窗

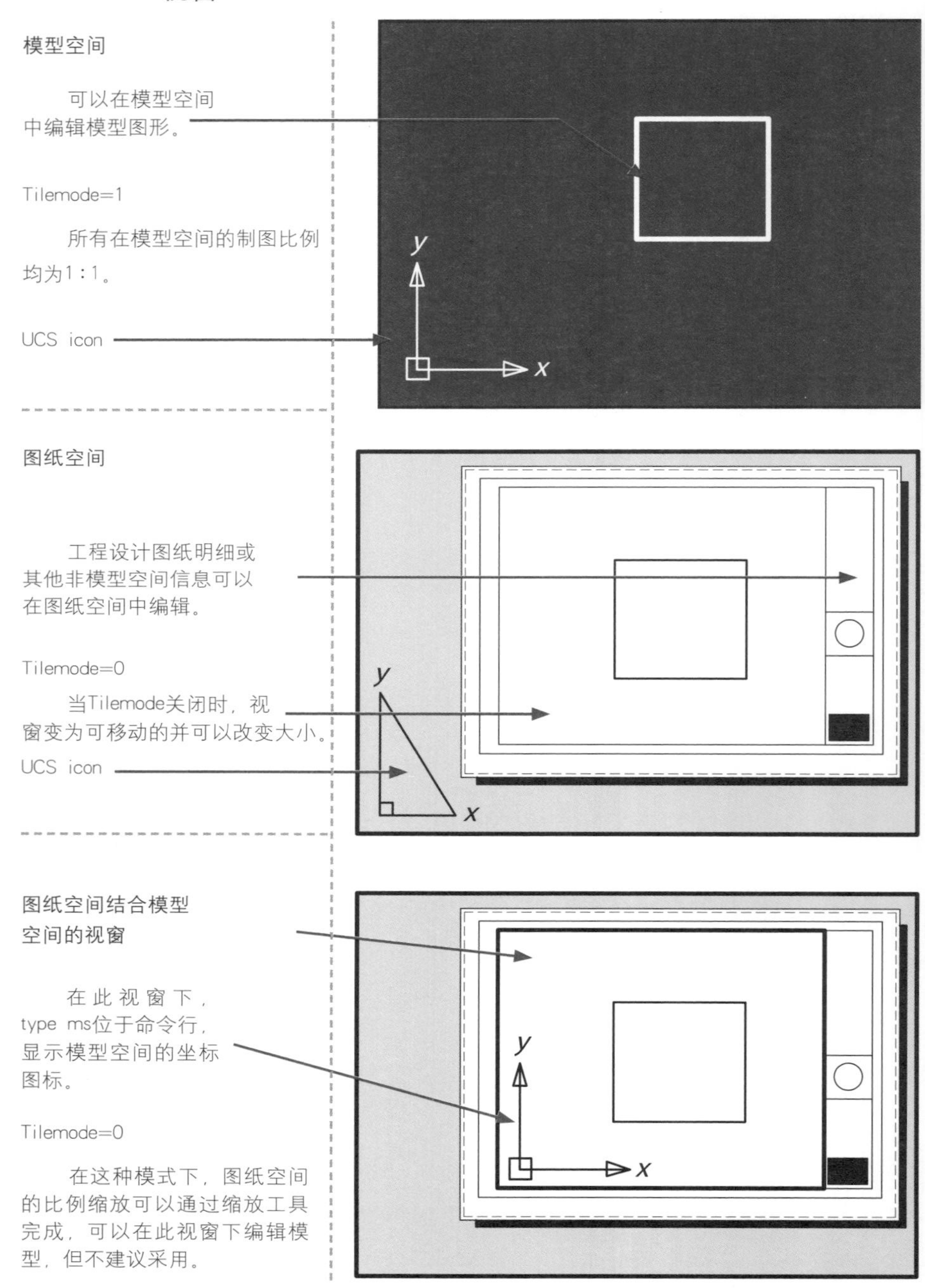

模型空间

可以在模型空间中编辑模型图形。

Tilemode=1

所有在模型空间的制图比例均为1:1。

UCS icon

图纸空间

工程设计图纸明细或其他非模型空间信息可以在图纸空间中编辑。

Tilemode=0

当Tilemode关闭时，视窗变为可移动的并可以改变大小。

UCS icon

图纸空间结合模型空间的视窗

在此视窗下，type ms位于命令行，显示模型空间的坐标图标。

Tilemode=0

在这种模式下，图纸空间的比例缩放可以通过缩放工具完成，可以在此视窗下编辑模型，但不建议采用。

外部参考文件

外部参考文件包含的图纸信息同样适用于多种图纸文件。尤其是作为多种用途的建筑各层平面，每一份都有独自的样板文件。例如，同样的平面模板可以适用于楼层平面图、顶棚平面图和大比例图。以下的图表描述了外部参考文件与样板文件之间的互换。

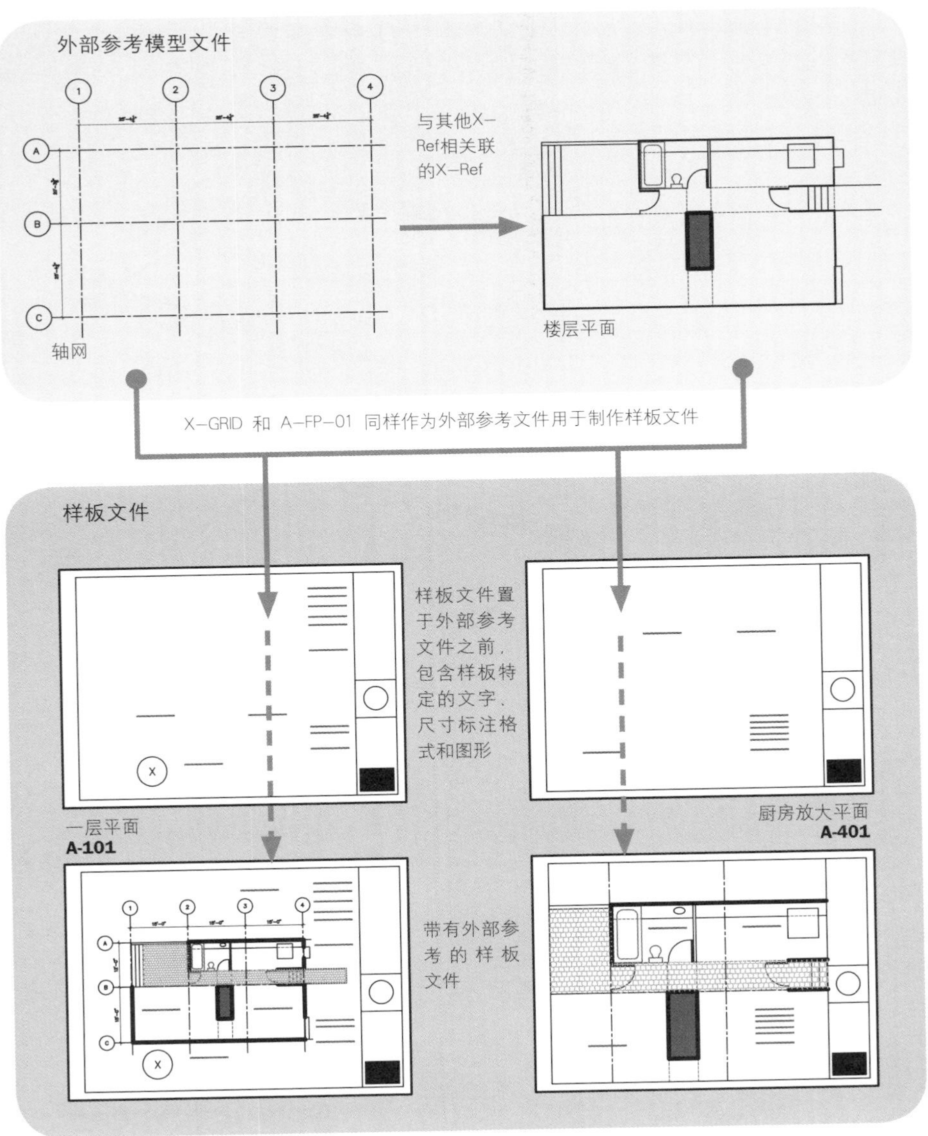

模型空间与图纸空间的比例

所有的AUTOCAD绘图与CAD模型，从墙身剖面图到单元平面放大图，在模型空间中都是按照1：1的比例绘制的。图形空间用来创建打印模式（经常是带有工程明细表），这样模型空间中的图纸信息就能够以特定而精确的比例打印。这样的系统设置为建筑师的设计与制图提供了相当大的灵活性，因为一幅图纸可能要有多种比例与用途。

理解模型空间与图纸空间之间联系的简单方式，就是把图纸空间想像成为一张有空心洞的白纸。透过这个空心区域，模型空间就是可见的。通过比例缩放因子（如下图所示），视窗中的模型就可以在图纸空间中按比例显示了。

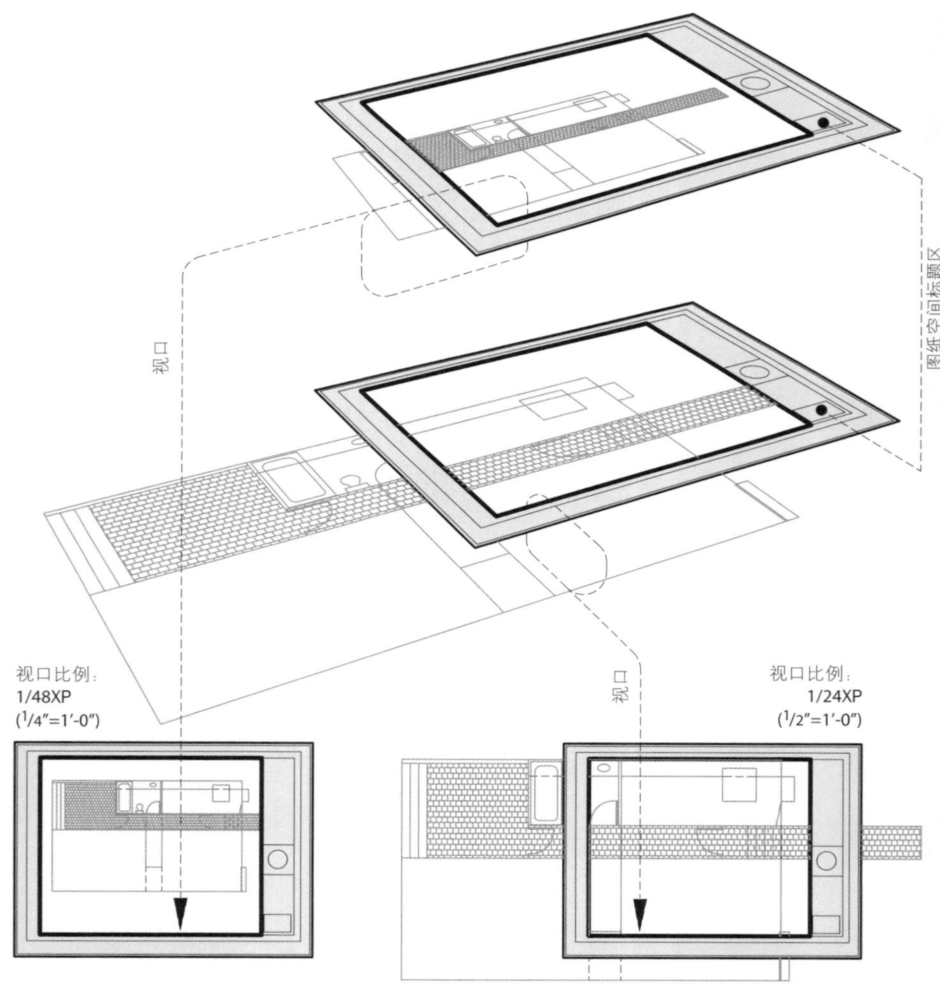

AUTOCAD中的文字比例图表

绘图比例	比例缩放因子	XP缩放因子	所需的文字高度									
			1/16″	3/32″	1/8″	3/16″	1/4″	5/16″	3/8″	1/2″	3/4″	1″
Full	1	1	.0625	.09375	.125	.1875	.25	.3125	.375	.5	.75	1
6″=1′	.5	1/2	.125	.1875	.25	.375	.5	.625	.75	1	1.5	2
3″=1′	.25	1/4	.25	.375	.5	.75	1	1.25	1.5	2	3	4
1 1/2″=1′	.125	1/8	.5	.75	1	1.5	2	2.5	3	4	6	8
1″=1′	.08333	1/12	.75	1.125	1.5	2.25	3	3.75	4.5	6	9	12
3/4″=1′	.0625	1/16	1	1.5	2	3	4	5	6	8	12	16
1/2″=1′	.04167	1/24	1.5	2.25	3	4.5	6	7.5	9	12	18	24
3/8″=1′	.03125	1/32	2	3	4	6	8	10	12	16	24	32
1/4″=1′	.02083	1/48	3	4.5	6	9	12	15	18	24	36	48
3/16″=1′	.015625	1/64	4	6	8	12	16	20	24	32	48	64
1/8″=1′	.01042	1/96	6	9	12	18	24	30	36	48	72	96
1/16″=1′	.005208	1/192	12	18	24	36	48	60	72	96	144	192
1″=10′	.0083	1/120	7.5	11.25	15	22.5	30	37.5	45	60	90	120
1″=20′	.004167	1/240	15	22.5	30	45	60	75	90	120	180	240
1″=30′	.002778	1/360	22.5	33.75	45	67.5	90	112.5	135	180	270	360

图表用途

因为在AUTOCAD模型空间中所有的制图都是按照1：1比例绘制的，文字与标签同样要采用合适的大小，这样才能使打印出来的图纸具有相同的比例。

例如，如果一张细部放大图的设定比例为3"=1'–0"，而期望的打印文字高度为1/8"，这时，在模型空间中的文字设置比例应为0.5"。如果同样的图纸出图比例定为1/4"=1'–0"，而字体高度为1/8"，这就要求在模型空间中输出比例为1/4"的文字设定为6"高。多数业主，包括政府机关，为增强图纸的可读性都对最小字体作了规定。

图纸空间比例用途（XP）

XP比例是和打印图纸的设定比例相关联的。在尺规制图阶段，人们借助建筑师或工程师使用的比例，解决图纸中的按比例绘制问题。即，如果使用1/4"=1'–0"，1'的显示比例为1/4"高；2'的显示比例为1/2"高；以此类推。现在，计算机已经按照我们期望的比例计算好数据。为更精确地描述这一过程，以便在合适的图纸中放置相应的图形，制图时经常采用1/48的比例（假如1/4"=12"，1/4×1/12=X，因此X=1/48）。

在AUTOCAD中，这一过程基本是相同的。在图纸空间中设置视窗的比例，就将比例缩小为1/48。XP字面意译为“乘以图纸空间”。这一过程将视窗缩小比例为1/4"=1"–0"，而打印比例仍为1：1。

AUTOCAD文件命名惯例

依据图形文件的格式会自动生成并命名相应的文件类型。文件类型包括模型、细部、样板、计划表、文字、数据信息、符号以及工程图明细表。以下的文件与图层命名体系是遵照美国建筑师协会（AIA）美国国家CAD标准确立的CAD总则制定的。

图纸类型

（具体学科细则）

A-CP	顶棚平面
A-EP	单元放大平面
A-NP	装修平面
A-RP	家具布置平面
C-EP	环境
C-GP	坡度断面
C-RP	道路系统/地形图
C-SV	勘测
C-UP	公用设施
E-CP	通讯
E-GP	导线接地
E-LP	灯光
E-PP	电力
*-VP	疏散路线平面
F-KP	喷洒口布置平面
I-CP	顶棚平面
I-EP	单元放大平面
I-NP	装修平面
I-RP	家具布置平面
M-CP	控规图
M-HP	加热、通风与制冷管道系统图
M-PP	管道系统图
P-PP	水管装置图
S-FP	结构平面图
S-NP	基础图
T-DP	数据图
T-TP	电话系统图

学科命名

文件命名和图层命名是以学科分类的。学科代码占用两个字母的空间，其中第二个字母可以是连字符也可以是用户自定义的字母。

A	建筑
B	土木技术
C	市政
D	工艺
E	电学
F	消防
G	总规
H	危险材料
I	室内
L	景观
M	工程机械
O	施工
P	水暖
Q	设备
R	资源
S	结构
T	电信
V	勘测/地形
X	其他学科
W	制作
Z	施工图

模型文件

建筑的模型文件是建筑的电子版显示文件。模型可能是二维的或是三维的，并以1：1的比例显示。所有的几何形都带有三维的坐标（x, y, z）。在二维图中，z轴向为0。

样板文件

电子样板文件包括一个或多个视口，可显示一个或多个模型文件、文字、符号以及边界或工程明细表。工程明细表一般包含图像和文字信息，适用于同一工程的其他图纸。

标准样式文件符号

样式文件类型

FP 楼层平面
SP 总平面
DP 拆毁平面
QP 设备平面
XP 现有平面
EL 立面
SC 剖面
DT 细部大样图
SH 进度表
3D 三维制图
DG 图表

A - A A U U U U

学科命名
（同样适用于样板文件命名）

连字符
作为占位符并加强名称的可读性

模型文件类型　用户自定义

样例：**A-FP-01**（建筑楼层平面图，1层）
P-DP-010（管道拆除平面图，1层）

标准样板文件符号

样板类型命名

0 总平面
1 平面
2 立面
3 剖面
4 放大图
5 细部放大
6 计划与列表
7 用户自定义
8 用户自定义
9 三维制图

A A N N N U U U

学科命名
（学科字母加上选择的修改符）

A A N N N U U U

样板类型命名

A - N N N U U U

样板连续数字　用户自定义
（字母数字混合编制）

样例：**A-103**（建筑楼层平面图，3层）
AD206（建筑拆除立面图，6层）

第二部分

比例与形式

对于大多数建筑而言，即使那些很大的建筑（比如飞机修理库或大象的畜舍）都需要人的介入，此时我们自身的人体尺度，对于居住空间的参照是很有作用的。类似的，无论建筑的结构多么复杂，大多数都可以简化为点、线、面。这些点、线、面通过更加复杂的空间和形式组合，就构成了设计本身。

从历史上看，建筑师们设计并采用了秩序与比例的美学体系。因为建筑是和谐的逻辑、算术学、几何学以及人体尺度这几方面的合理组织。建筑经常给人以视觉上的秩序，尽管我们对这些组织逻辑并不清楚。

日常生活把我们带入了浩瀚的有关排列和秩序的数字中，它们大部分关注于我们的人体尺度和汽车的用途，指导我们生活的瞬时环境，并与他人分享。本章将建筑师经常遇到的情况分类，给出所需的最小净空间的数据。建筑师不用提出更特别的设计，但要对不同的活动占用的空间有个很好的了解。

第 7 章　人体尺度

人体尺度几乎涉及建筑设计的每个方面。本章是以人体平均身高为例（比平均值低的占2.5%，比平均值高的占97.5%）。

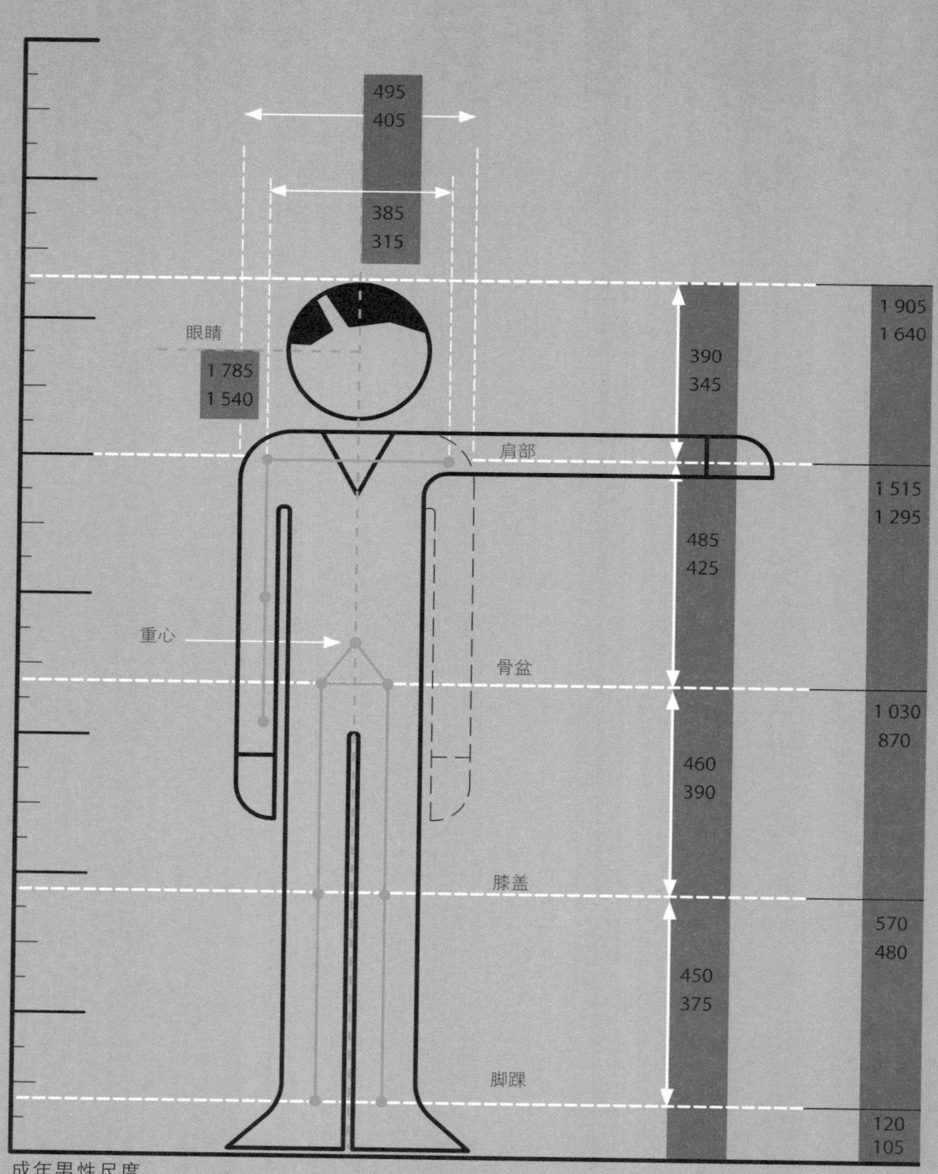

成年男性尺度

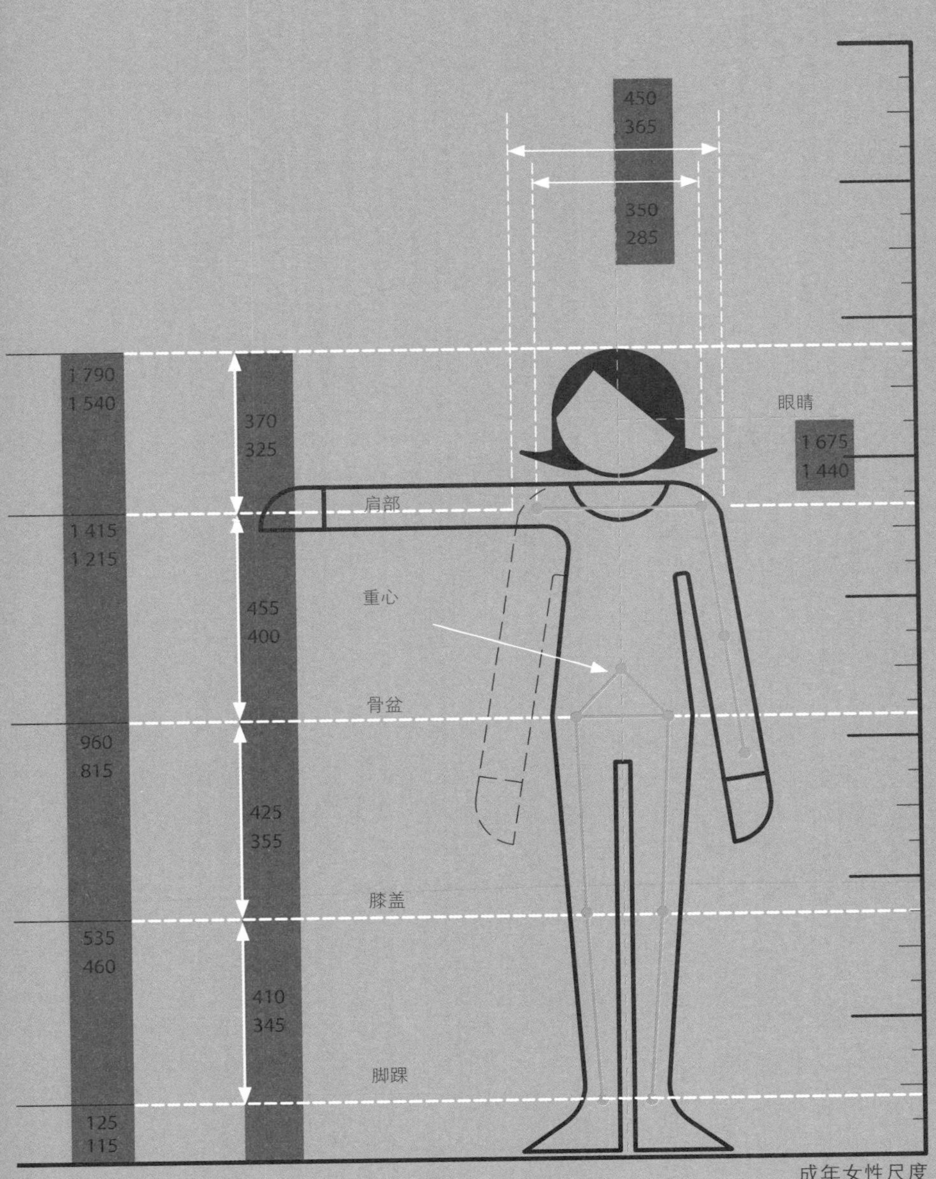
450
365
350
285
1 790
1 540
370
325
眼睛
1 675
1 440
肩部
1 415
1 215
重心
455
400
骨盆
960
815
425
355
膝盖
535
460
410
345
脚踝
125
115

成年女性尺度

无障碍设计尺寸

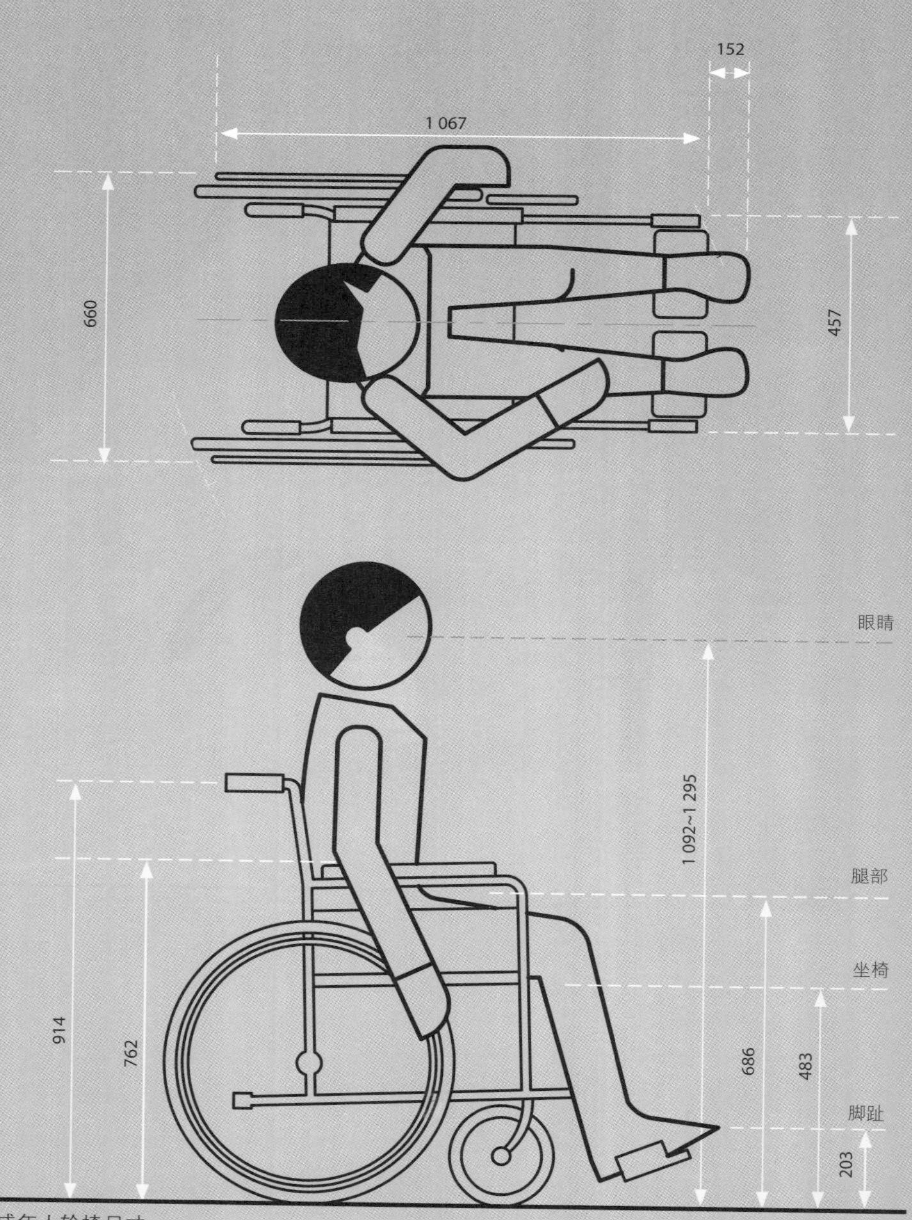

成年人轮椅尺寸

建筑师同样要熟悉有特殊要求人士的活动尺寸，特别是坐轮椅的活动受限人群。考虑适合残疾人和其他特殊要求人群的设计，要比正常设计增加很多规定，这时全面设计的理念就显得尤为重要。全面设计意味着在不增加生产成本的条件下，通过全面周密的设计，最大限度地使人们能够使用各种设施的空间。

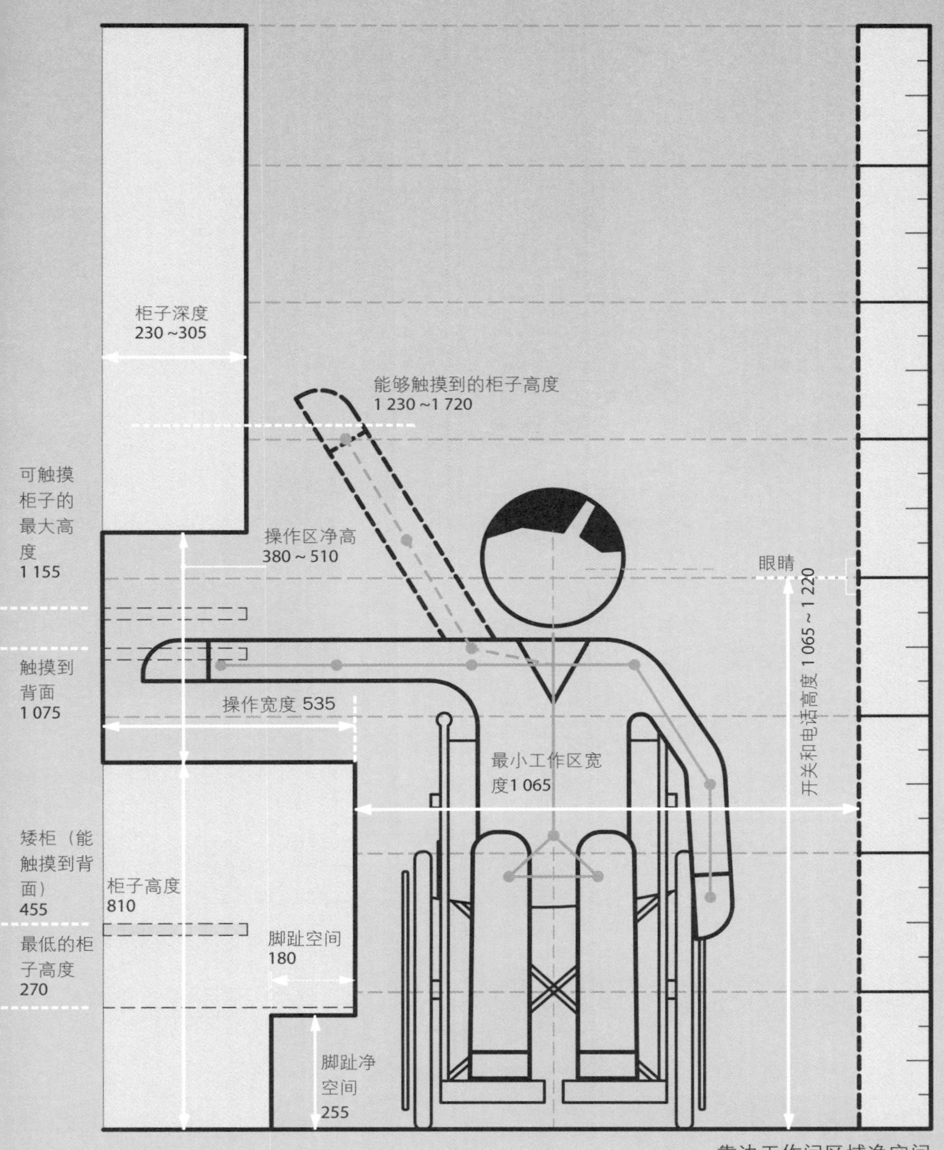

靠边工作间区域净空间

坐位尺寸

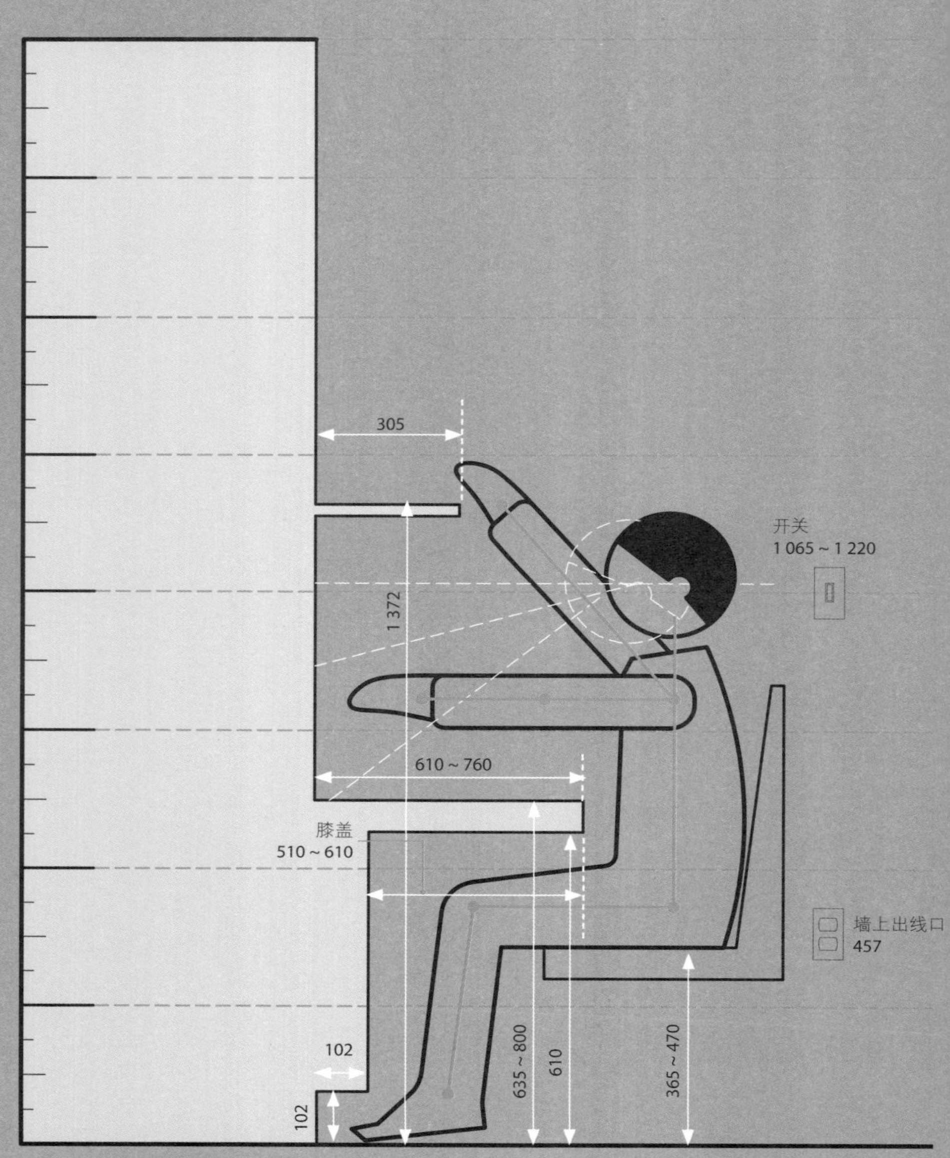
305
开关
1 065 ~ 1 220
1 372
610 ~ 760
膝盖
510 ~ 610
墙上出线口
457
102
102
635 ~ 800
610
365 ~ 470

工作区净空间

躺卧所需的大致空间

第 8 章　形式与组织

主要元素

形式的主要元素是点、线、面、体，每一个元素都是由其他元素组成的。点是空间中的一点，是形式的主要产生者。线是由点的运动形成的，它的属性包括长度、定位以及方向。面是由线的运动产生的，它的属性有宽度、长度、外表面、旋转角度以及定位。体是由面的运动产生的，它的属性包括长度、宽度、高度、形式、空间、外表面、旋转角度以及定位。

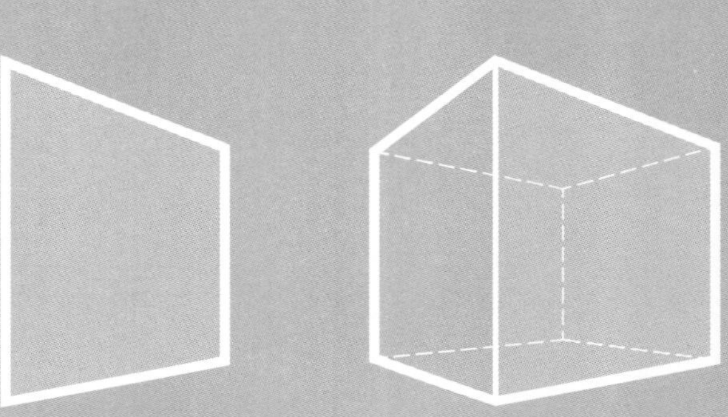

基本形体

正方形

正三角形

圆形

理想实体

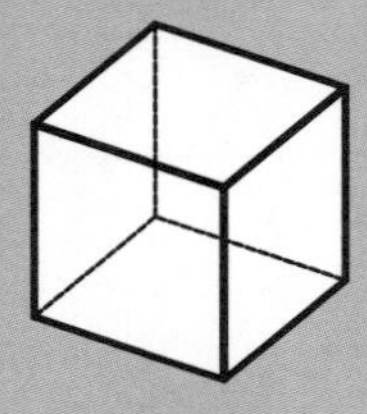

正方体

正三棱锥体

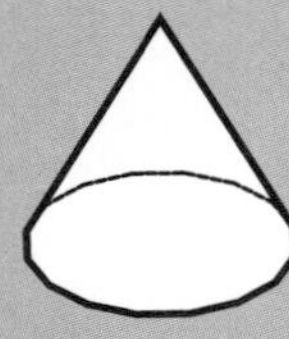

圆锥体

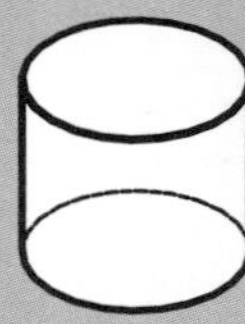

圆柱体

球体

多面体

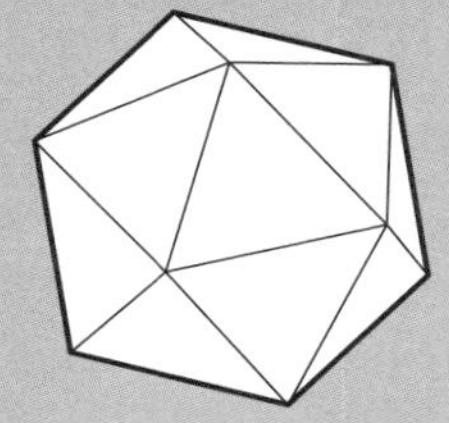

二十面体

大地测量式球体

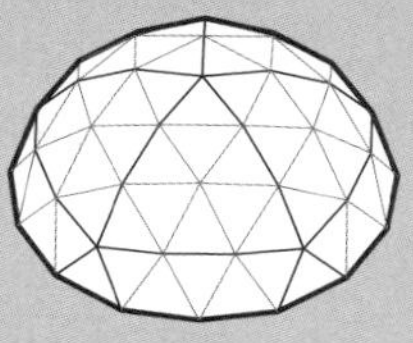

大地测量式穹顶

几何多面体是由边界相接的多个多边形形成的三维实体。

大地测量式球体和穹顶是通过将多面体的每个表面填实构成的，比如二十面体，每个实心面都是凸出的，这样它们的制高点就不共面，但又都位于球面上。以结构的角度去看，构成大地测量式球体和穹顶内的每个三角面都承担了一部分压力。

布尔运算

即将一个实体从另一个或另几个实体中减去或将二者合并。

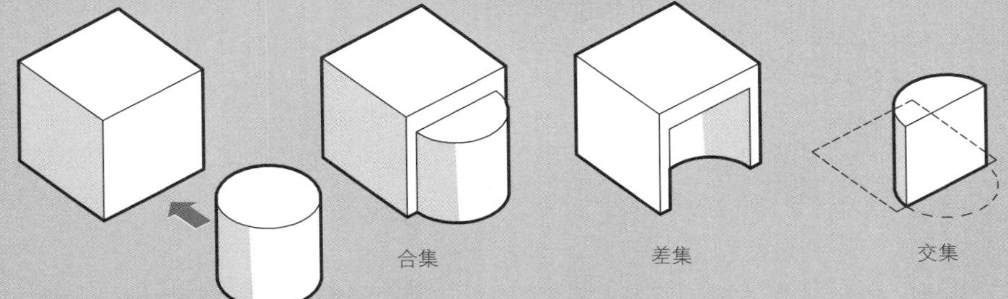

合集　差集　交集

直纹曲面

直纹曲面是由相应点连接成线而产生的面，可以形成多种形式。

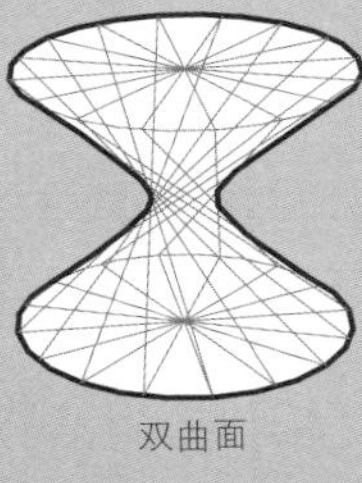

双曲面

抛物线双曲面

劈锥曲面

抛物线双曲面是一种双面的直纹曲面，由两组网格线相互扭曲变形形成。它的凹谷点位于双曲面的中心。

组织原理

轴线

空间中的两点确定的一条轴线，构成元素、空间以及形式沿轴线布置。

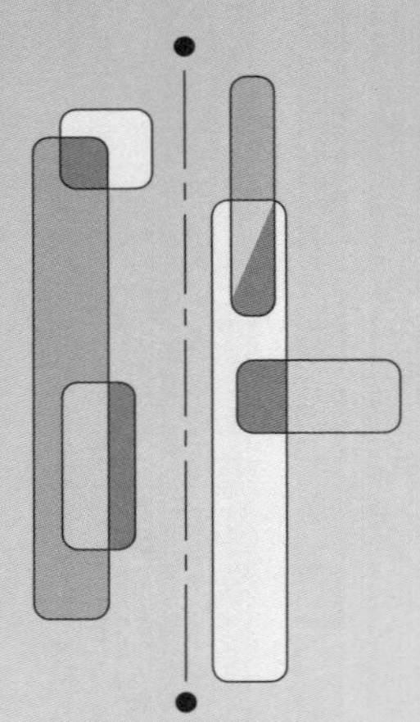

轴线类型

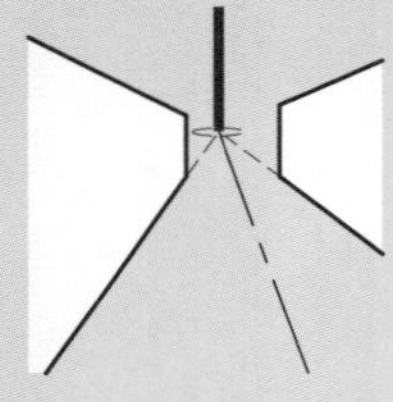

对称

一条中心线或中心轴两侧对应部分相同的构图方法，能产生平衡感。

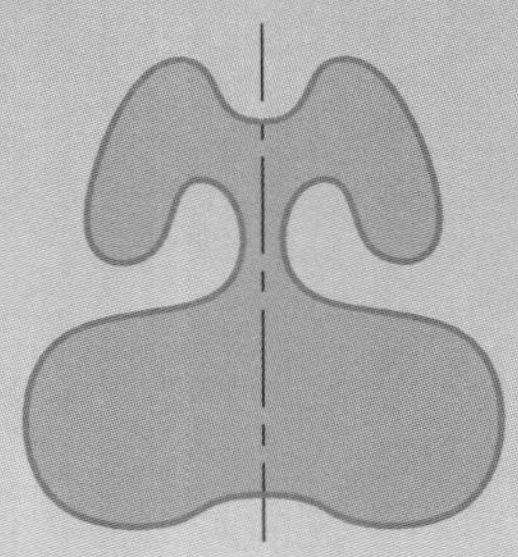

旋转对称

沿中心点对称

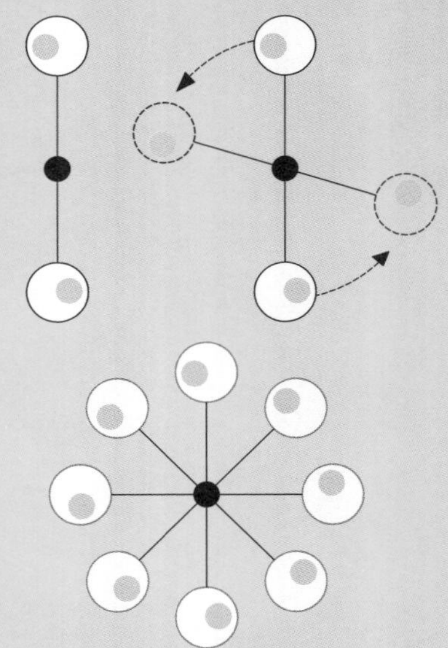

4次序列对称

物体在旋转时形成4次对称

韵律与重复

韵律是通过对主要元素和次要元素的规则或有次序地重复，形成一种有组织关系的形式或空间。重复或组成元素的再现，可以用于形成次序或形成一种看似凌乱实则有序的组织方式。元素的重复可以用于装饰用途、立面设计以及带有多种相近元素的建筑的平面布局，尤其是可应用于建筑结构柱网和结构框架布置。

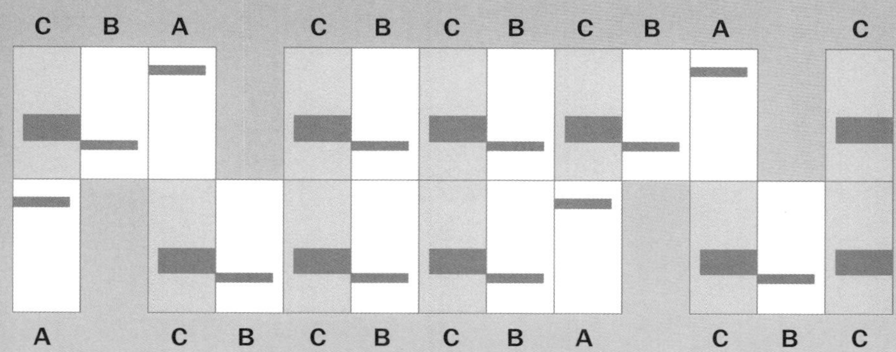

比例体系

尽管经常把比例和比率看成是一回事，但是实际上，比率表示的是质量或大小之间的相互关系，比例则可以在各部分之间产生一种平衡感。在建筑中，比例为我们提供了视觉和空间上的秩序感，同时也包含了结构的稳定性。

比例体系指尺寸与相关事物同步变化的基本参照。建筑师应用比例体系的历史已经很久了。在古典主义秩序中，柱子直径就是其他构成要素的参照，包括基座、柱头、柱高和柱间距。古希腊将乐阶应用在建筑上，作为和谐的比例关系使用。在文艺复兴时期，建筑的和谐则被赋予数的比例关系，并有了以下七种数字比例关系的理想房间平面。即圆形、正方形、1∶$\sqrt{2}$ 、1∶2、2∶3、3∶4和3∶5。

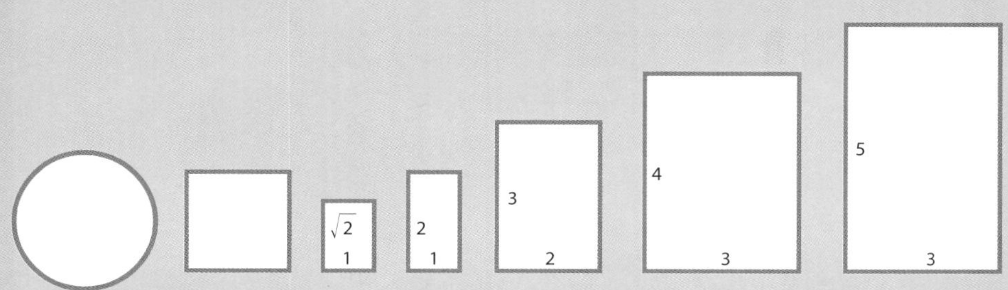

黄金分割

自从古希腊人在人身上发现了黄金分割比后，它已经被应用在建筑、艺术、算术和音乐领域。甚至在今天仍有很多人相信它有一种神奇的力量，能够通过算术和几何之间的关联产生一种和谐的秩序，是自然界中匀称和不匀称之间最完美的平衡点。

构建黄金分割长方形

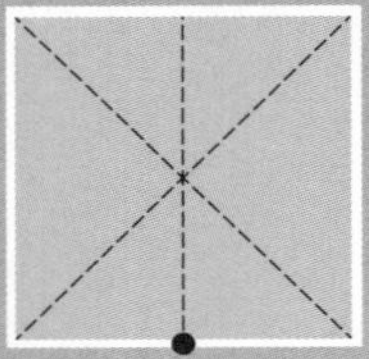

1. 画一正方形，并取其中一边的中点。

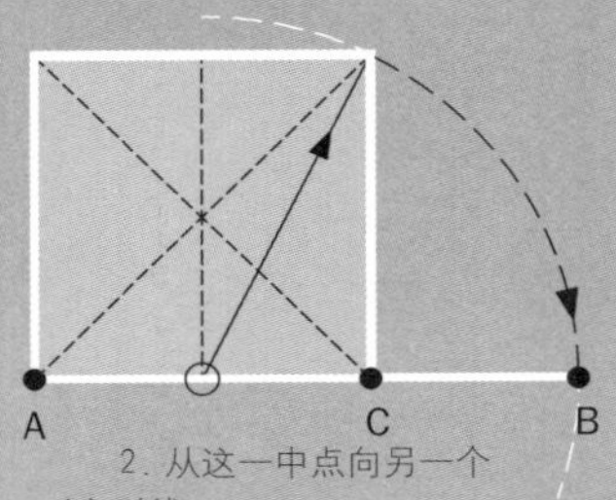

2. 从这一中点向另一个对角引线。

3. 以中点为圆心，中点到对角的引线为半径作圆弧，弧线与AC延长线相交于B点。

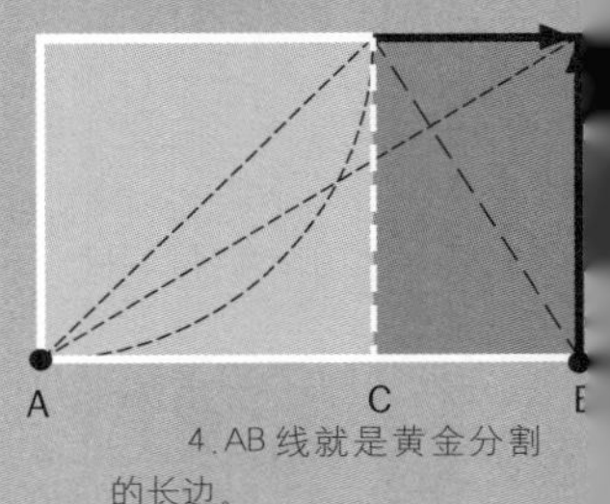

4. AB线就是黄金分割的长边。

5. 将求得的黄金矩形与原始方形叠合，就形成一个更大的黄金矩形。

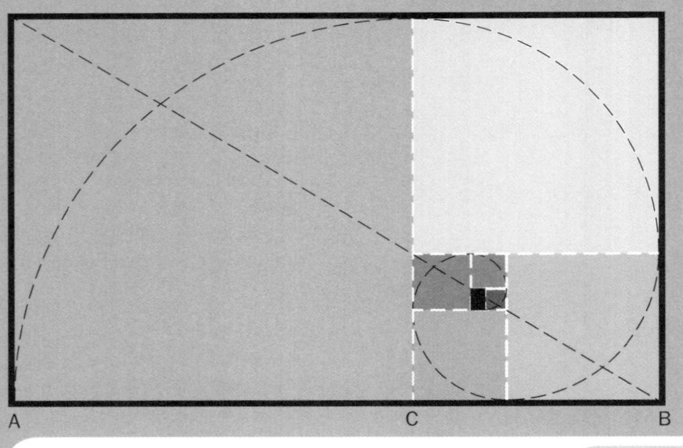

6. 这一过程可以无限反复地进行下去，就能够得出更大比例或更小比例的一系列矩形和正方形。

在数学中，黄金分割比就是两条线的分割比率。即短线段与长线段的比等于长线段与长短线段和的比。它的更为实际的用途是在数学上整合相关数字结构的比例。

黄金分割比计算方法

AC/CB = AB/AC
如果AB = 1，令 AC = x，则

$x = \frac{\sqrt{5}-1}{2}$ = 0.61803398 . . . (无限小数).

AC与AB的比值接近于 61.8%；
反过来 (1/0.618) 是 1.61803398 . . .

费班纳塞数列

费班纳塞数列是一种数制，即每个数字都是前面两个数字的和。简单的数列从 0 开始，如下所示：

0，1，1，2，3，5，8，13，21，34，55…

任意两个相邻的数字都可以相除，小的除以大的得到的数字很接近黄金分割比；分数数字越大，比值越接近黄金分割比。

控制线

绘图中表明比例关系和排列次序，比如右图中显示黄金矩形的线称之为控制线。它们用于确定和阐明设计中各部分之间的比例关系。对角线相互垂直或相互平行的矩形有相似的比例关系（尽管不是黄金分割比），这些线同时也是确定比例秩序的工具。

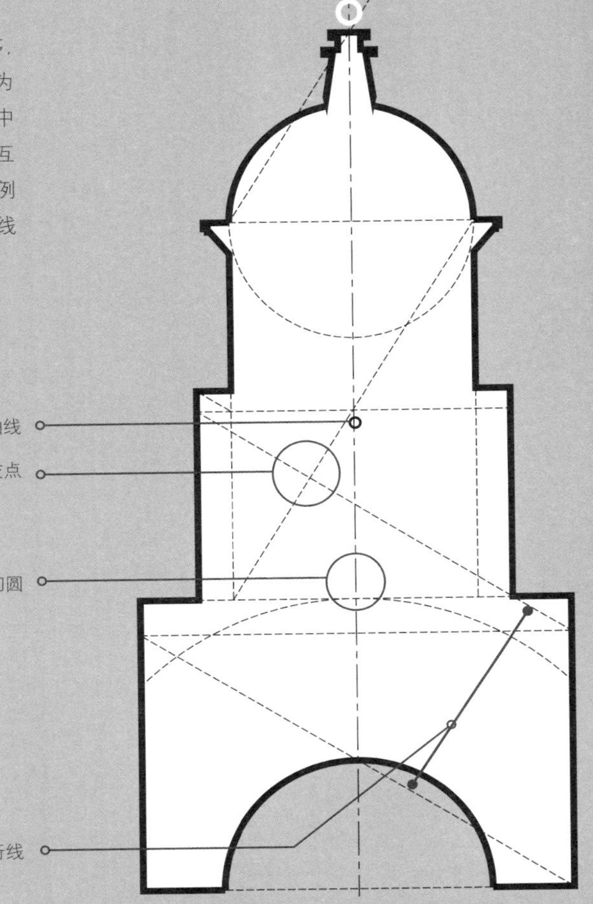

第9章 居住空间

厨房

基本尺度

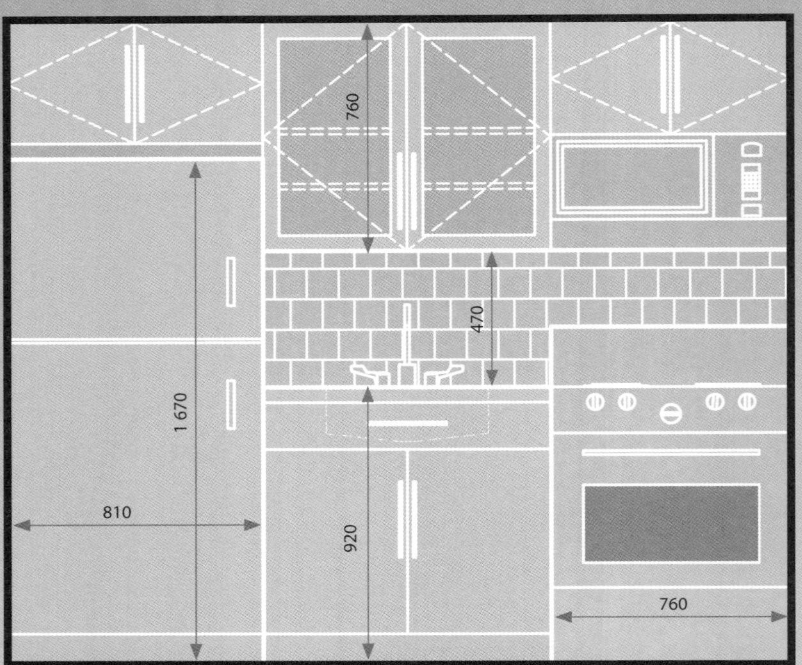

典型布局类型

储藏间设计准则：储藏空间为基本的1.67m²，加上每人占有0.56m²。

三角形操作区域的三边距离之和在7010mm到7925mm之间。

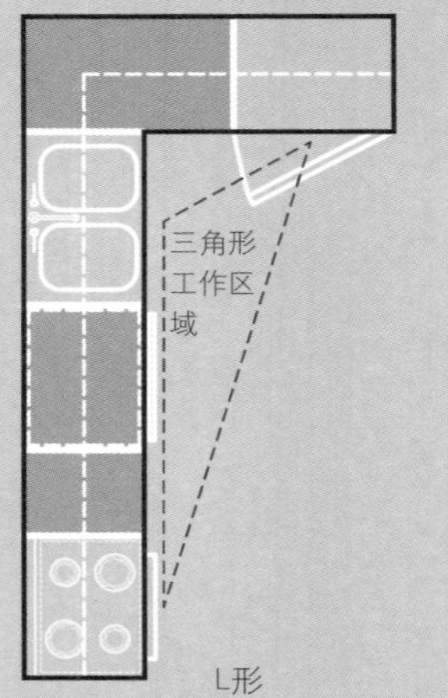

L形

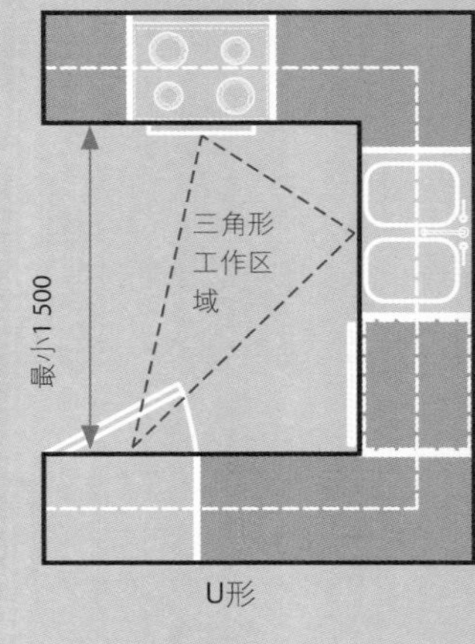

U形

橱柜的组成构件

上部间格
可调整搁板
305
后挡板
抽屉
可调整搁板
635
柜门
柜底部

操作流线
最小1 219
三角形
工作区
域

单面墙

双面墙

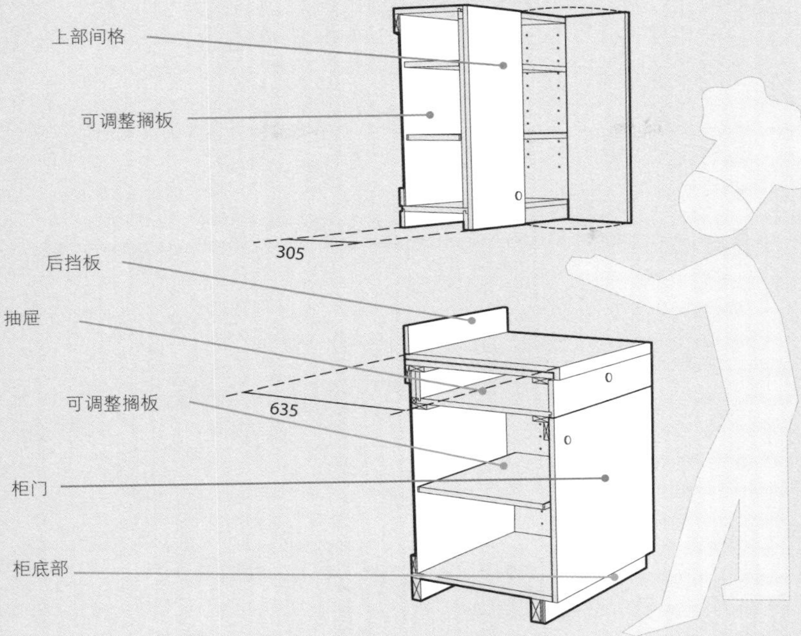

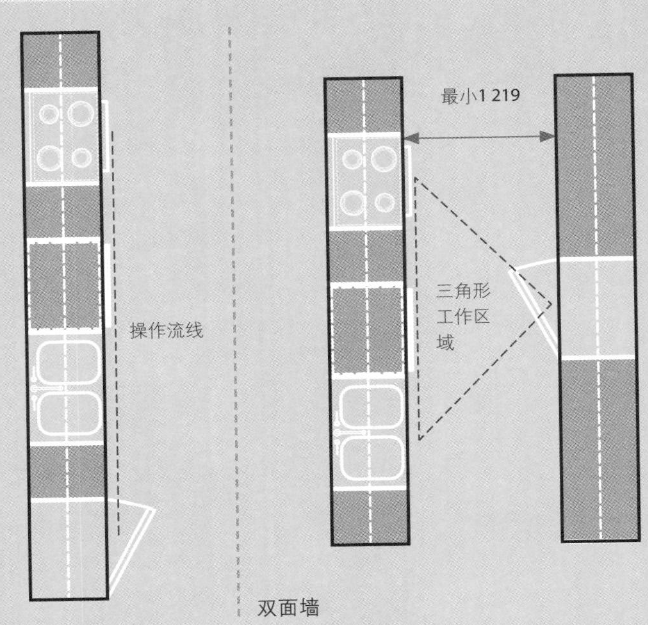

洗浴间

总体原则

在浴盆上方墙体部分应贴高度不小于1800mm的防水材料。

最小净高度为2200mm

最小的通风换气窗的面积为0.30m²，且有50%的开启面积或安装机械通风装置，且与外界气体交换不小于1.4m³/分钟。

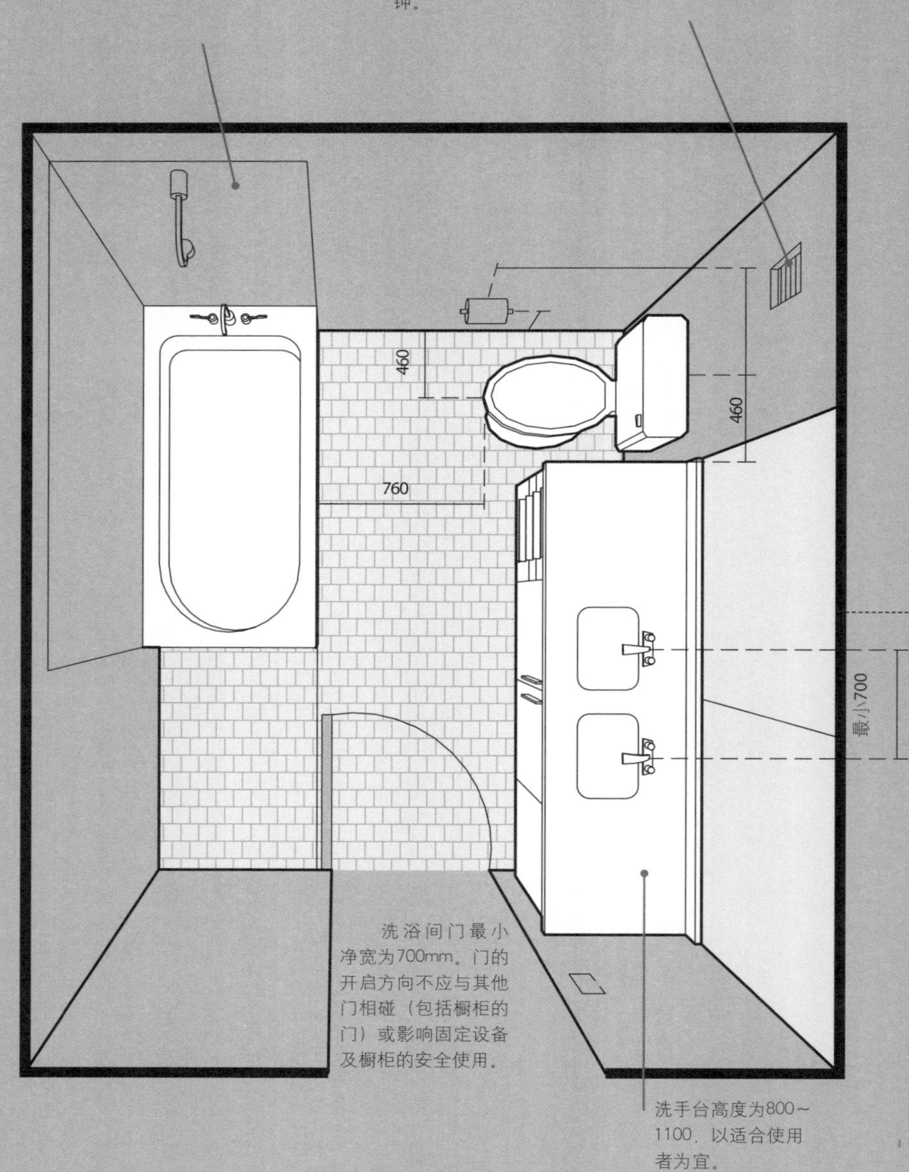

洗浴间门最小净宽为700mm。门的开启方向不应与其他门相碰（包括橱柜的门）或影响固定设备及橱柜的安全使用。

洗手台高度为800~1100，以适合使用者为宜。

玻璃安装

强化玻璃或与其性能相同的玻璃应使用在以下部位：淋浴间的门、浴盆或淋浴间的隔断，浴盆或浴头应以高度不低于1530mm的立于支撑面上的玻璃门或窗环绕；并且任何门窗的底边边缘都不要高于楼面竣工标高450mm以上。

地面

浴室地面、浴缸和淋浴器下部地面应有防滑措施。

电路线

所有的电源插座均要有地线的保护，而且至少有一个接地插座应安装在距盥洗室外边缘920mm之内。任何电线插座均不应安装在淋浴或沐浴间内，而且开关也不应放在淋浴或沐浴间内潮湿的地方（除非作为淋浴或沐浴间的UL-listed元件）。

灯具

除了整体的灯具布置外，卫生间内的每个功能空间均要安装灯具，并且至少在入口位置安装一个由墙壁开关控制的灯具。任何在淋浴和沐浴间内的灯具必须标明适合于潮湿位置安装。

卫生间典型布局

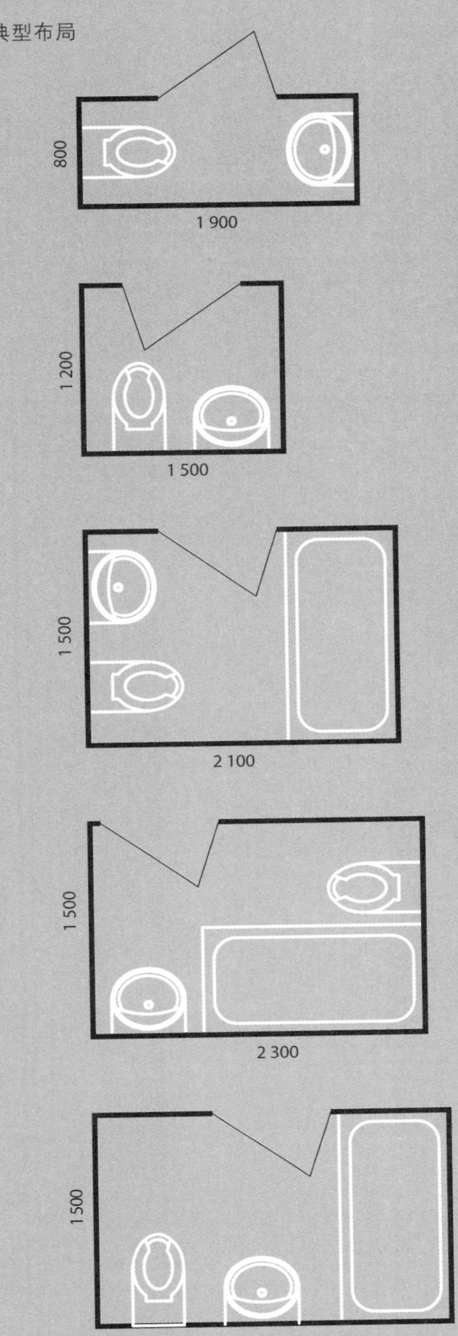

居室

床位（床垫尺寸）

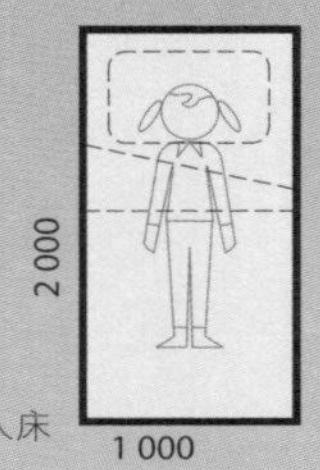

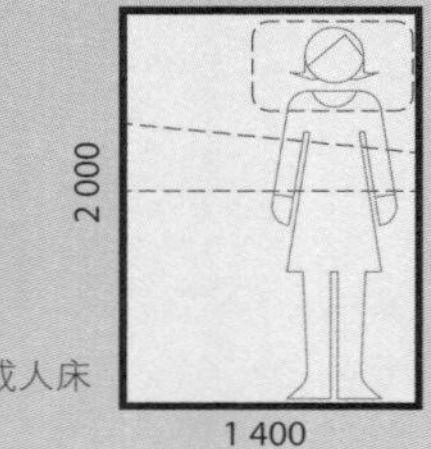

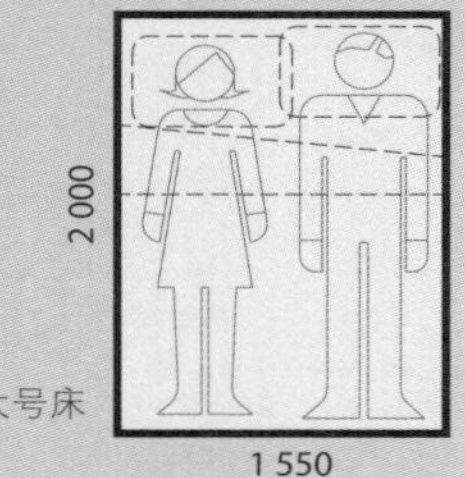

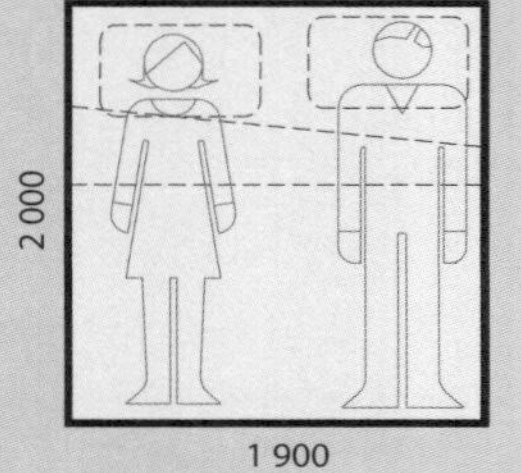

室内净高不低于 2.4m，局部净高不低于 2.2m，且其面积不应大于室内使用面积的 1/3。

在大多数住宅中，卧室至少应有一个与室外相通的洞口，可以采用可开启的窗户，且窗地比不应小于 1/7。

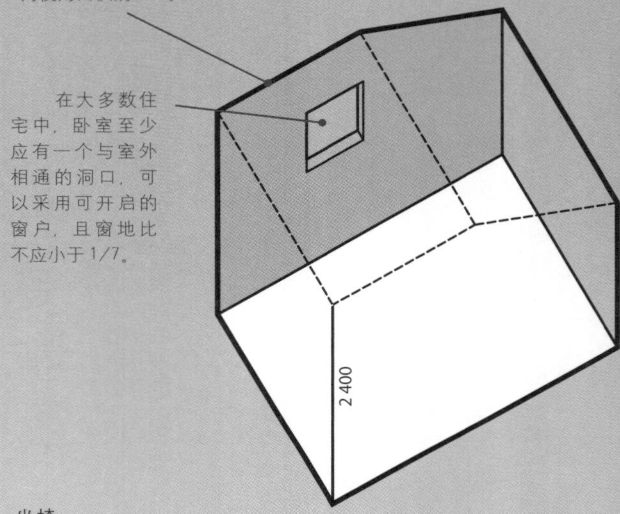

坐椅

桌子尺寸	容纳最多人数
610 x 1220	4
762 x 1220	4 (2 wch.)
762 x 1524	6 (4 wch.)
914 x 1828	6 (6 wch.)
914 x 2134	8 (6 wch.)
762 x 762	2
914 x 914	4
1067 x 1067	4 (2 wch.)
1220 x 1220	8 (2 wch.)
1372 x 1372	8 (4 wch.)
762 dia.	2
914 dia.	4
1067 dia.	4–5
1220 dia.	6 (2 wch.)
1372 dia.	6 (4 wch.)

wch. — 轮椅

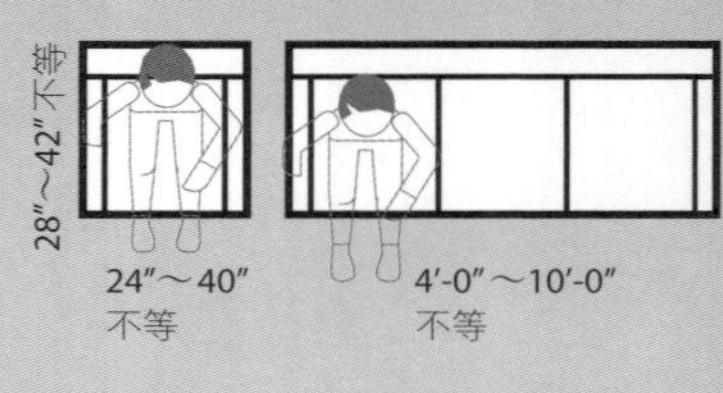

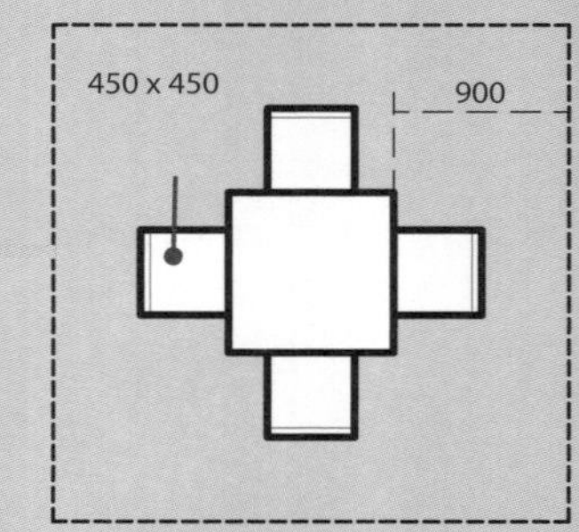

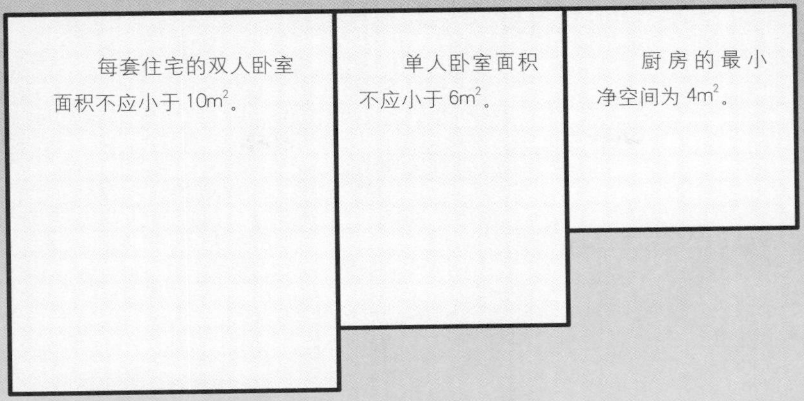

每套住宅的双人卧室面积不应小于 10m²。

单人卧室面积不应小于 6m²。

厨房的最小净空间为 4m²。

橱柜

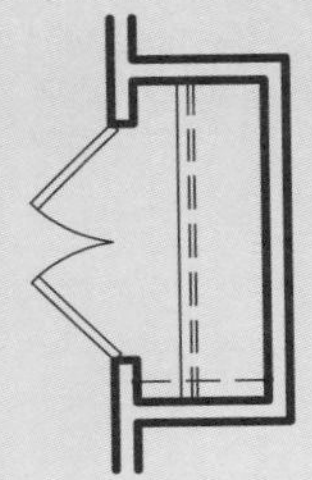

内部净宽为
560~760

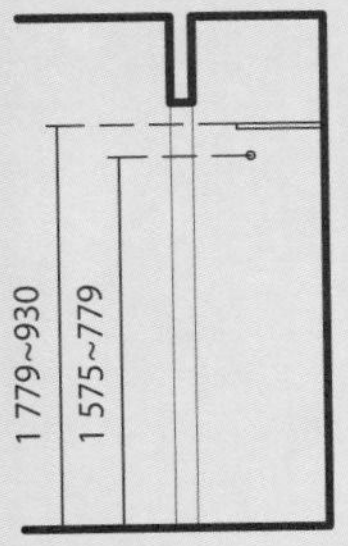

每人的挂衣空间为
1 219~829
305 = 6套套装，12件衬衫，8条裙子或6条裤子

停车库

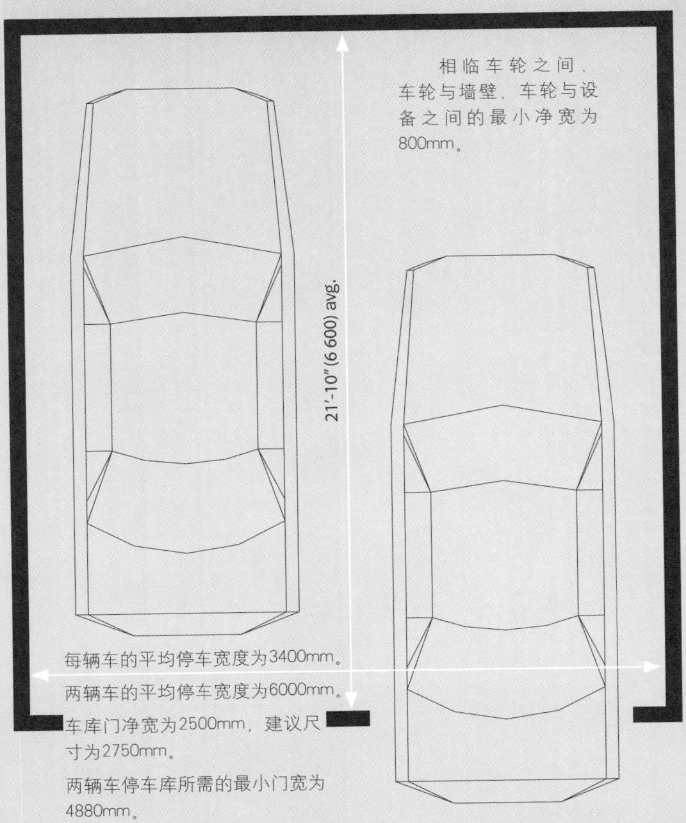

21'-10"(6 600) avg.

相临车轮之间、车轮与墙壁、车轮与设备之间的最小净宽为800mm。

每辆车的平均停车宽度为3400mm。

两辆车的平均停车宽度为6000mm。

车库门净宽为2500mm，建议尺寸为2750mm。

两辆车停车库所需的最小门宽为4880mm。

第 10 章 公共空间

固定坐位

900mm × 1500mm的无障碍空间应是开放的，并提供相当数量的坐椅。

固定坐位	轮椅个数
4~25	1
26~50	2
51~300	4
301~500	6
500+	6（每增加100个坐位加一个轮椅）

固定坐位的1%（不少于1个）必须具有可移动性或在走道一侧装有折叠扶手，并有适当的标记，使其具有可识别性。

坐椅的基本宽度

坐椅基本宽度为450～610mm，理想的宽度为533mm。

垂直线形净空间

即未使用的坐椅最前端与前面坐椅背部之间的距离。

行距

行距一般在 810 ～ 1000mm 之间，或更宽。

过于拥挤会使坐椅坐上去的感觉不舒适，也同样给想在其中穿行的人带来不便。相反，太宽的距离也会给人带来不适，无论是坐位上的人还是想通过的人。太宽的距离会使听众感到孤单冷落。另外，太宽的距离会使得人们在离开时相互拥挤而引发堵塞。如果发生紧急事件，就会很危险。

综合各种因素，理想的行距为914mm。

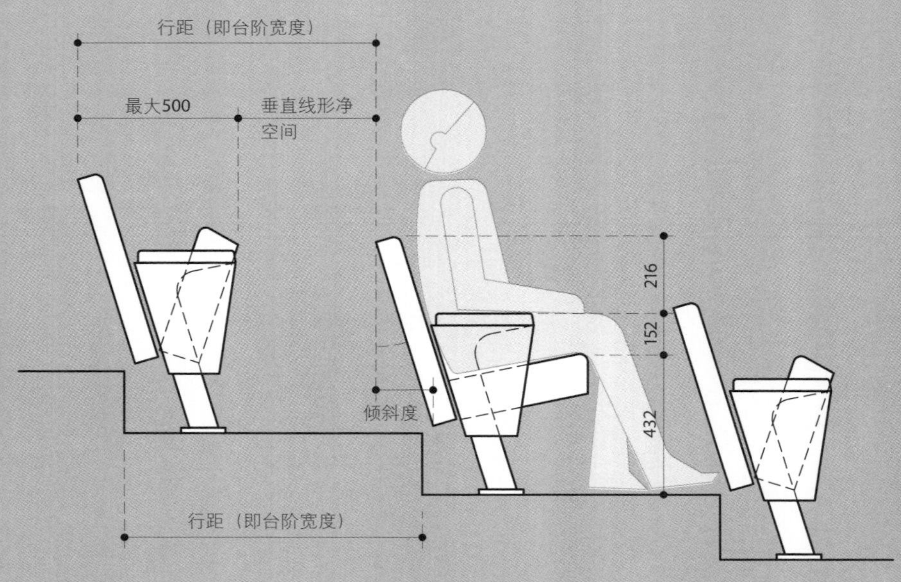

办公空间

灵活的办公空间

许多公司办公室安排灵活的家具布置和办公区域模数，有多种布局和精修模式。以下的图表仅限于大体布局，并对办公区域内的私人空间、交流空间和空间定位的一系列可能性进行阐述。

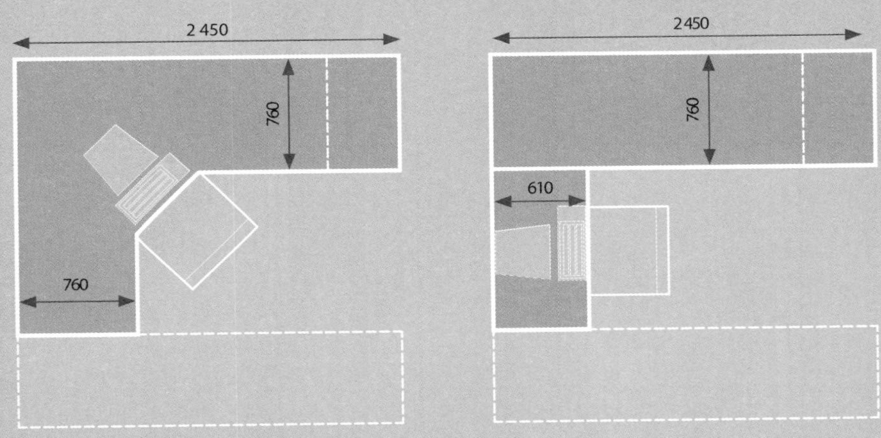

2450mm x 2450mm 大小的办公空间提供了多种的排列方式，有较大的灵活性。

家具灵活布置的优点是它可以依据职员能力、个人特点和工作类型而调整。

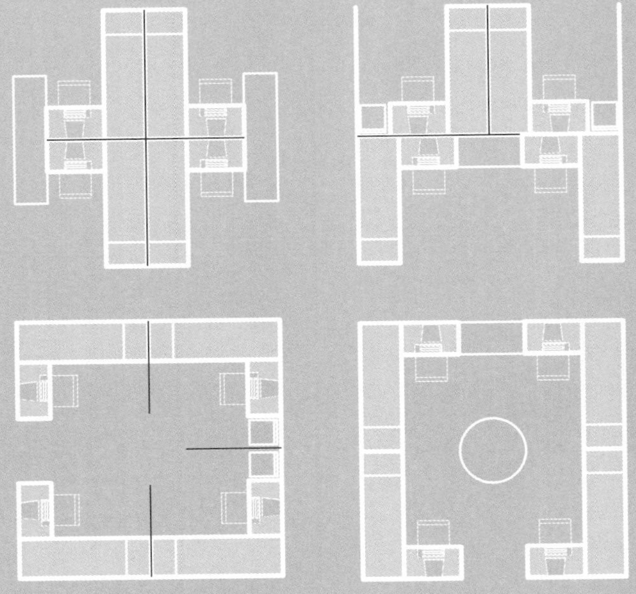

餐饮部分

坐椅类型

售货亭

售货亭的凳椅比长凳短 50mm，坐椅周边做圆角处理以便于人们出入。

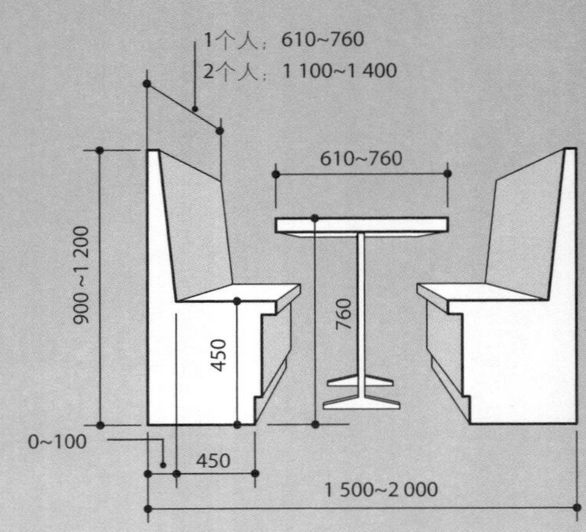

桌子

坐椅的尺寸大约在 350 ~ 450mm。

带有大底座的坐椅比四腿坐椅更实用。

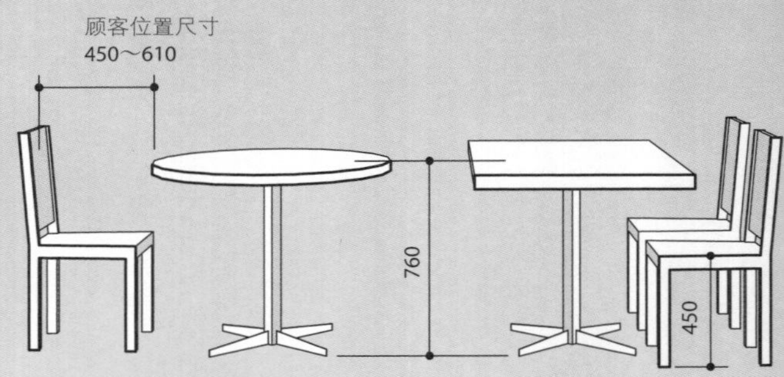

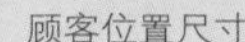

酒吧和柜台

柜台坐凳按照每 10 人一张。

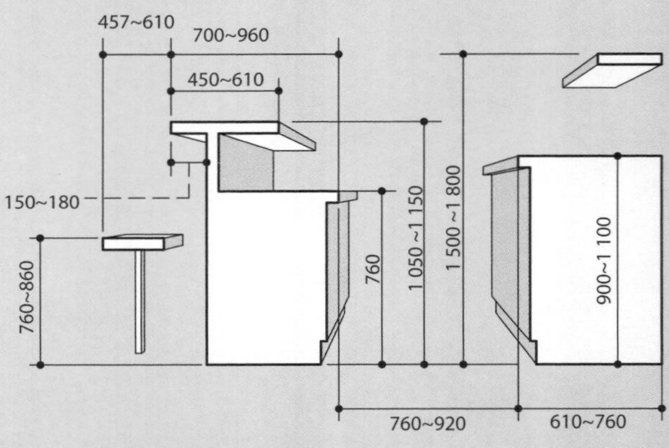

坐椅间距

轮椅所需占地面积不小于 1100mm ×800mm，其中 480mm 用于膝下空间。至少 5%（不少于 1 个）的桌子可供轮椅进出。

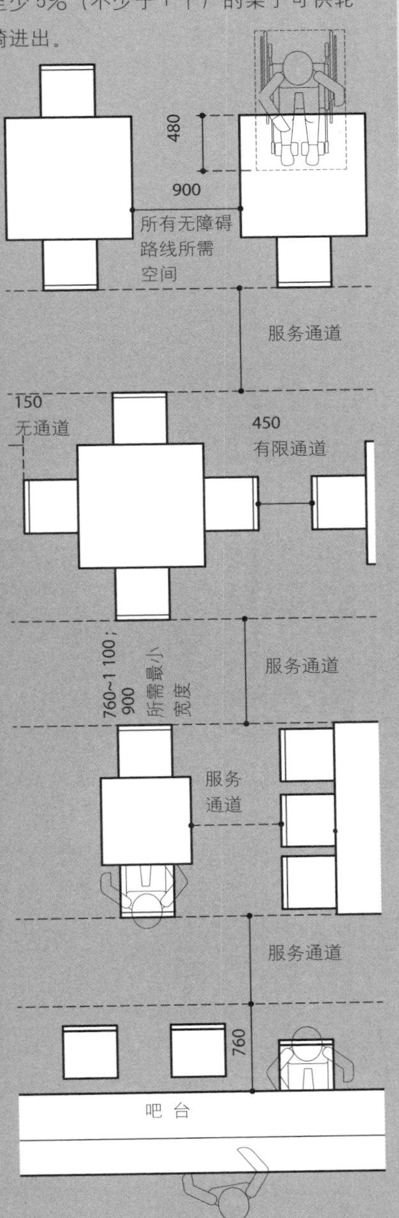

总体原则

饭店平面布局

餐厅占60%
厨房、烹饪间、配菜间、备餐间、储藏间占40%

每人所需面积	m^2
宴会厅坐椅	0.93～1.11
服务桌	1.02～1.30
自助餐厅	1.11～1.39
咖啡厅	1.11～1.48
餐厅	1.39～1.67
服务柜台	1.67～1.86
正式餐厅	1.60～2.04

注明：以上这些数据是最小的平面布局尺寸，具体的应查看国家建筑规范和消防法规。以上数据考虑了过道和等候空间的面积。

等候区面积

小等候区面积为每 20 位用餐者占有 0.56～0.93m^2。

中等等候区面积为每 60 位用餐者占有 2.32～3.72m^2。

酒吧和柜台坐椅

酒吧坐椅高度为 635 ～ 760mm。

第11章　停车场

几乎在所有地方，停车场都是建筑中人们最先接触和最后离开的场所，设计中应考虑到它的存在。主要说来，停车场应保证安全、高效、带有可识别标志，并适合于各种人群的使用。因为机动车的大小是各不相同的，所以停车场的面积应有足够的灵活性，以适合于未来的发展。

停车场划分

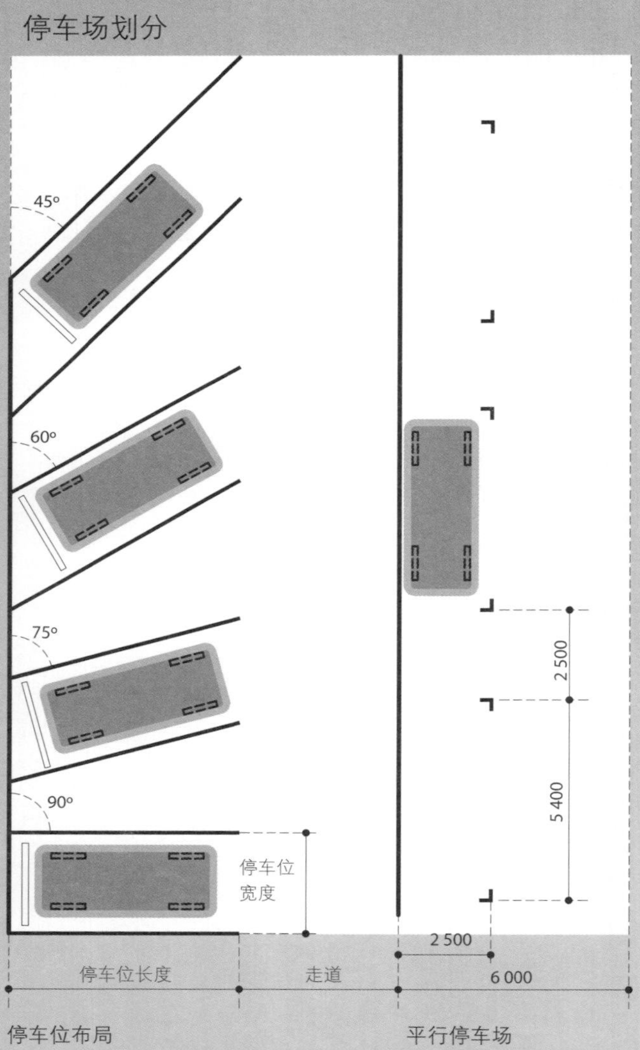

停车位布局　　平行停车场

总体原则

停车位分隔线应以白色或是黄色标记，宽度为100mm。

停车场地面应有2%的排水坡度。

组团的布局应符合模数，一个完整的模数包含可进入的走道和为另一侧服务的停车空间。

最常用的停车场布局是应60°的布局方式，这种布局方便进出同时也是高效的模数尺寸。45°的布局方式在给定的面积上减少了停车的数量，但它不需要较宽的走道，是个适用于交叉缝式的停车场布局样式。90°的布局样式能够在给定的面积上提供更多的停车位，由于进出难度很大，这种停车场不适合频繁出入的交通。但是这种布局适合于全天候的停车场，比如为雇员提供的停车场。

常见停车场布局

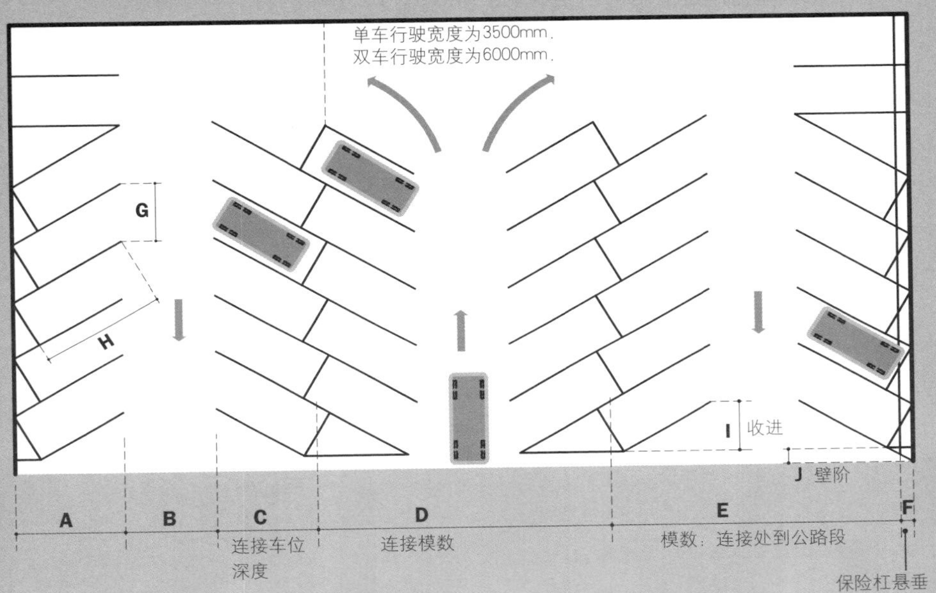

	A	B	C	D	E	F	G	H	I	J
45°	5 334	3 658	4 663	12 984	13 045	610	3 871	7 620	3 353	1 920
60°	5 791	4 877	5 334	15 549	15 301	701	3 170	6 706	2 530	823
75°	5 944	7 010	5 730	18 593	17 922	762	2 835	6 096	1 524	152
90°	5 639	7 925	5 639	19 202	18 440	762	2 743	5 639	0.0	0.0

停车场布局以及停车的尺寸是变化的，但是常见的停车位大小为 2700mm×5600 ~ 6000mm，但尺寸和布局要适合各自的情形。例如，五金器皿工厂或是杂货店的停车场，就应该有足够的宽度以容纳大件货物的装载与卸货，停车位宽度可能要 3000mm。轻型汽车的停车位最小仅为 2100mm×4500mm，并应有较好的识别性和合理的组团布置。

停车场内部流线

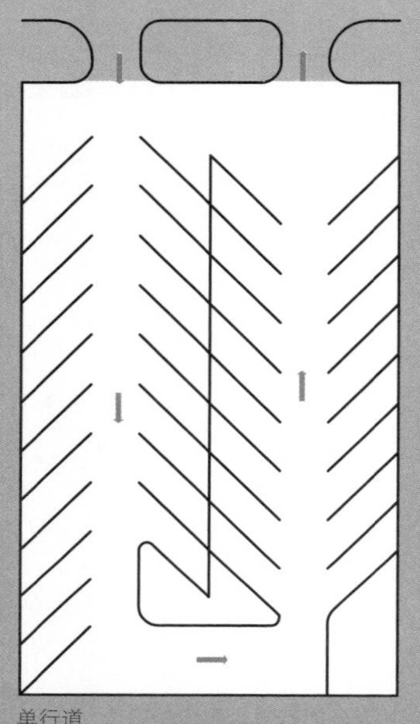

单行道

双行道

停车位指标

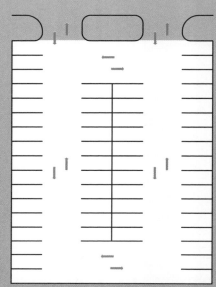

医院	1.2 /床
礼堂/剧院/体育场	0.3 /座
饭店	0.3 /座
工业用途	0.6 /人
教堂	0.3 /座
零售店	4.0 / 1000′ 建筑面积
办公楼	3.3 / 1000′ 建筑面积
购物中心	5.5 / 1000′ 建筑面积
旅馆/汽车旅馆	1.0 / 间或0.5 /工作人员
高级中学	0.2 / 学生或1.0 / 职员
初级中学	1.0 / 教室

车型长度分类

1975年之前

超小型车	<2 540
小型车	2 565–819
中型车	2 845–997
标准型车	>3 025

1975年之后

小型车	<2 540
中型车	2 540–845
大型汽车	>2 845

停车库

坡道设计

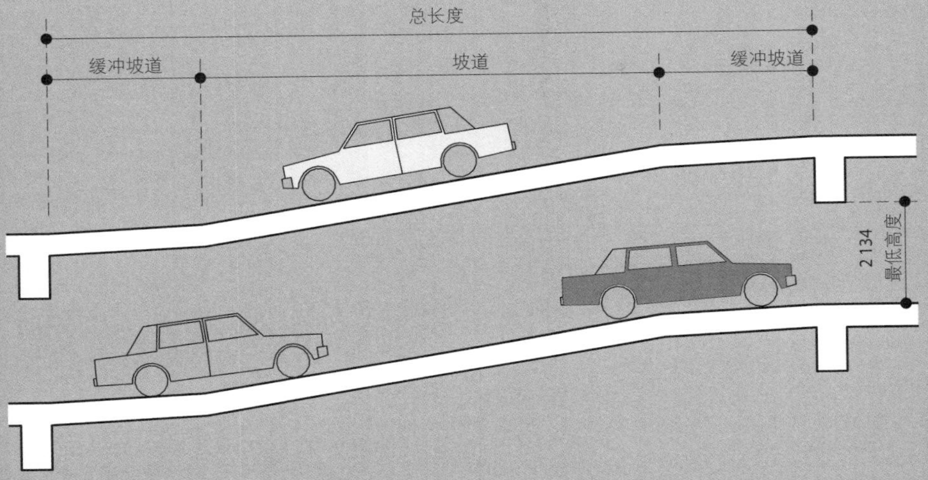

直线坡道

长度	< 19 812	> 19 812
缓冲坡道长度	3 048	2 438
缓冲坡道坡度	8%	6%
坡道坡度	16%	12%

曲线坡道

宽度 = 4 572
用于逆时针转

宽度 = 6 096
用于顺时针转

坡度 = 12% 最大
(4% 在横断方向上)

一般规定

停车库应有很好的标记性，以及对司机清晰的导航信号，尤其在单车行驶的情况下。

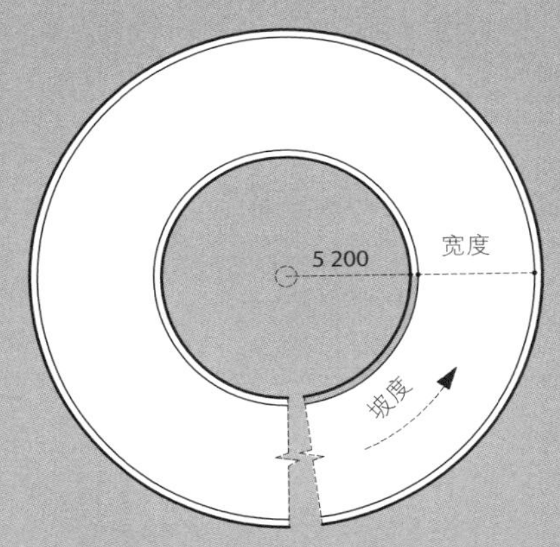

第三部分

规范与准则

正如我们开门、开灯和穿过楼梯一样，我们在实际设计中实践建筑设计标准。理论上讲，设计规范和准则能够使我们更加安全地使用建筑。规范规定的限制条件，为我们提供了通过合理的设计解决困难的机会。

设计中考虑残疾人的实际需求，得到政府和民众的广泛认同。同时无障碍设计理念已经与建筑设计融为一体。很难想像，就在不久前，人们还将其视为设计上的绊脚石。同样在可持续性设计的美学可能性上也出现了同样的问题。事实上，新标准适用于所有类型的使用者，以及建筑对环境责任的持续增长的认同，同时它将来能提供对旧形式的新处理方式和对新程序的鼓励。

第 12 章　ADA 与无障碍设计

美国残疾人法案（ADA）于 1990 年由美国国会通过，旨在保护和尊重残疾人的合法权利，包括在行动、视觉、听觉、体力、语言和学习等方面有各种不便的人群的合法权利。ADA 以先前美国里程碑式的禁止种族歧视和性别歧视的法案为范本，为所有人提供了平等的权利，包括住房、公众居住、工作、政府服务、交通以及电信等方面。

ADA 中的术语

进入通道（Access aisle）：介于两个单元之间的无障碍的步行空间，例如在停车场、坐椅或是桌子之间的能够通过的空间。

无障碍的（Accessible）：符合 ADA 相关规定的建筑物、地点、公共设施或是它们的一部分。

无障碍元件（Accessible element）：符合 ADA 相关规定的元件（如电话、操控器以及相类似的元件）。

可到达的路线（Accessible route）：联系建筑物或便利设施等所有可达性单元和空间的连续清晰的路线。内部可达性路线包括：走廊、楼梯、坡道、电梯等。外部可达性路线包括：停车场、走道、进路、缘石坡道、人行横道、坡道以及电梯等。

无障碍空间（Accessible space）：符合 ADA 相关规定的空间。

灵活性（Adaptability）：建筑空间和组件的适应性，如厨房柜台、洗涤槽和安全抓杆等，能够被改变位置等，以适用于常人和残疾人以及不同程度伤残人士的使用。

扩建（Addition）：建筑物等面积的扩大、加建等。

建设行政机构（Administrative authority）：在建筑设计、建造或是建筑物和公共设施改建过程中，负责建筑法规执行的政府部门。

改造（Alteration）：改造将影响或是可能影响建筑物功能使用的部分改建成公用设施或是商业设施等。改造包括重新塑造外观、对建筑的修复、改建、重建、历史翻修、建筑部件的变更或是重新排列，以及平面上墙体定位的变化和重新排列，但是改造并不仅限于此。正常的维护和屋面修复，喷漆或贴墙纸等不属于改造的范畴，除非它们影响到了建筑的使用。

避难空间（Area of rescue assistance）：发生紧急情况时，建筑物中可以暂时确保人们生命安全，以等待救援的空间。

集会空间（Assembly area）：用于游览、政治活动、社会活动或是娱乐活动的空间。

自动门（Automatic door）：能够用机械操作控制，在收到瞬时信号可以自动开启和关闭的门。自动系统的开关可以是光电设备或是手动开关。

建筑（Building）：任何可用于遮风避雨的人造环境。

环行通路（Circulation path）：行人从一处通向另一处的室内或是室外通道。包括走道、回廊、天井、楼梯和楼梯平台等。

畅通的（Clear）：不被阻塞的。

净地面空间（Clear floor space）：能满足单人，固定轮椅和乘客所需的最小无障碍的空间。

普通用途（Common use）：描述室内和室外空间、房间等明确的用于何种人群的说明，如无家可归者的避难所、办公人员使用的大楼或是为客人使用的房间等。

交叉坡道（Cross slope）：与交通方向垂直的坡道。

缘石坡道（Curb ramp）：位于人行道口或人行道两端，使乘轮椅者避免了人行道路缘石带来的通行障碍，方便乘轮椅者进入人行道行驶的一种坡道。

可察觉警示（Detectable warning）：设置在环行道路，可以直观的对残疾人提示危险，外观表面标准化的提示物。

疏散（Egress）：可以从建筑的任一点到达公共道路的连续无障碍的走道。疏散方式包括水平交通和垂直交通，如入口、回廊、走廊、人行道、阳台、坡道和楼梯等。

元件（Element）：建筑物、公共设施，或是场所中的建筑或机械部件，如电话、缘石坡道、门、饮水机、坐椅或是储水柜等。

入口（Entrance）：任何能够进入建筑物的点，或是建筑物的部分，或是进入建筑物的公共设施。一个入口包括与之相连的走道，导向入口平台处的垂直走道，如果有门厅的话，入口门和入口门的相关硬件设施。

交叉指示标记（Marked crossing）：交叉道或是其他可识别的道路，意在告诉行人进入垂直交叉道路。

操作口（Operable part）：设备中可用于插入或是接收物件的开口部分。（例如硬币孔或是按键等）

电动门（Power-assisted door）：由机械操控开启或是延长滞留时间的门。

公共用途（Public use）：描述室内和室外空间、房间等明确的用于公共目的。所有的建筑物或是设施，应明确表明公共用途和私人用途空间。

坡道（Ramp）：坡度大于1 ： 20的行走路面。

直线坡道（Running slope）：与交通方向一致的坡道。

指示符号（Signage）：以文字、图形、可触物和图示等告知的信息。

功能房间（Space）：定义的空间，如卧室、卫生间、礼堂、集会空间、入口、储藏间、凹室、庭院或是休息室等。

可触物提示（Tactile）：用触觉去感知的提示物。

文字信息电话（Text telephone）：通过电信网络进行传输代码，信息的机器设备。包括TDD（即无线电通信设备或是聋哑人用的无线通信设备）或是计算机。

行道（Walk）：用于行人通行的室外走道，包括一般的行人空间，如露天广场和庭院等。

指示符号

电梯按键操作板

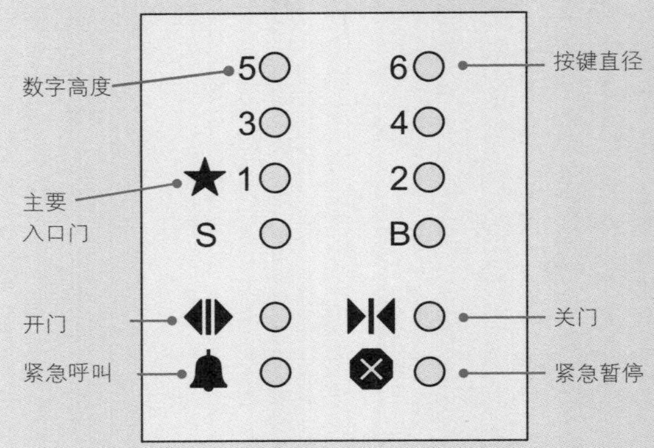

楼层按键板侧面不高于竣工地面1300mm，正面不高于1200mm；紧急情况按键应置于底部，且中心线距竣工地面至少为890mm。

指示符号或是信息符号

字母／数字的宽高比在3 ： 5和1 ： 1之间，冲程的宽高比在1 ： 5和1 ： 1之间。

字母／数字的大小应依据使用者的可视距离确定。

允许采用小写字母。

字母／数字和它的背景材料必须是易碎的、无光泽的或是无闪光精修的；同时与背景颜色是相对的（即要么浅色之于深色，要么深色之于浅色）。

象形图是可以任意大小的。

房间指示标志

字母应以带有衬线的大写字母书写。

字母的书写必须带有二级等级的盲文。

升起的字母／数字最矮为 16mm，最高为 50mm，以大写字母 X 为参照。

对相同含义进行描述时，说明必须直接置于象形图之上。

象形图可以采用任意大小，最小为 150mm 高。

字母／数字和它的背景材料必须是易碎的、无光泽的或是无闪光精修的；同时与背景颜色是相对的（即要么浅色之于深色，要么深色之于浅色）。

指示符号应安装在临近门把手一侧的墙上（如果可以的话），这样，人可以在大约 80mm 的地方接近它，并避免了门的摆动。

安置高度大约是从楼面到指示符号中心线距离为 1000mm。

疏散方式

对于任意的可达性空间至少应有一个出入口。

电梯和自动扶梯的设置应符合相关的规范。

避难层在紧急疏散时，可以作为暂时的安全场所；同时应有通向楼梯间的疏散口或是直接对外出口。

每 200 人的空间应提供一个轮椅空间；一般这部分空间是凹进封闭楼梯间内的，这样不影响疏散宽度。

除了在少数建筑中，疏散楼梯间的楼梯宽度应能满足两个人将一位残疾人安全抬出的要求。

无障碍停车场

无障碍空间必须以高对比度的涂漆线标记。无障碍空间可做为到达建筑物入口的疏散走道的一部分。两个无障碍设计的停车位之间必须有一条公共走道。通道必须以斜线清晰地表示出来。

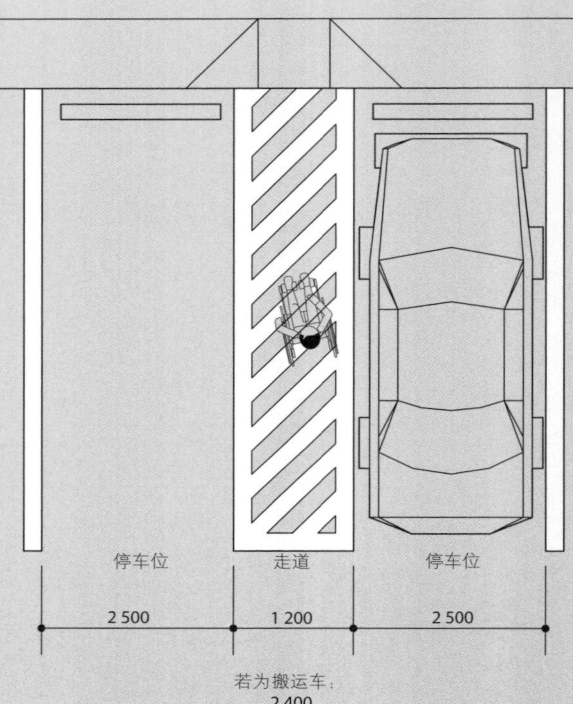

需要无障碍空间的数量

停车位数量	最小无障碍空间
1~25	1
26~50	2
51~75	3
76~100	4
101~150	5
151~200	6
201~300	7
301~400	8
401~500	9
501~1 000	总数的2%
1 001 及以上	1000车位以上，每增加100车位时，每20个增加1个

在停车位和通道的任意方向上，地面坡度都不应超过 1 ∶ 50。

为建筑服务的停车场应保证从临近的停车位到建筑物的路线是最短的。

当建筑物有多个到达停车场的出口时，停车位应分散布置，并设置在离出口最近的部位。

轮椅所需的空间大小

净地面面积是衡量容纳单个固定轮椅使用的最小净面积。它是满足乘轮椅时膝盖放置的空间需求。

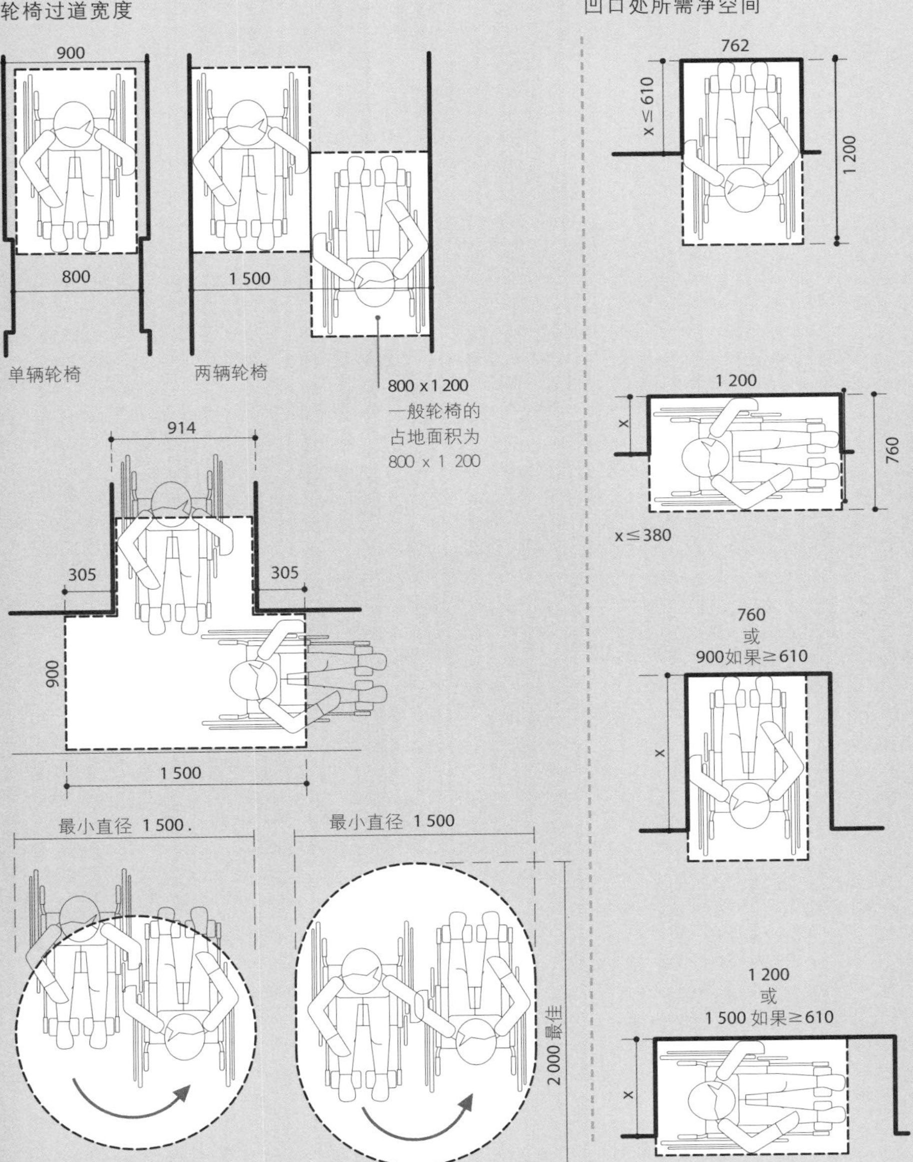

门

门的净宽度和深度

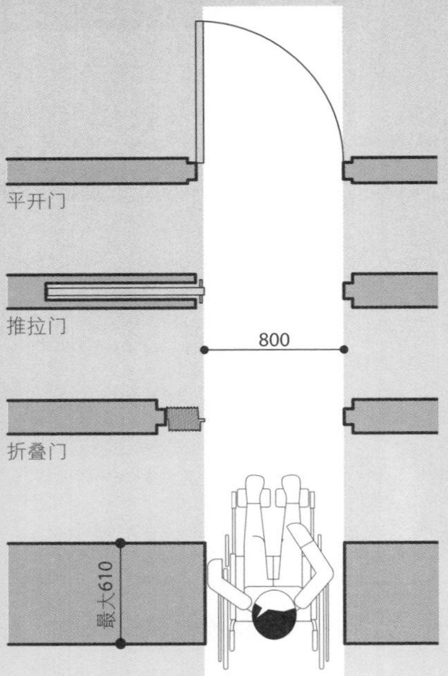

开门处操作所需净空间

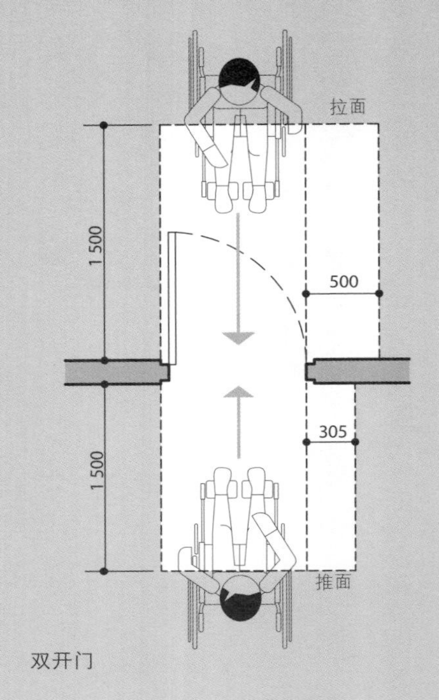

双开门

拉面

1 200

610

1 100

610

推面

双开门

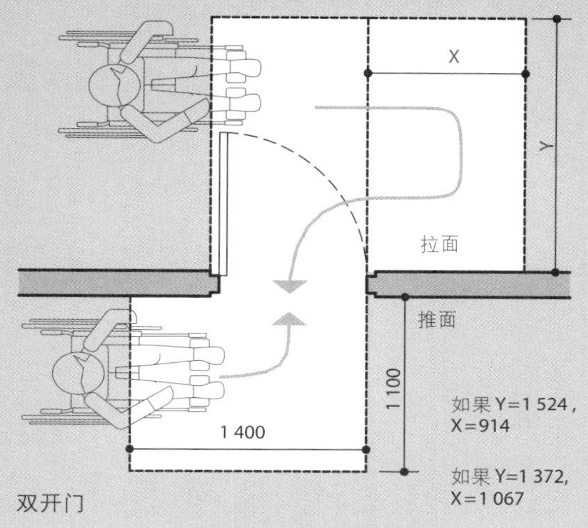

双开门

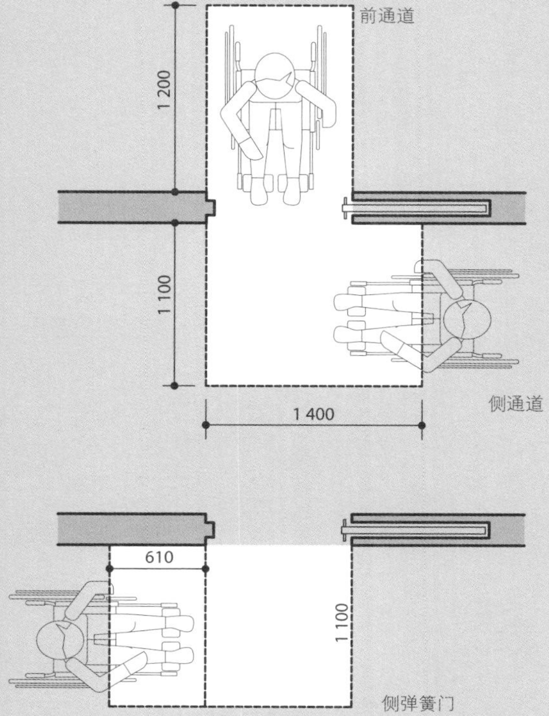

推拉门和折叠门

门扇间距

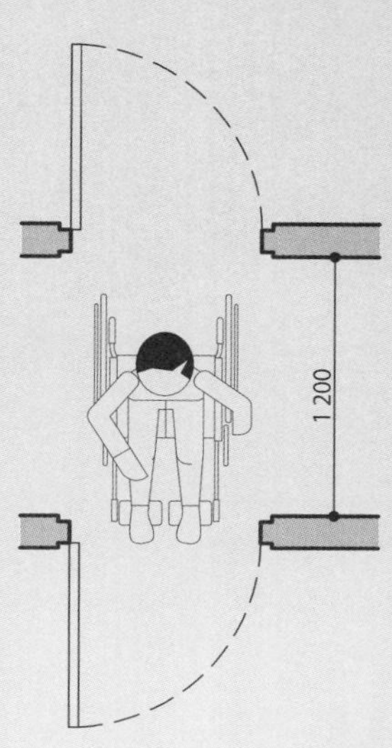

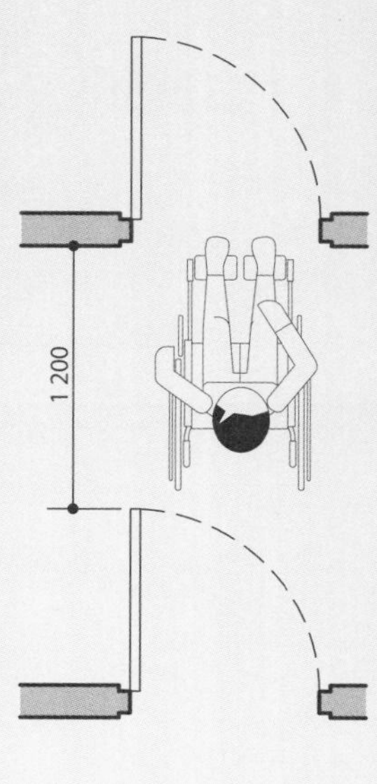

厕所和浴室

厕位所需净空间

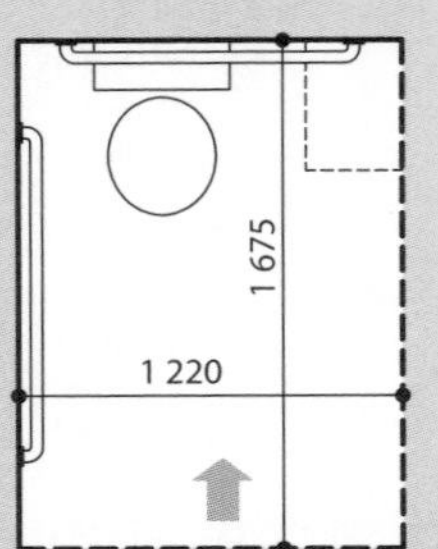

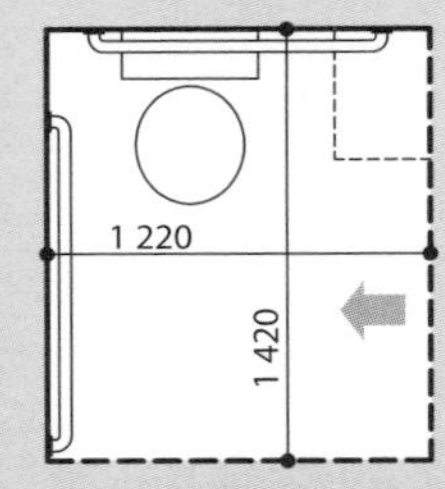

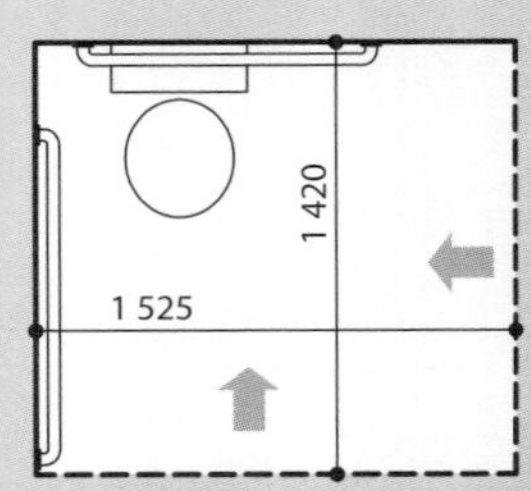

厕所分隔间

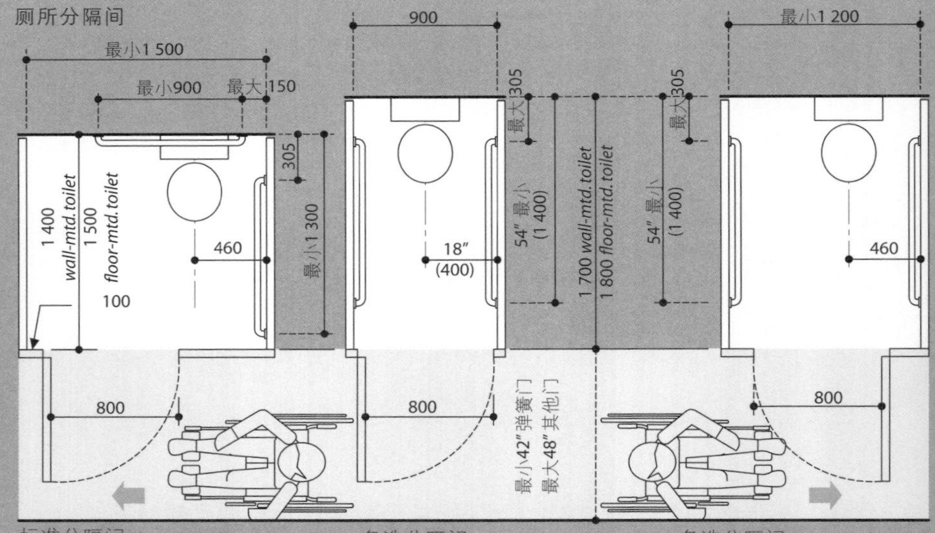

标准分隔间　　备选分隔间　　备选分隔间

1 400 wall-mtd.toilet
1 500 floor-mtd.toilet
460
1 500
900
800

安全抓杆为φ30~40，
内侧距墙面40mm。

305
1 065
700
450–480
480

尽端分隔间　　侧立面

盥洗

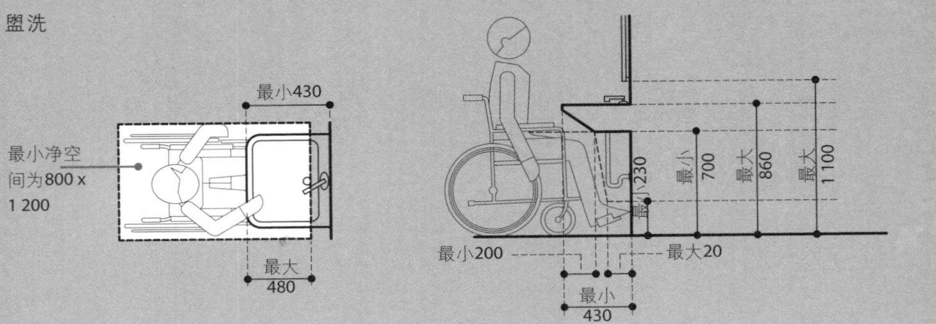

最小430
最小净空
间为800 x
1 200
最大
480
最小
700
最大
860
最大
1 100
最小230
最小200
最大20
最小
430

淋浴

900
固定
坐位
900
最小净空
间900 x
1 200
最小1 500
最小760
最小净
空间
900 x
1 500

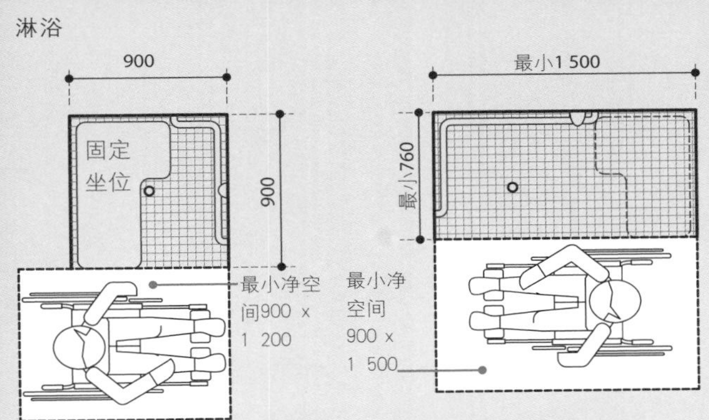

在淋浴间内必须设置坐位，大小为 900mm × 900mm，距洗浴间地面高度为 430mm ～ 480mm。

在 760mm × 1500mm 的淋浴间中，座椅是可折叠的，安置在临近浴头的墙身一侧。

盆浴

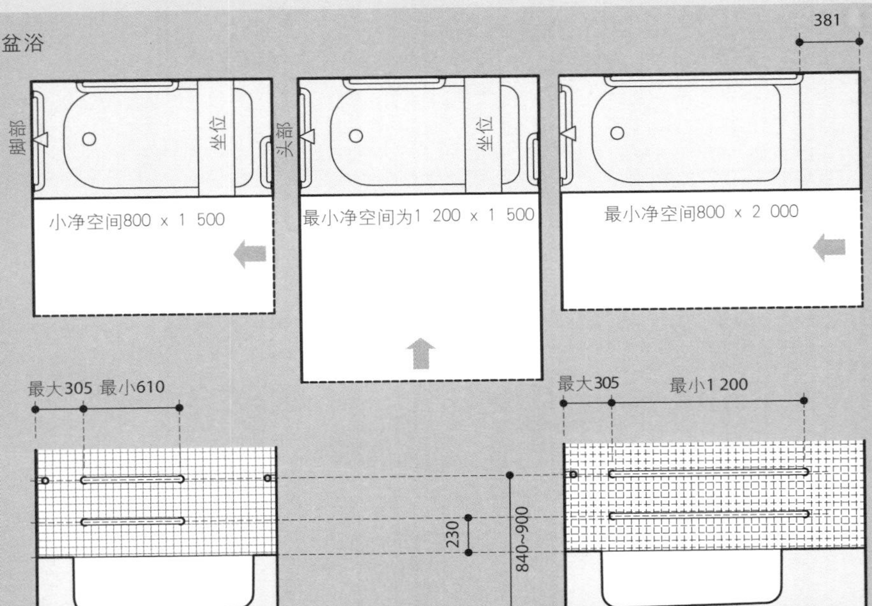

381
脚部
坐位
小净空间800 x 1 500
头部
坐位
最小净空间为1 200 x 1 500
最小净空间800 x 2 000
最大305 最小610
230
840~900
最大305
最小1 200

电梯

电梯的入口信号灯应是可视可听的，同时应显示对命令的回应。

门口应有盲文楼层标记

呼叫按钮在最短方向上约为 20mm

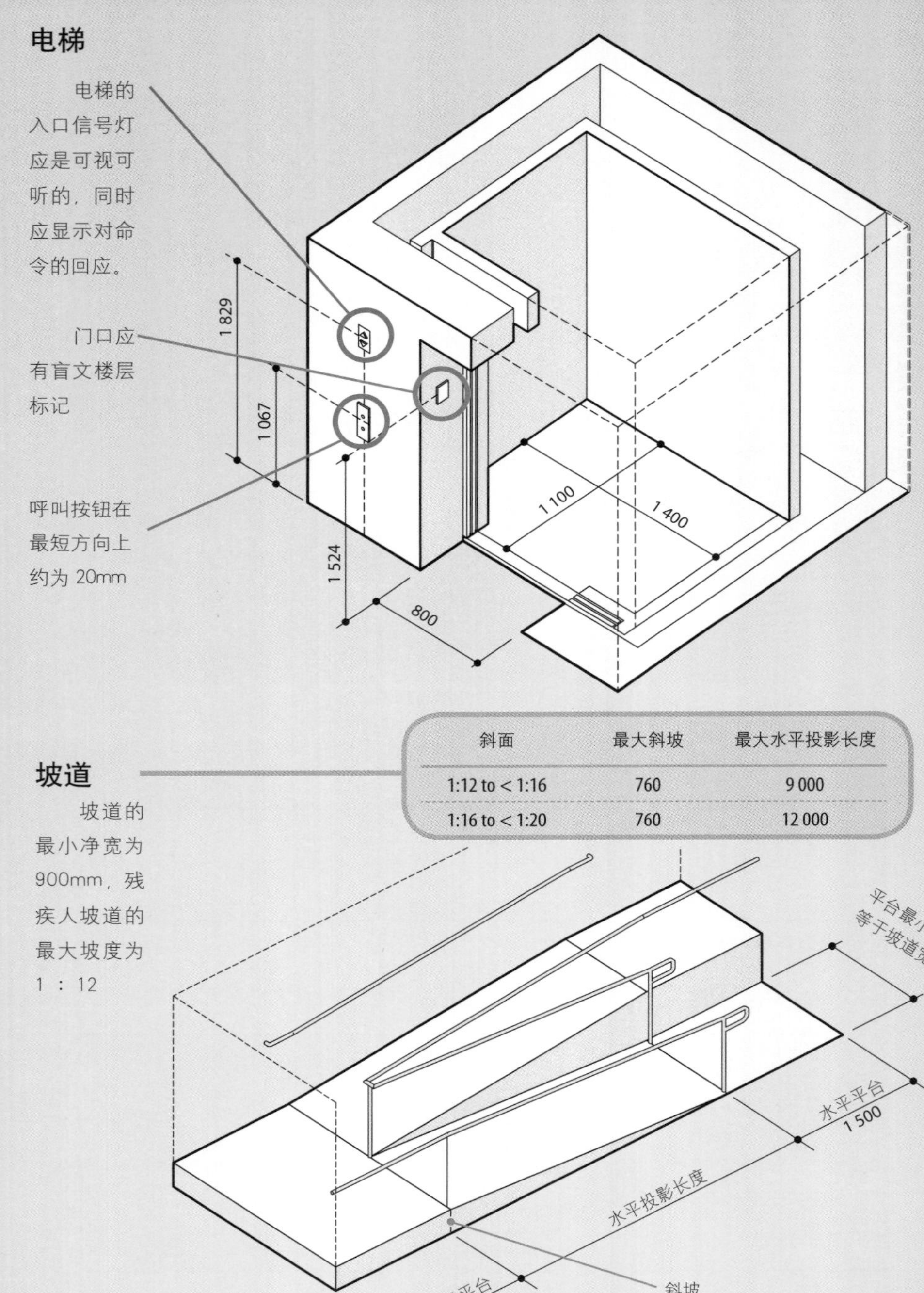

斜面	最大斜坡	最大水平投影长度
1:12 to < 1:16	760	9 000
1:16 to < 1:20	760	12 000

坡道

坡道的最小净宽为 900mm，残疾人坡道的最大坡度为 1 ： 12

楼梯

楼梯突缘

楼梯踏步竖板应带有坡度或是踏步突缘的下部应与水平方向夹角不小于60°。

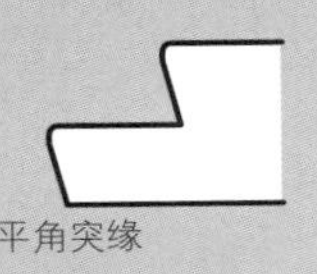
平角突缘

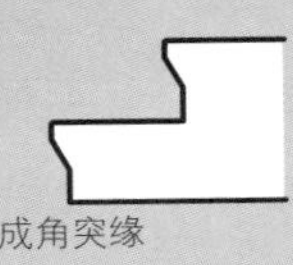
成角突缘

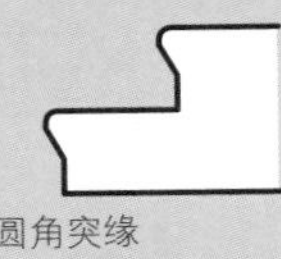
圆角突缘

扶手外伸长度

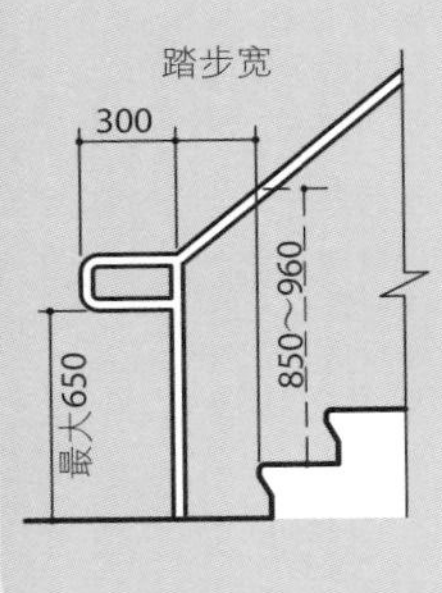

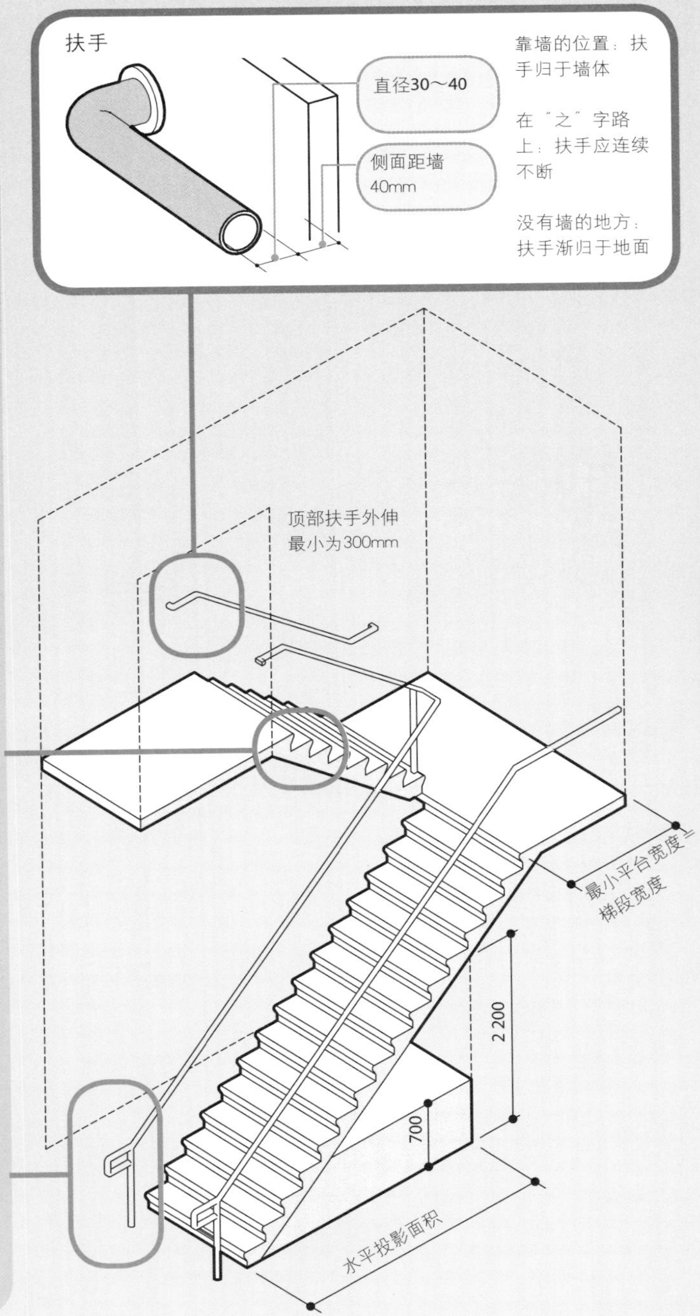

扶手

直径30～40

侧面距墙40mm

靠墙的位置：扶手归于墙体

在“之”字路上：扶手应连续不断

没有墙的地方：扶手渐归于地面

顶部扶手外伸最小为300mm

最小平台宽度=梯段宽度

2 200

700

水平投影面积

第 13 章　可持续设计

可持续设计的理念在当今建筑学自身发展、学习和变化的世界环境下，显得越来越重要了。本质上讲，建筑有自身的惰性：建筑的设计和建造要花费很长时间，同时建筑师、工程师和承包商的培养也要花费很长时间才能完成。这个过程要确保对建筑的细节和建造技能的极大关注，才能使建筑物使用长久。在今天，建筑物的设计越来越屈从于经济的压力，通常是快速而廉价的建造。机械技能和工程技能为此提供了可能。建筑处于任意建设的危险之中，经不起时间的考验；并经常与好的环境设计相悖。可持续设计提出了能够满足现有需求的一系列设计体系，同时建立在不损害下一代利益的基础上。建筑师作为他们成员的一部分，正逐渐地使自己去理解和实施这种新的体系和方法。他们展望的是建筑与环境以及我们生活的世界能够相互共融，最终建立一个减少对环境和资源的破坏的世界。

LEED 设计

LEED（能源与环境设计联盟）绿色建筑分级制度是一个自发的、国际认可的标准体系，用于发展高性能、可持续发展的建筑。LEED 是由美国绿色建筑协会发起组织的，成员有来自各行各业的建筑团体。LEED 的评价等级分为合格、银质、金质和优质，用以反映建筑物的性能和可持续性的不同等级水平。如果某项工程期望评审，必须登记注册并提交相关文件，以用于 LEED 的复核。

LEED 的主要目的是建立一种对可持续发展性能进行衡量的标准和促进整体设计的实践，同时提高人们对绿色建筑意识的认识。绿色建筑就是对能源的利用采取高效和生态的方式，使其对使用者造成的无意识的伤害降到最低。

相关宣言

在 1993 年，国际建筑师协会（UIA）和美国建筑师协会（AIA）共同签署了〞可持续未来独立宣言〃协议，将环境和社会的可持续发展作为实践的核心议题和主要责任。除了将现有建筑环境提高至建立的可持续标准之上外，宣言同时强调了发展和改进建筑实践、建造程序、建筑产品、建筑服务和履行可持续设计的重要性，同时要对所有建筑行业团体、委托人和人民大众说明可持续发展设计理念的优势以及如何可持续发展。

同样地，一个由建筑师、景观建筑师和工程师组成的团体成立了国际环境设计理事会（ICED），作为履行可持续发展设计的伙伴。

专业术语

改建性重利用（Adaptive reuse）：根据建筑使用者的变化而在建筑功能上进行的调整。

污水（Black water）：由厕所、厨房、洗涤槽和洗碗机等产生的废水。

再建用地（Brownfield）：废弃的或是正在使用的，却由于环境污染而不能被二次开发利用的工业和商业用地。

氯氟烃（CFCs）：在冰箱和烟雾剂中使用的化学化合物质，能破坏臭氧层。

节约型拆卸（Conservative disassembly）：修正破坏性的拆除建筑物（即将建筑物的大部分材料压碎成废物），并在建筑未拆之前，提出合理的废物处理方案。

物化能量（Embodied energy）：建筑物建造过程中所消耗的所有能量，包括运输过程。

中水（Gray water）：洗浴、盥洗室等产生的废水，可以用于灌溉或是其他用途。

含氢的氯氟烃（HCFC）：氟利昂系列产品，在大气中的存在时间较短，虽然它向大气中释放较少的氯离子，但应考虑到它和氯氟烃之间的相互转化。

液体循环加热（Hydronic heating）：地板中的热水加热系统，即热水通过地板泵送到各处，同时吸收热量，最终能够随时释放热量。

循环使用分析（Life cycle analysis）：对产品在循环使用期内所有阶段进行的质量评定（选用的资源、生产过程、建设地点、占用率、维护、拆除以及回收再利用和废物处理）。通过以下四个阶段，即构想、报表分析、效果评定和改进措施评定，以此决定材料或系统的作用。

被动式吸热（Passive solar）：建筑物自身取暖和制冷的技术，通过采用高效能的建筑材料和适当的安装部位来实现。

光电池（Photovoltaics）：利用太阳能板将吸收的太阳能转化为电能，并存储在电池中，为电力系统提供能量。

可再生资源（Renewable）：能够在很短的时间内再生的资源，比如雨水等。

逆流（Upstream）／顺流（downstream）：原因之于效果的示例。即一个产生逆流效果，另一个就产生顺流效果。

挥发性有机化合物（Volatile organic compound）（VOC）：易于蒸发的碳基化学物质，能够产生有毒气体，存在于很多涂料，嵌缝，着色剂和黏结剂中。

总体原则

设计中应采用高效能的隔热窗户，以达到能源的有效利用；

在尽可能的情况下，建筑设计应利用可再生资源，如被动式太阳能加热体系、自然光照明和自然制冷；

采用标准化的尺寸进行设计，以减少材料的浪费；

避免采用含氯氟烃和含氢的氯氟烃的材料；

利用可再次利用的或是可以回收的材料；

尽可能地采用当地生产的材料，以减少运输费用和运输造成的污染；

采用低物化能量的材料，首选材料：木材、砖、混凝土和玻璃纤维，它们的物化能量都很低；相反，原木、陶瓷以及钢材的物化能量就比较高；而玻璃和铝的就更高。通常情况下，物化能量高的材料如果能够有效地降低建筑物的能量损耗，这时采用就是比较合理的。比如，在一座被动式吸热的建筑物中，大量的高物化能量材料就能明显地减少建筑物的取暖需求；

减少能量和水的消耗；

将对外界和环境的污染降到最低；

减少对资源的损耗；

将对室内的污染和对健康的消极作用降到最低。

第四部分

体系与构件

一幢建筑的各个方面不可能由一个人完成。为了使建筑能够有良好的使用功能，许多设计团队都建立了相应的体系。这些构建的体系相互在一起合作得很早，并可能持续到建筑的使用阶段。在设计过程中，建筑是一个瞬时变化的有机体，为适应各种体系的已设计好的和重新设计的形状与大小，建筑会忽而变大，忽而变小。这就要求建筑师与相关的行业不停地交流与合作。

许多决定直到特殊的体系定下来之后才能确定。例如，在预先分析之前，必须对材料、结构、使用功能以及建筑的布局有所了解。这种分析得出的新信息，比如需要更多的楼梯出口、更多的疏散走道或是喷洒系统需要更多的装置设备。楼梯间的扩大和疏散走道的增加，必然会影响到功能的排列布置——或对整体建筑的大小产生影响，进而，就需要少量的昂贵装修材料——而且更多的喷洒可能会增加对水泵房的要求。这种“给和予”的过程贯穿整个设计过程，结果是必须同时考虑到体系、空间和材料的存在。

第 14 章　结构体系

建筑的结构构件——墙体、框架和基础，用于抵抗重力（垂直方向受力）和水平荷载（水平方向受力），比如风力和地震力。建筑结构体系中的主要部分是基础体系和框架体系。两种体系类型的选择是依据条件而确定的。这些条件包括建筑用途、建筑高度、地质情况、建筑规范和可使用的材料。除非妥善处理了它的水平力并确保了它的稳定性，否则建筑的结构体系是不能动的。

荷载

所有作用于建筑结构上的力，无论多么复杂，均可简化为拉力和压力。建筑结构承担着从建筑自身传来的所有荷载，包括所有的固定荷载和变化的活荷载。

拉力是一种拉伸和延伸的力。

压力是一种推压或挤压的力。

静荷载：固定的静态的荷载，由建筑物自身结构、外皮、建筑设备以及其他固定部件的荷载组成。

活荷载：可动或是可传递的荷载，比如使用者、家具、雪、冰和雨等的荷载。

风荷载：风的运动带来的压力，影响建筑的水平荷载。

其他荷载：冲击力荷载，震动或振动的荷载以及地震力荷载。

结构专用术语

拱（Arch）：承担垂直荷载的结构构件，并将其转化为轴向力。

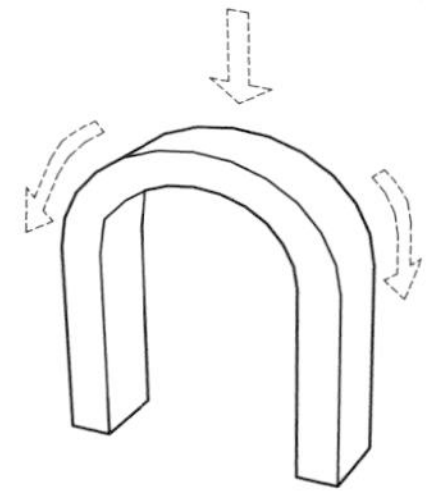

轴向力（Axial force）：由作用于结构构件上的力产生的内部应力体系。

梁（Beam）：水平线性的结构构件，端部由墙体或柱子承接。

扶壁（Buttress）：用于加强墙体结构性能的垂直的结构构件，并用于抵抗来自拱顶的外部压力。

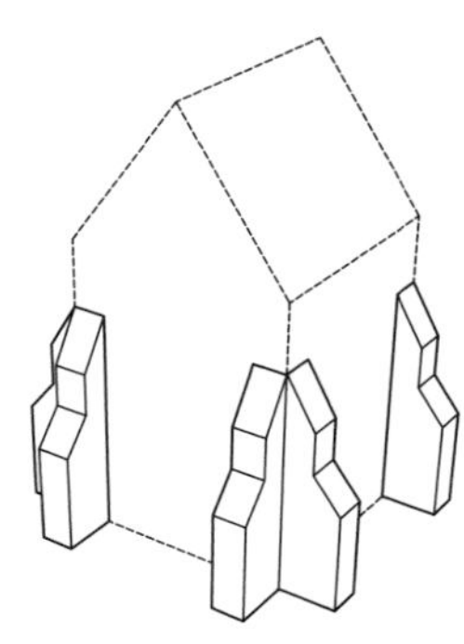

悬臂（Cantilever）：伸出端部支点的水平梁或板。

柱子（Column）：用于承担压力的竖直的结构构件。

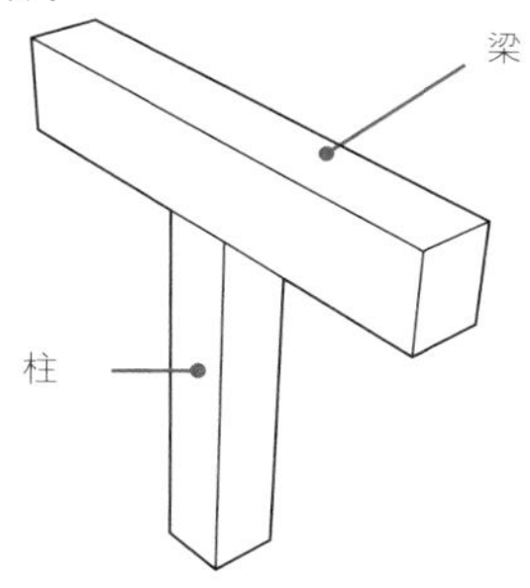

穹顶（Dome）：拱形环绕其垂直轴旋转形成的碗形体量。

主梁（Girder）：水平的梁，通常比较大，用于承载其他梁。

过梁（Lintel）：用于承载开门开窗的墙体开口部位的荷载。

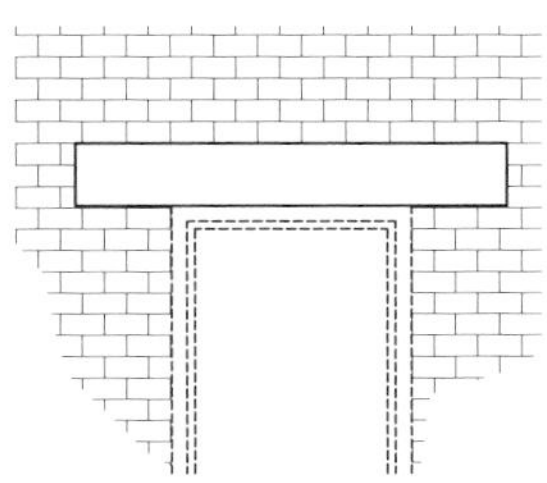

预应力（Prestressing）：作用于混凝土结构构件的集中应力，可以是预先拉伸或是后拉伸。

挡土墙（Retaining wall）：用于整合地面变化并承载土壤压力的墙体。

剪切力（Shear）：垂直于纵向轴作用于结构构件或构件组合的内部应力。

临时支撑柱（Shoring）：垂直或斜向的支撑体。

坍塌度测试（Slump test）：以特定的尺寸将湿混凝土浇注于金属管内，然后撤去金属管，对其进行的坍塌测试。

应变（Strain）：构件上一点处变形的集变。

应力（Stress）：作用于物体上一点的集中内应力。

穹隆顶（Vault）：通过拱顶的拉伸形成的顶。

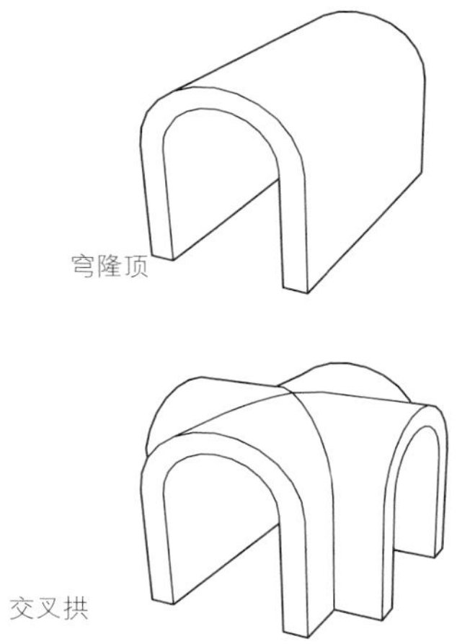

材料

结构体系构件选材可用木材、重木、混凝土、砖石、钢材或是几种材料的混合使用。

基础体系

基础体系类型的选择取决于诸多因素，包括建筑物的大小和高度、地下土壤的质量及水文情况、建造方式和环境因素。

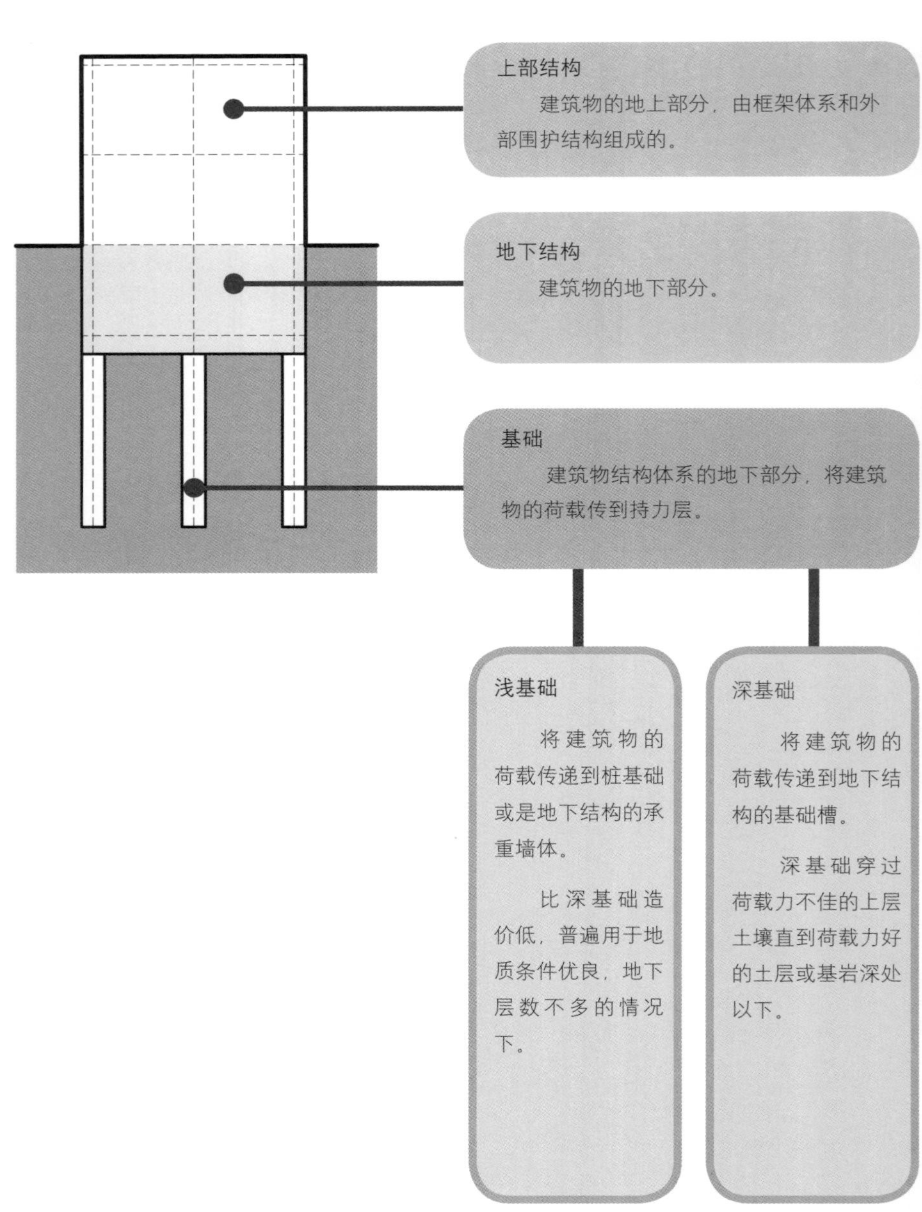

上部结构
建筑物的地上部分，由框架体系和外部围护结构组成的。
地下结构
建筑物的地下部分。
基础
建筑物结构体系的地下部分，将建筑物的荷载传到持力层。
浅基础
将建筑物的荷载传递到桩基础或是地下结构的承重墙体。
比深基础造价低，普遍用于地质条件优良，地下层数不多的情况下。
深基础
将建筑物的荷载传递到地下结构的基础槽。
深基础穿过荷载力不佳的上层土壤直到荷载力好的土层或基岩深处以下。

浅基础

基脚

混凝土基脚形式有柱形底座，即将荷载传到柱子上；条形底座，相当于承重墙体。

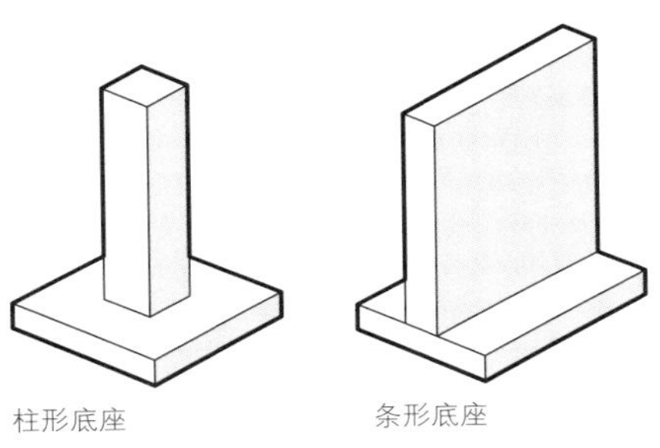

平板基础

用于一层或是二层的建筑物，这种造价低廉的基础形式有较厚的边缘支座，好比是土壤表面上连续的厚板。

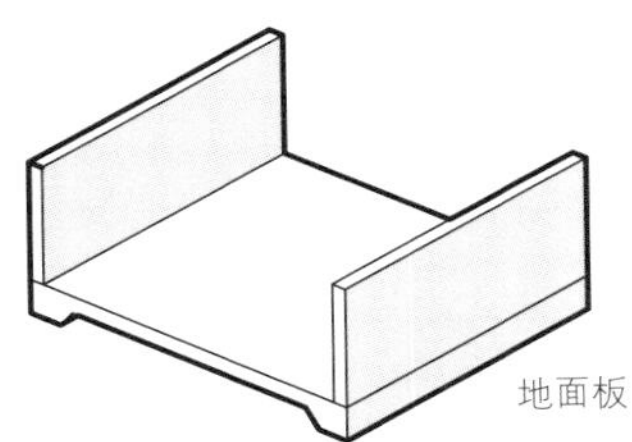

席形基础

也称为筏形基础，在这种基础结构体系中，整幢建筑依靠一个大的连续的基础脚。在处理特殊土质或设计条件下采用。"浮动"或"补偿"的筏形基础有时用于土质弱的情况。浮动基础置于建筑物之下一点，即将等同于建筑物荷载的土壤挖出移走后形成的槽。

深基础

沉箱基础

为形成沉箱（也称为钻井桩桥）必须钻井或是挖坑（该过程也称为土钻）。穿过建筑物地下结构中不佳的土质，一直到达有岩石、密实卵石或是硬土层。如果沉箱依靠底部土层持力，底坑下部就会作扩大处理以得到一个类似于基础脚的扩大持力面，然后灌以混凝土。

桩基础

桩基础类似于箱形基础，它们是被打入土层中的，而不是钻井或是浇注的。它们由混凝土、钢或是硬木这几种材料混合制成的。桩基是成组紧密地打在一起的，然后切断并以两个到二十五个为一组加以柱帽。建筑物的柱子则安置在柱帽上。承重墙体则依靠高标号的混凝土圈梁，横跨于两个柱帽之间，将墙体的荷载传到桩基上。

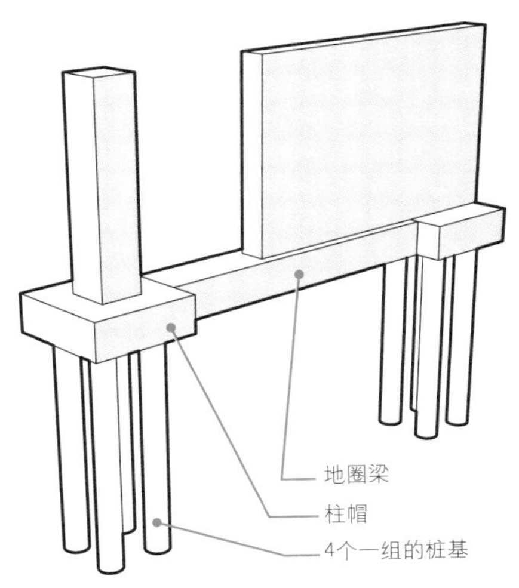

木质轻型框架

木质轻型框架的构造是由一组木质墙销、地板梁、椽子、柱子以及梁构成的结构体系，用以形成室内和室外修整表面的结构和构架。作为建筑材料，木材造价低廉，有多种用途，而且易于建造。木销子和椽子的基本中心尺寸为 305、405 或是 610。这些尺寸大小适合于基本的墙体、楼板和天花板材料的单元尺寸，比如纸面墙板和层合板材。当国际单位制在美国完全普及的时候，这些建筑材料的尺寸也会有变化。

室外墙体一般采用层木板，起到修饰灰泥，挡板或是砖立面和石立面的效果。最常见的框架类型是平台式框架，也就是在多层建筑中，水平层面在同一时间完成，这样将每一层楼板作为一个平台，墙体就可以依平台而建。在球形框架中，木销从底层一直设置到屋顶，中间的地梁板在楼板线和到达销子的部位与木桁架相连。球形框架在老房子中比较普遍，但现在很少用。

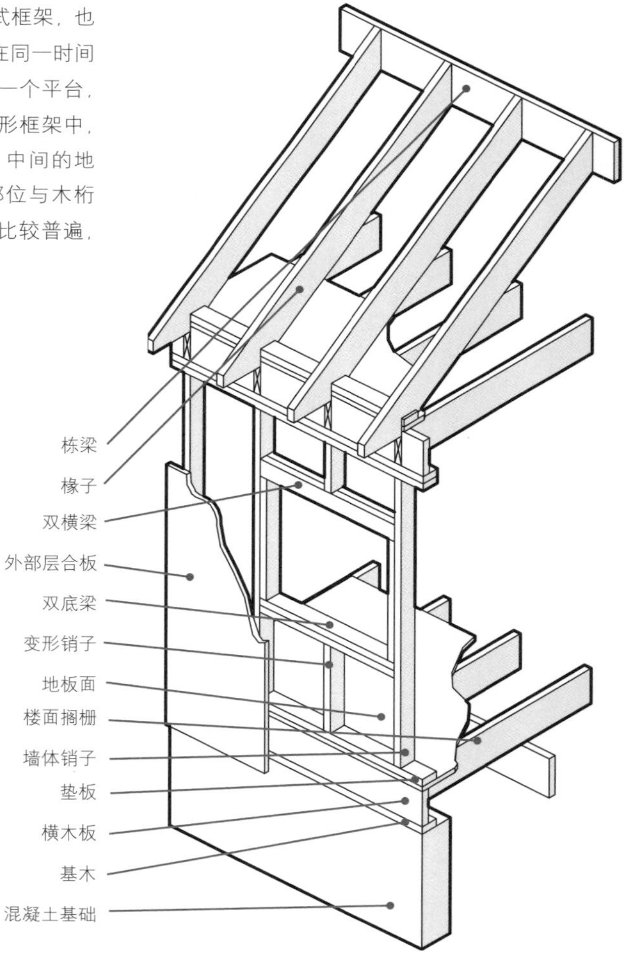

栋梁
椽子
双横梁
外部层合板
双底梁
变形销子
地板面
楼面搁栅
墙体销子
垫板
横木板
基木
混凝土基础

重木

重木结构是由小尺寸的经过特殊加工的木材构成的，与同样木质框架相比，可达到较大的结构张力和耐火性。而同时又利用了木材暴露在外所显示的美学特点的长处，为达到较高等级的耐火性，在重木结构中的构造细部、绑扎和木材处理均要进行严密的操作。

木盖板

木地板铺面横铺在地板梁之上；装饰用木板材料置于铺板之上，与其垂直交叠。如果与齿槽或是舌槽并用，铺板至少要80mm 厚。如果放置在边缘用销钉相连，铺板至少要 100mm 厚。地板面厚度为 15mm ～ 25mm。

地板

梁与木桁架梁应锯成材或是粘结成层片。

它们的规格不应小于150mm宽 × 250mm高。

组合的规格不应小于200mm宽 × 200mm高。

防腐

结构构件必须进行防腐处理，并进行耐久处理。

柱子

柱子应锯成材或是粘结成层片。

地板荷载柱最小规格为200mm 宽 × 200mm 高。

承载屋面和天花板的柱子最小规格为 150mm 宽 × 200mm 高。

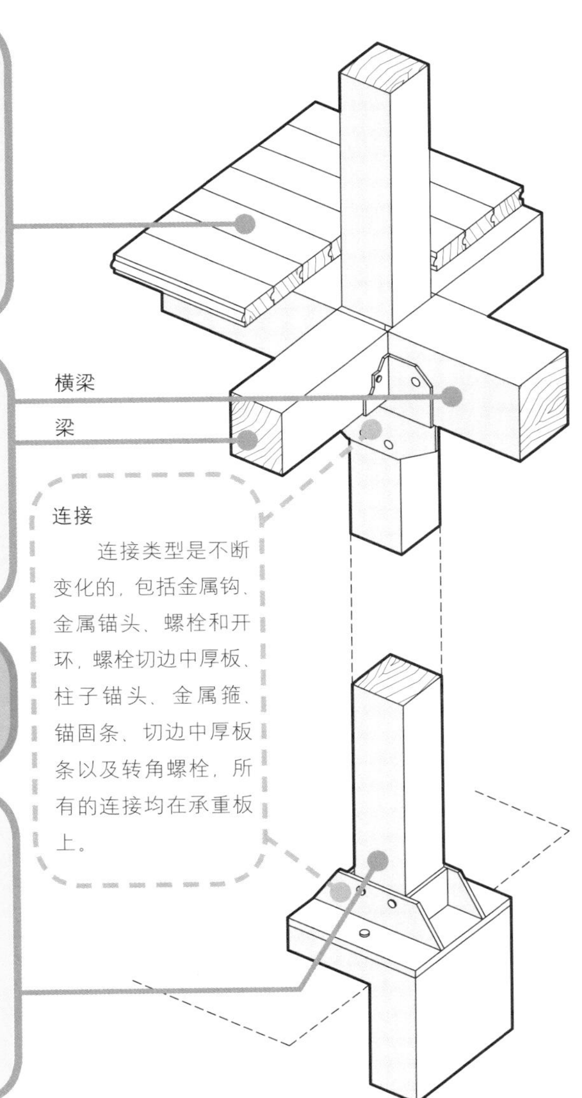

连接

连接类型是不断变化的，包括金属钩、金属锚头、螺栓和开环，螺栓切边中厚板、柱子锚头、金属箍、锚固条、切边中厚板条以及转角螺栓，所有的连接均在承重板上。

现浇混凝土框架

现浇混凝土就是在施工现场将混凝土浇注成型。它可以依形式而浇注。然而，由于加强和浇注混凝土，养护混凝土，以及拆模混凝土，都很费时费力，这就使得现浇混凝土框架比预制混凝土或钢结构要慢。

现浇混凝土

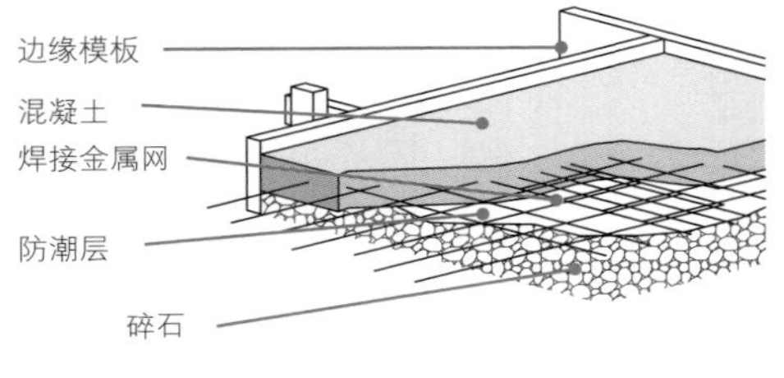

地面板

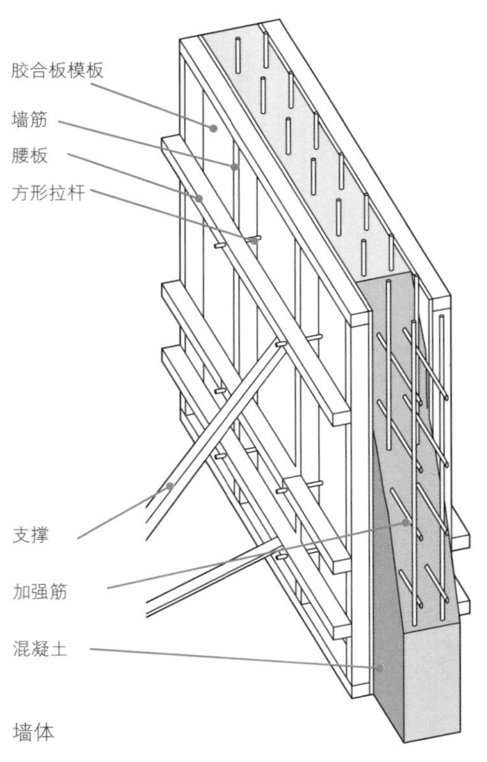

墙体

现浇混凝土是由焊接的钢筋网或加强筋来防止断裂或是不均匀沉降，以达到所需的刚度要求的，钢筋的常见规格从 #3 到 #18，而钢筋的大小，间距和数量则取决于柱子、板和梁的大小和类别。

现浇楼板、地面板、平板、墙体，柱子、梁以及桁架梁需要支模。支模常用胶合板、金属板或是纤维木板。标准尺寸的柱子和梁能够减少支模板的费用，同时模板还可以再次利用。

为使在浇注混凝土和混凝土维护过程中，模板不脱落，在支模过程中，方形拉杆被插入洞中，并由扣钉牢固夹紧。在取下模板后，伸出的尾头在支架卸下之后就脱落了。

浇注混凝土时，在墙体和板中必须有正规的操控位置点，这些点既是模的一部分，同时也是混凝土的形式和混凝土养护好之前表面的使用孔。控制接合点按照不连续的线状排列，作为板表面的不稳定处，当受外力作用时可产生裂缝，从而可以减少其他地方产生裂缝的可能性。

混凝土楼板和屋面体系

按照承载荷载力、跨度和造价标准排列的不同，楼板体系可划分为单向实心板（板跨两个支撑柱）、双向无梁板（不用梁、柱顶托板或柱头，而是采用钢筋加强各压力部位）、双向无梁平板（用柱头或柱顶托板取代梁）、单向工字梁、双向密肋楼板、井字楼板以及双向梁板。双向梁板体系在比例上接近方形，并以四角支柱支撑；单向梁板体系比例上大于1 ：1.5，并以两边做支撑。

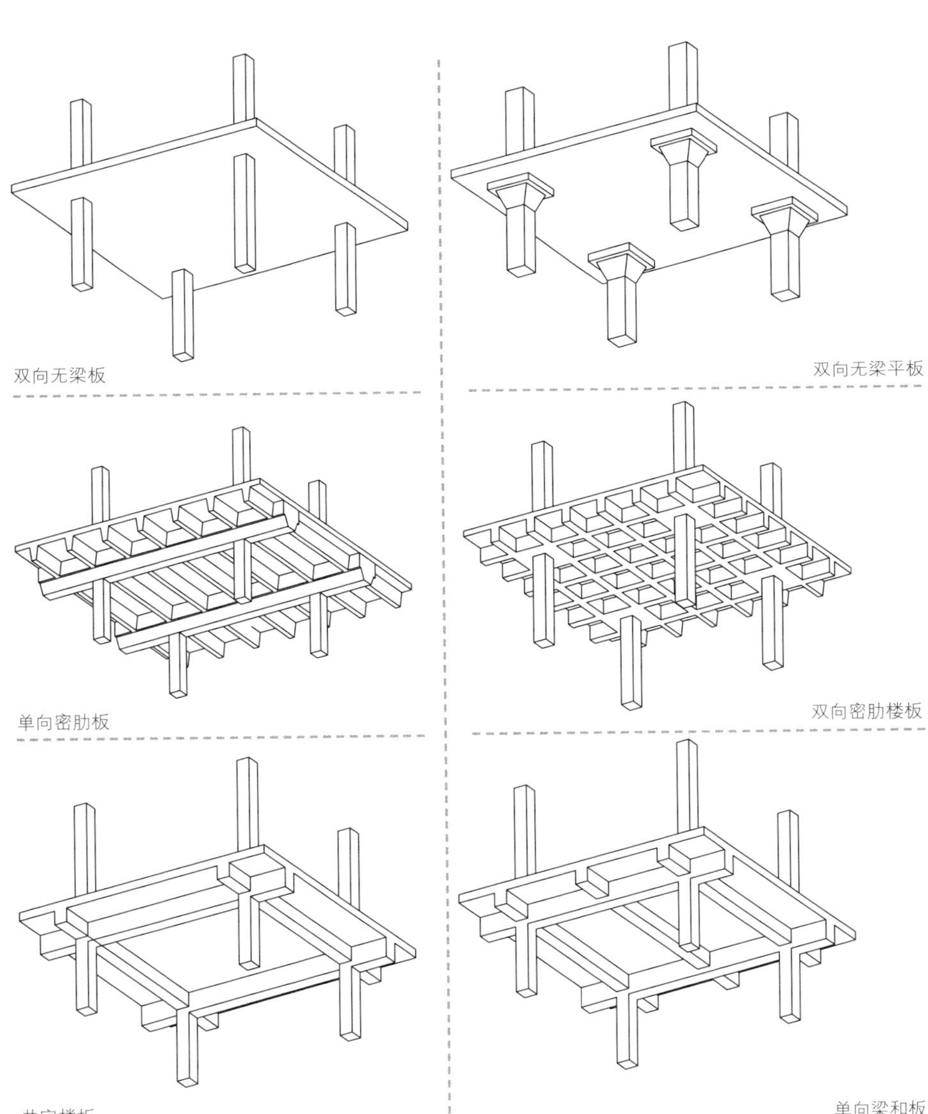

预制混凝土体系

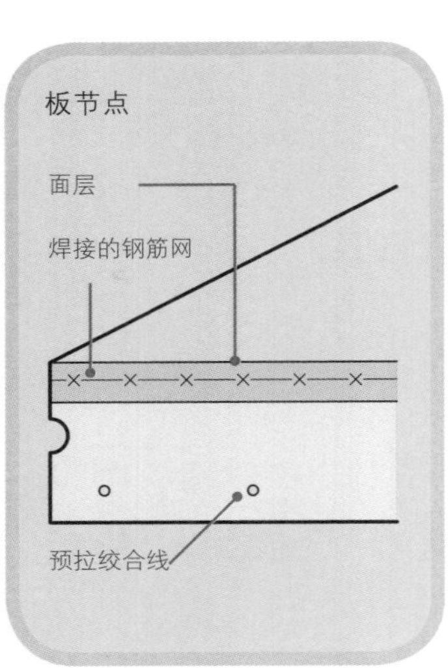
板节点
面层
焊接的钢筋网
预拉绞合线

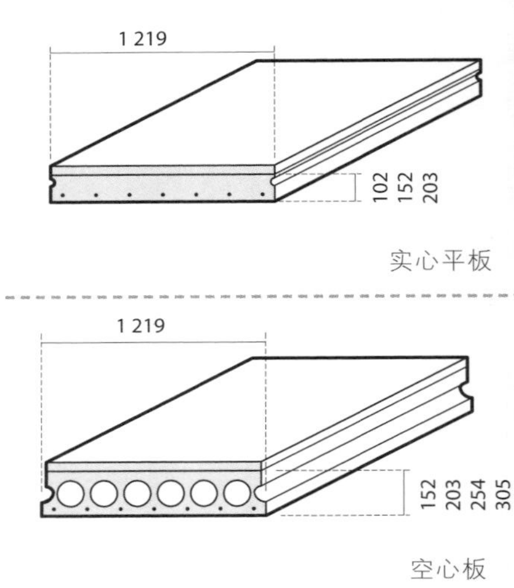
1 219
102
152
203
实心平板
1 219
152
203
254
305
空心板

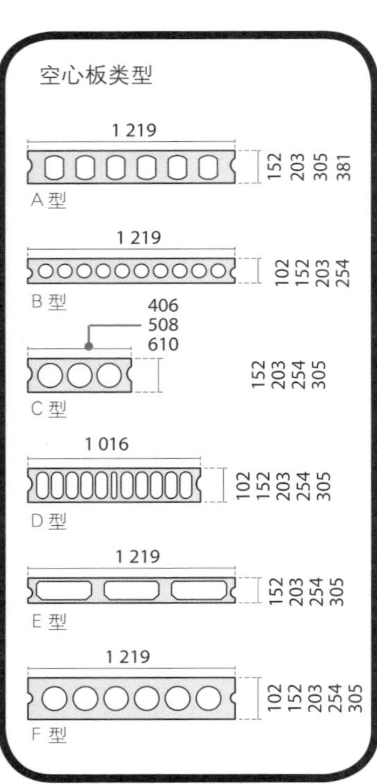
空心板类型
1 219
152
203
305
381
A 型
1 219
102
152
203
254
B 型
406
508
610
152
203
254
305
C 型
1 016
102
152
203
254
305
D 型
1 219
152
203
254
305
E 型
1 219
102
152
203
254
305
F 型

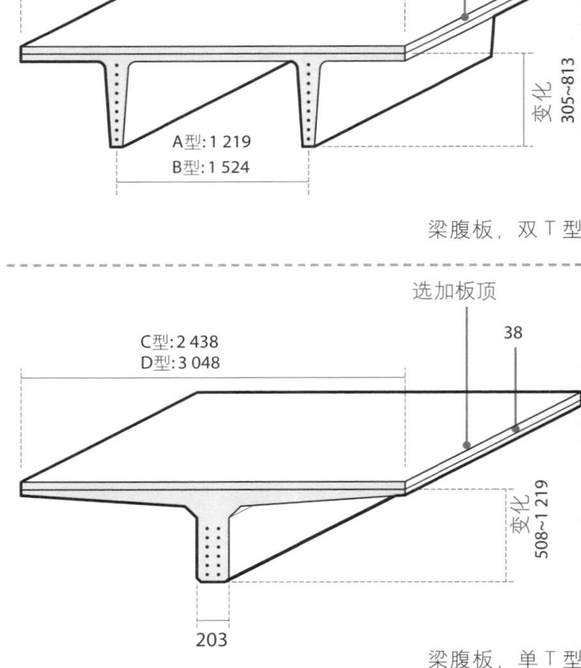
选加板顶
A型:2 438
B型:3 048
51
变化
305~813
A型:1 219
B型:1 524
梁腹板，双 T 型
选加板顶
C型:2 438
D型:3 048
38
变化
508~1 219
203
梁腹板，单 T 型

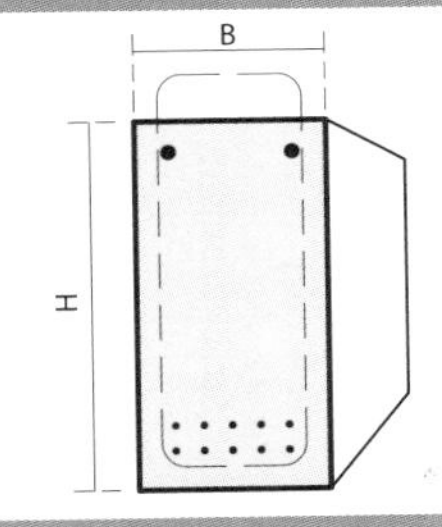

方形梁

名称	部号	H	B
12RB24	10	610	305
12RB32	13	813	305
16RB24	13	610	406
16RB32	18	813	406
16RB40	22	1 016	406

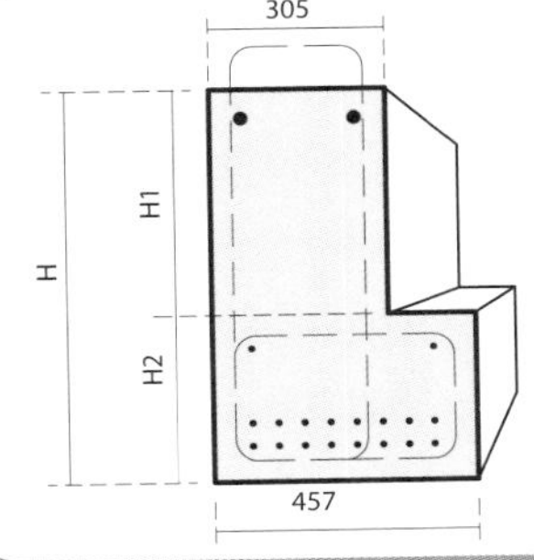

L 形梁

名称	部号	H	H1/H2
18LB20	9	508	305/203
18LB28	12	711	406/305
18LB36	16	914	610/305
18LB44	19	1 118	711/406
18LB52	23	1 321	914/406
18LB60	27	1 524	1 118/406

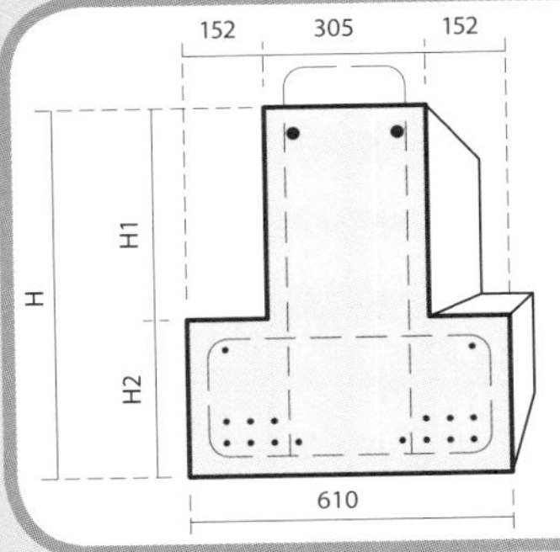

倒 T 形梁

名称	部号	H	H1/H2
24IT20	9	508	305/203
24IT28	13	711	406/305
24IT36	16	914	610/305
24IT44	20	1 118	711/406
24IT52	24	1 321	914/406
24IT60	28	1 524	1 118/406

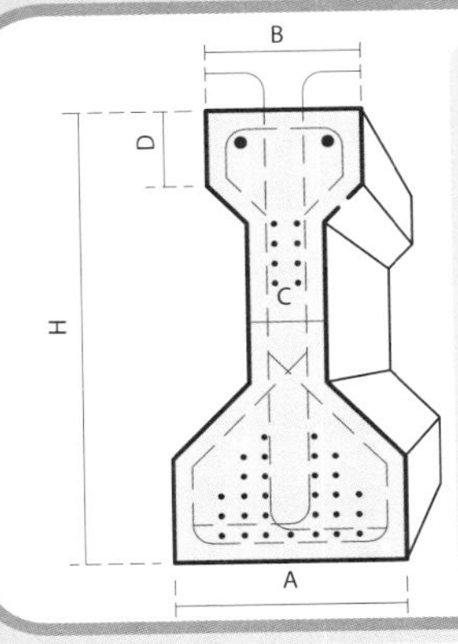

工字梁

名称	部号	H	A	B	C	D
II 型	14	914	457	305	152	152
III 型	22	1 143	559	406	178	178
IV 型	32	1 372	660	508	203	203

*American Association of State Highway Transportation Officials

梁腹板双 T 形柜梁体系

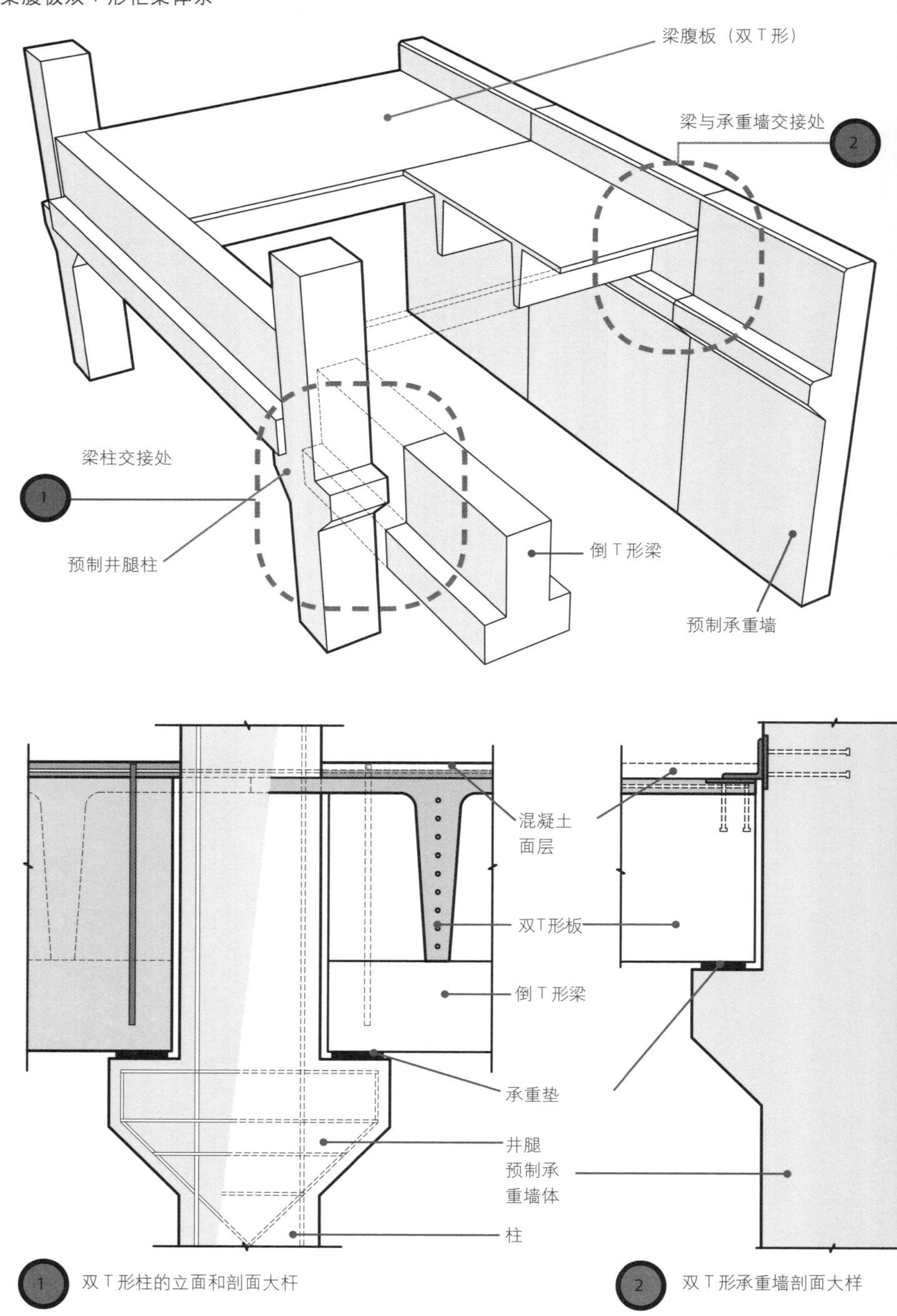

1 双 T 形柱的立面和剖面大杆

2 双 T 形承重墙剖面大样

空心板框架体系

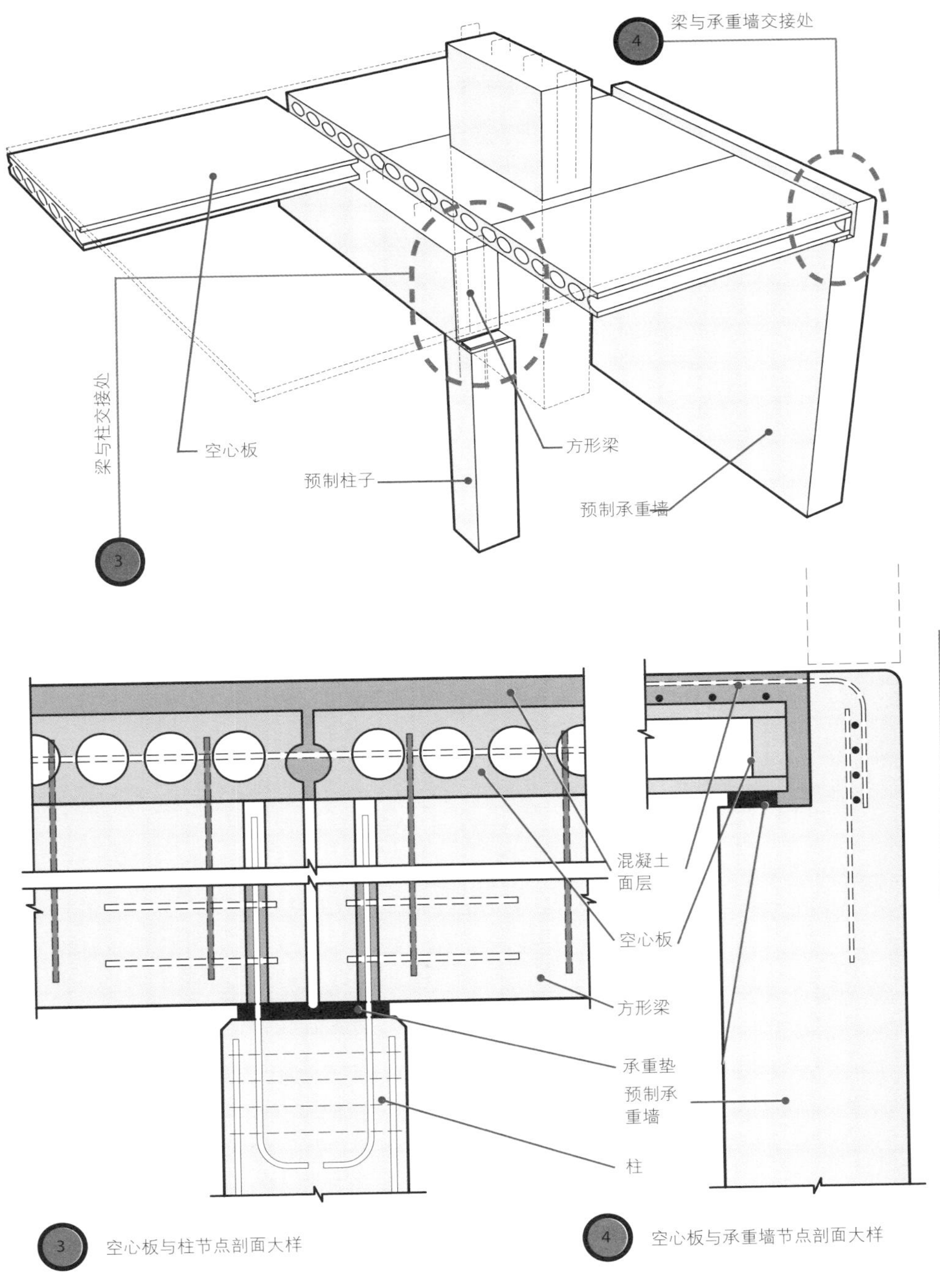

3 空心板与柱节点剖面大样

4 空心板与承重墙节点剖面大样

钢结构

钢结构类型名称

	类型	说明
W	宽翼形	热轧，两面对称且宽翼形，用于梁和柱
HP	宽翼形	热轧，宽翼形——翼和腹板同样的规格厚度，宽和高也基本相同，用于承重柱
S	美国标准梁	与 AASM 尺寸标准一致而生产的两面对称形式，基本上被结构效果更好的宽翼形所取代
M	杂项	两面对称但不分 W 型和 HP 型
L	角钢	角钢各边相等，但角度不同
C	美国标准槽钢	与 AASM 尺寸标准一致的热轧槽钢
MC	槽钢	杂项中热轧的槽钢
WT	T 型结构钢	热轧 T 型钢或由 W 型钢劈裂而成
ST	T 型结构钢	热轧 T 型钢或由 S 型钢劈裂而成
MT	T 型结构钢	热轧 T 型钢或由 M 型钢劈裂而成
TU	钢管	中空的类似于方形或长方形的钢结构，用于梁柱或是支撑杆

*AASM: Association of American Steel Manufacturers

钢断面形状示例

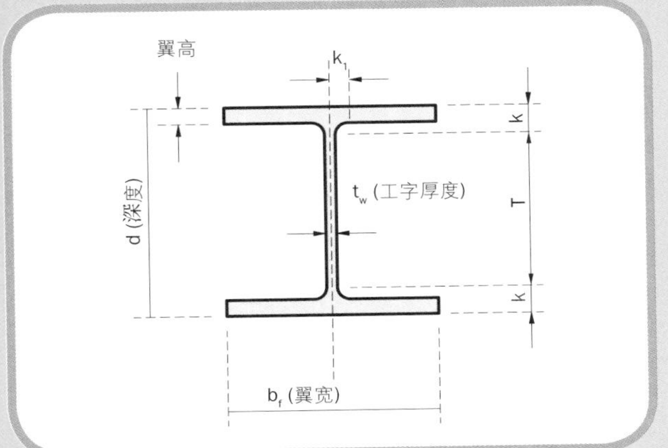

宽翼钢
W8X67

8 = 名义深度（英寸）；
67 = 每英尺重（磅）

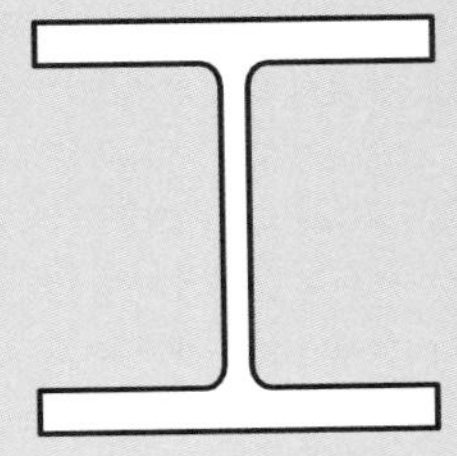

宽翼钢
HP12X84

12 = 名义深度（英寸）；
84 = 每英尺重（磅）

美国标准型钢
S8X18.4

8 = 名义深度（英寸）；
18.4 = 每英尺重（磅）

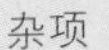

杂项
M10X8

10 = 名义深度（英寸）；
8 = 每英尺重（磅）

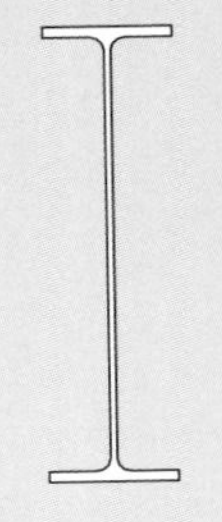

角钢
L6X4X7/8

6，4 = 腿名义长度（英寸）；7/8 = 腿名义厚度（英寸）

槽钢
MC7X22.7

7 = 名义深度（英寸）；
22.7 = 每英尺重（磅）

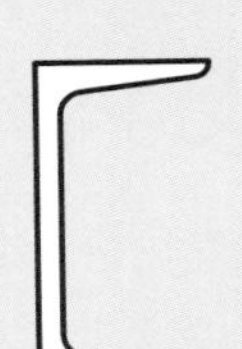

T 型结构
WT25X95

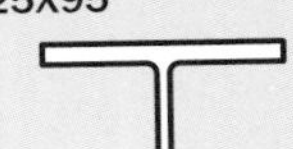

ST15X3.75

钢管
TU2X2X1/8

钢结构接点

相对于钢的强度而言，钢的重量很轻，而且建造速度很快，但必须很精确，钢结构建筑采用钢构件作为柱、梁、工字梁、过梁、桁架以及各种连接方式。

钢结构接点的整体强度与钢自身形状同样重要。因为差的连接就会产生差的结构体系。钢结构连接包括角、平面和T形的构件过渡。

连接梁的腹板部分与柱的接点也称为构架接点。它们将所有垂直方向的力传递到柱子上。如果梁的翼都与柱子相连的话，同样将梁的弯矩传递到柱子上。

构架接点

用连接角钢将梁的腹板部分通过螺栓与柱翼相连。

焊接的力矩接点

梁与柱之间的力矩接点，用在梁腹板与梁翼之间的凹槽。

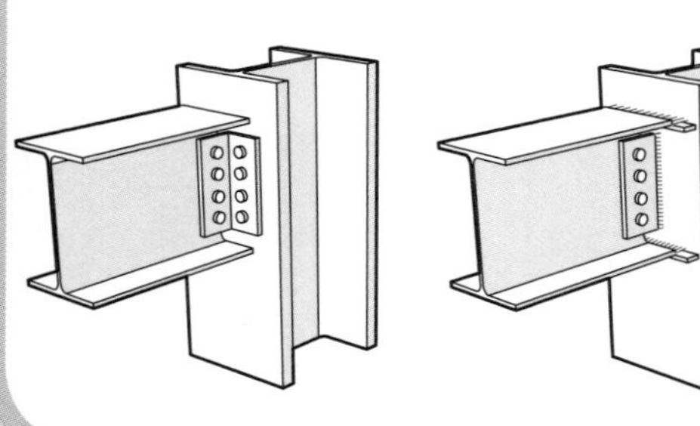

桁架设计

底脚状况

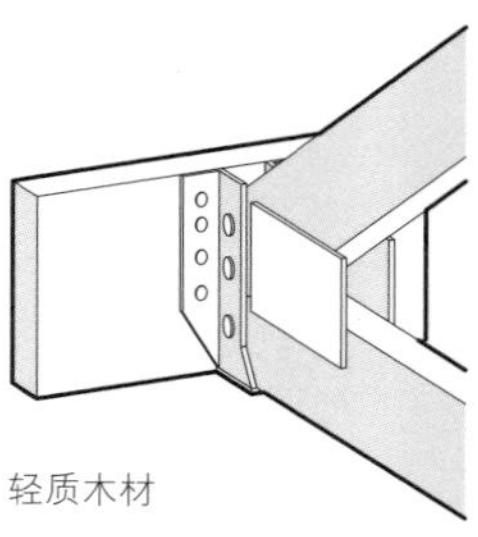

轻质木材

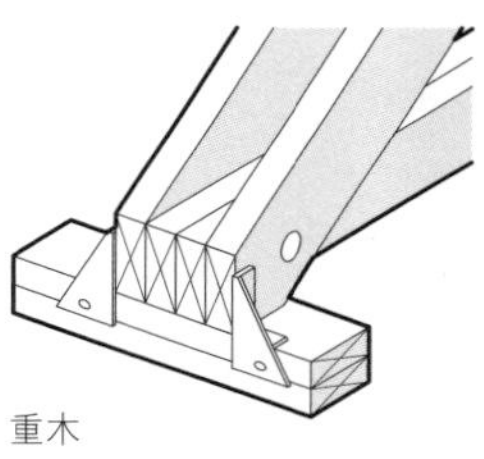

重木

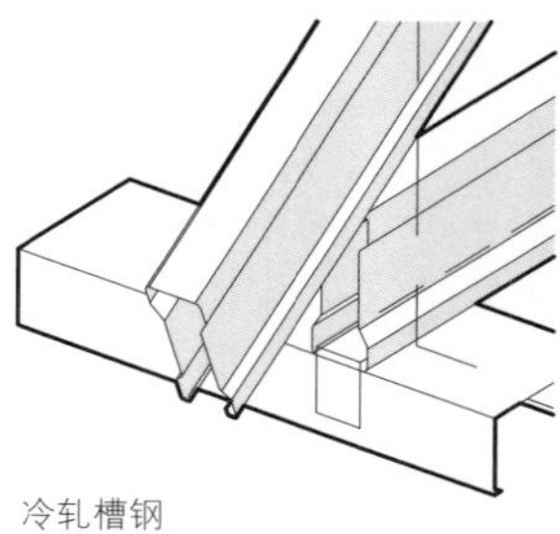

冷轧槽钢

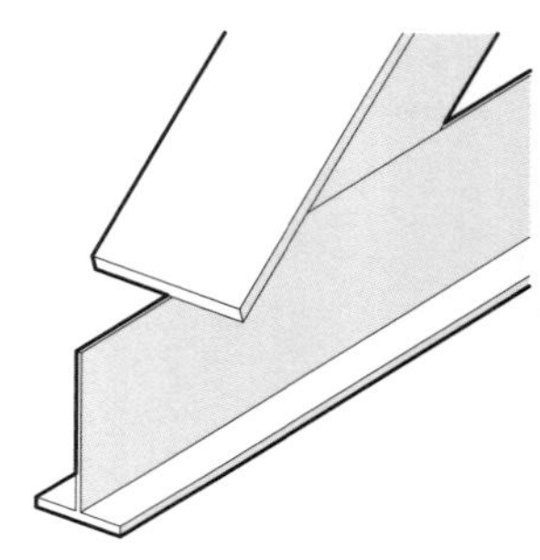

焊接钢板

桁架是一种三角形结构框架单元，用以承载大跨度的荷载。桁架结构构架中的部件将自身的非轴向力转化为自身的轴向力。

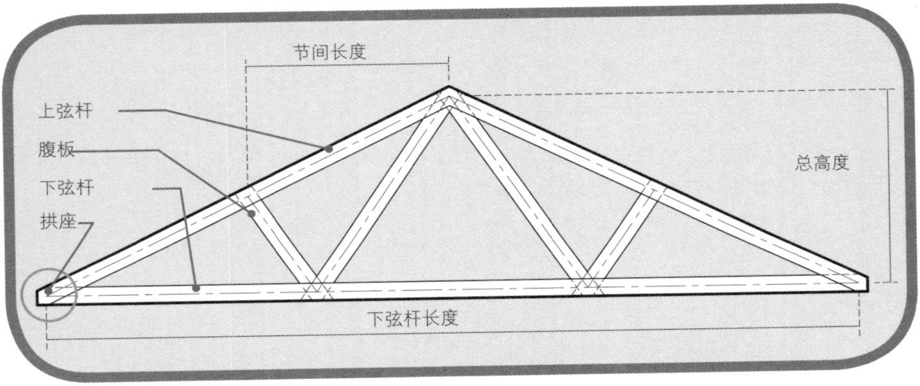

节间长度
上弦杆
腹板
下弦杆
拱座
总高度
下弦杆长度

桁架类型

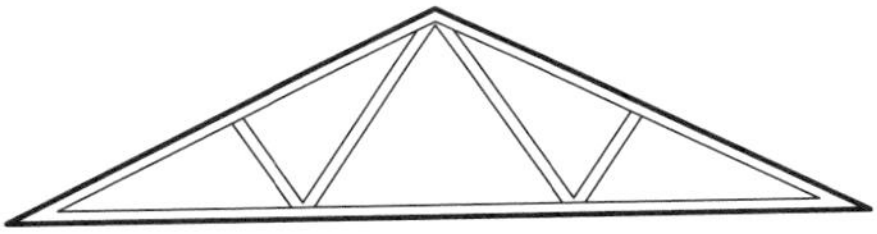

比利时桁架

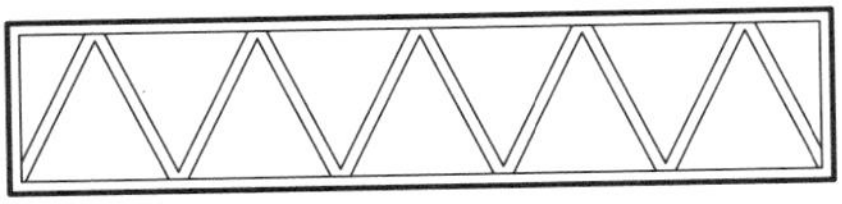

沃伦式桁架

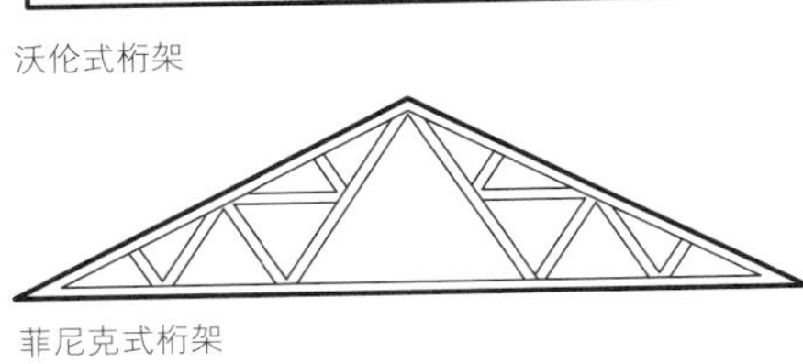

菲尼克式桁架

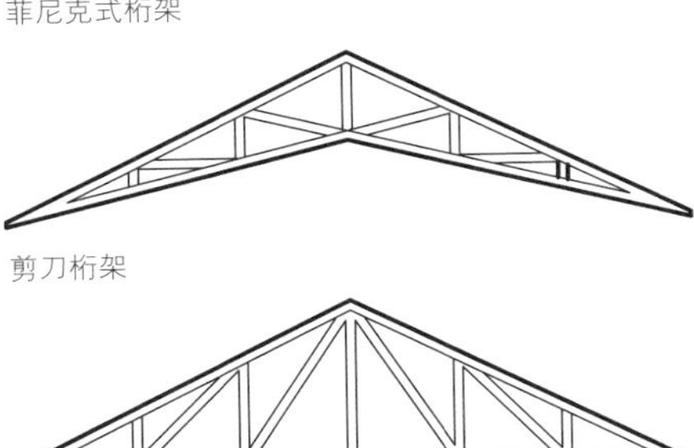

剪刀桁架

斜坡式桁架

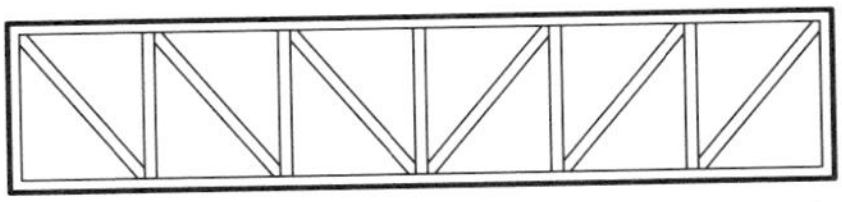

普拉特氏平桁架

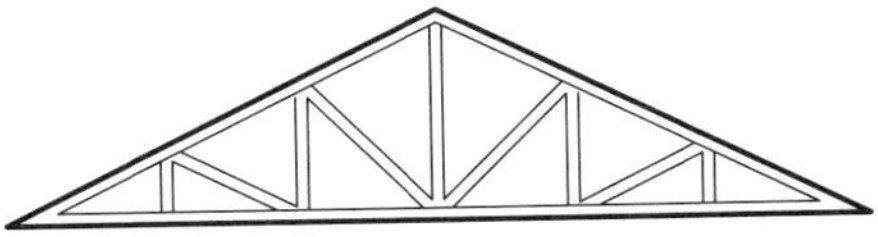

斜桁架

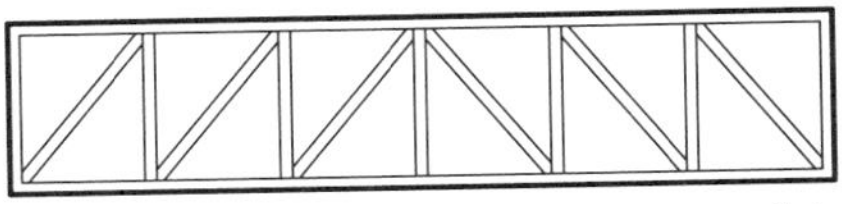

平桁架

弓弦式桁架

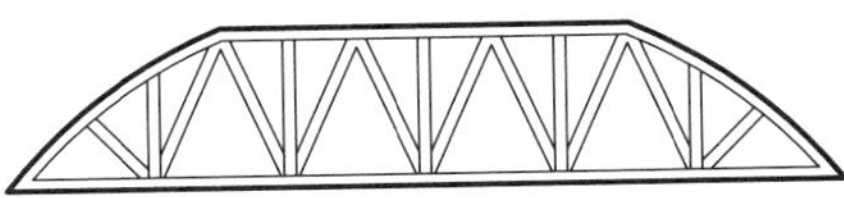

可调弓弦式桁架

第 15 章　机械问题

一幢建筑的机械系统涉及到取暖、通风、空调、冰箱、水泵、防火以及减少噪音。所有的这些设计都必须与建筑设计、结构设计和电气设计合为一体。

能源输送体系

全空气体系：经过改善处理过的空气，通过与中央通风器通风管直接相连，在各处循环。

空气和水循环体系：经过改善处理过的空气，通过通风管送到各处，同时冷空气与热空气也输送到各处，并调整在各个出风口的空气温度。

水循环系统：不用通风管，也无中央设备，空气在各处循环。冷水和热水可为各处服务。因为水管比通风管小得多，水循环系统是比较小巧的。

通风管（Airduct）：空调系统中输送冷空气与热空气的管子。

空气处理装置（Air handling unit）（AHU）：一种设备，包括鼓风机或压气机、加热或冷却盘管、标准控制器和空气过滤器。

ASHRAE：美国制冷、加热和空气调节工程师学会。

锅炉（Boiler）：通过燃料燃烧产生的热量将水加热成热水或是水蒸气的装置。

空心墙（Cavity wall）：中间夹以空气层的砖墙。

凹槽墙（Chase wall）：空心处放置电缆线或是水管的墙体。

冷却器（Chiller）：热交换器。利用空气、制冷剂或是蒸发过程来达到热交换，以此进行空气调节。

闭合回路（Close loop）：冷却系统中的蒸发系统，不与室外相通。

冷却塔（Cooling tower）：发生热交换的开放可再循环系统装置。

干球温度（Dry bulb）：即室外环境温度。

HAVC：供热、制冷及空气调节

天窗（Louver）：屋顶上开的窗，可用于通风、采光或是观景。

压力通风空间（Plenum）：用于设置制冷或加热管道的空腔，经常安装在吊顶中。

开放回路（Open loop）：冷却系统中的压缩系统，开向室外。

辐射热（Radiant heat）：利用设置在楼板、吊顶或是墙体内的电盘管、热水或是蒸汽管发热的供热系统。

竖井（Shaft）：内部设置垂直管道的管道井和电梯井。

空气变化量（Variable air volumn）（VAV）：空气调节系统。用于确保舒适的空气温度。

湿球温度（Wet bulb）：室外空气温度与相对湿度的综合值。如果相对湿度较高，不便于冷却塔中对水的蒸发。

隔热

也称为保温。热阻值是衡量材料传热性能的指标。与热阻值（R—value）相对的是传热系数（U—value）。热阻值越大，说明材料的隔热性能越好。

热阻单位是**m °K/W**

隔热材料

类型	材料	R 值	安装部位	说明
电池／毛毯	玻璃棉或岩棉	23	框架之间	热阻大，价格低，便于安装
松散填充	玻璃棉或岩棉	17~24	墙体凹口处或地面	适用于现场安装
以粘结剂相连的松散纤维	纤维素和玻璃棉	22~27	墙体凹口处，喷水后粘结剂起作用	热阻大，价格低
泡沫	聚氨脂泡沫	27~49	适合位置喷涂	尽管造价高，但适用于难于处理的隔热部位，易燃，且燃烧后会产生有毒气体
硬板	类型：聚苯乙烯，聚氨脂泡沫聚异氰尿酸脂泡沫塑料酚醛泡沫塑料	21~58	用于框架体之上，做为室外包膜或是室内精修材料	热阻大，价格高易燃，且燃烧后会产生有毒气体

音响

STC（声音传递等级）是描述空气中声音传递丢失量等级的一组数据。它是在精密测试条件下，在声学实验室中得到的。STC 数据用于建筑设计阶段，以便于对特殊部位（窗户）所期望的隔音性能进行选择。STC 值越高，说明声音丢失量越少。

18	密封的中空金属门
22	密封的实心木门
26	6mm厚平板玻璃
32	12mm厚平板玻璃
38	木板墙体
41	100mm厚CMU涂料墙体
42	金属墙体
46	200mm厚CMU空心墙体
48	300mm厚CMU涂料墙体
50	绝缘金属墙体
53	300mm厚现浇实心混凝土墙体

第 16 章　照明

在感受和理解空间上，照明发挥着巨大的作用。建筑师要与照明设计师紧密配合，照明设计师为建筑师提供照明技术方面的经验，以及说明照明在建筑上的作用，并使得照明更好地为设计空间服务。照明设计师使用自己的专业术语，并将他们的设计信息反映在电气图纸和顶棚平面图纸上。

照明设计术语

环境照明（Ambient lighting）：整个空间的总体照明效果。

安培（Ampere）：电流的单位。

导流片（Baffle）：控制光线分布的透明的或不透明的部件。

镇流器（Ballast）：为荧光灯开启时提供瞬时电压，并在运行阶段保持稳压作用的仪器。

灯泡（Bulb）：能够将光线漫射分布的球形物。

坎得拉（Candela）：国际单位制中的发光强度单位。

烛光（Candlepower）：发光强度单位。

利用系数（Coefficient of utilization）：物体表面接收的光通量与发光源产生的光通量之比。

颜色渲染系数（Color rendering index）：1 ：100 比例时确定作用于物体上的光源效果的数据。

色彩温度（Color temperature）：用于描述光源的色彩特性。色彩温度低于 3200K 的色彩定义为暖色，高于 4000K 的被认为是冷色。

简洁荧光灯（Compact fluorescent）：可以替代白炽灯的小型荧光灯。

日光补偿（Daylight compensation）：由光电元件操控的节能系统。

漫射器（Diffuser）：屏蔽光线，将其散射或是漫射的透明的塑料或是玻璃片。

直接眩光（Direct glare）：由直接光源引起的眩光。

顶棚下小聚光灯（Downlight）：天花板上固定的灯具。可以全隐藏、半隐藏或直接装于天花板上。大多数光是直接向下照射的。

电荧光（Electroluminescent）：能耗小，能产生统一亮度并能延长灯具寿命的照明技术。是室外信号标志的理想科技。

焦耳（Energy）：电能的单位。

荧光灯（Fluorescent）：内部填充氩气、氪气或是其他稀有气体的灯具。原理是电流与气体作用产生的内部发光物质撞到灯管内壁，从而产生可见光。

英尺烛光 (Foot–candle)：英制单位中的光通量单位。

高强度放电 (High–intensity discharge)：利用汞汽、金属卤化物、高压钠等发光的光源。

高输出量 (Hight output)：强大电流作用下的灯或镇流器，能产生较多的光线。

IALD：国际灯光设计委员会。

IESNA：北美照明工程协会。

照度 (Illuminance)：单位面积上的光照。

白炽灯 (Incandescent)：通过内部导线传递电流而发光的灯，是最常用的灯具类型。

灯 (Lump)：内部带有能发光部件的球形物。

内置暗灯槽 (Lay–in troffer)：在吊顶内布置的灯具安装位置。

发光二级管 (Light–emitting diode)：在电压作用下发光的半导体管，用于电子产品中。

透镜 (Lens)：能将穿过它的光线改变方向的透明或是半透明的物理器材。

流明 (Lumen)：光通量的单位。

光源 (Luminaire)：能够发光的物体。在这里是指包括灯、灯具安装以及与电源相连的一套完整的灯具单元。

亮度 (Luminace)：单位面积上的光强度。

LUX：照度单位

低点 (Nadir)：位于光源以下的直接参考方向。

不透明的 (Opaque)：材料不可透过可见光的性能。

光学器件／光学 (Optics)：光线的装置物件，如反射镜、折射透镜、凹透镜、凸透镜等等。同时也表示发光体的发光性能。

反射系数 (Reflectance)：物体表面反射与入射光线的比率。(黑毯的反射系数为 20%，而干净的白墙的反射系数为 50%～60%。)

反射器 (Reflector)：能够反射入射光线的光学器件。

折射器 (Refractor)：能够折射入射光线的光学器件。

房间中空比例 (Room cavity ratio) (RCR)：房间的尺寸比例，用于确定需要安装多少灯具。

T12Lamp：荧光灯的工业制造标准，即灯管直径为 12/8"。T8 和 T10 是相类似的命名。

半透明的 (Tanslucent)：能够透过部分可见光的材料的特性。

透光性 (Transparent)：能够透过大部分可见光的材料的特性。

暗灯槽 (Troffer)：隐蔽的灯具安装位置。

紫外线 (Ultraviolet)：光线的一种，与可见光相比，波长短，频率高。

安检试验室 (Underwriters' Laboratories)：用于测试产品质量的独立机构。

灯具安装位置及灯具类型

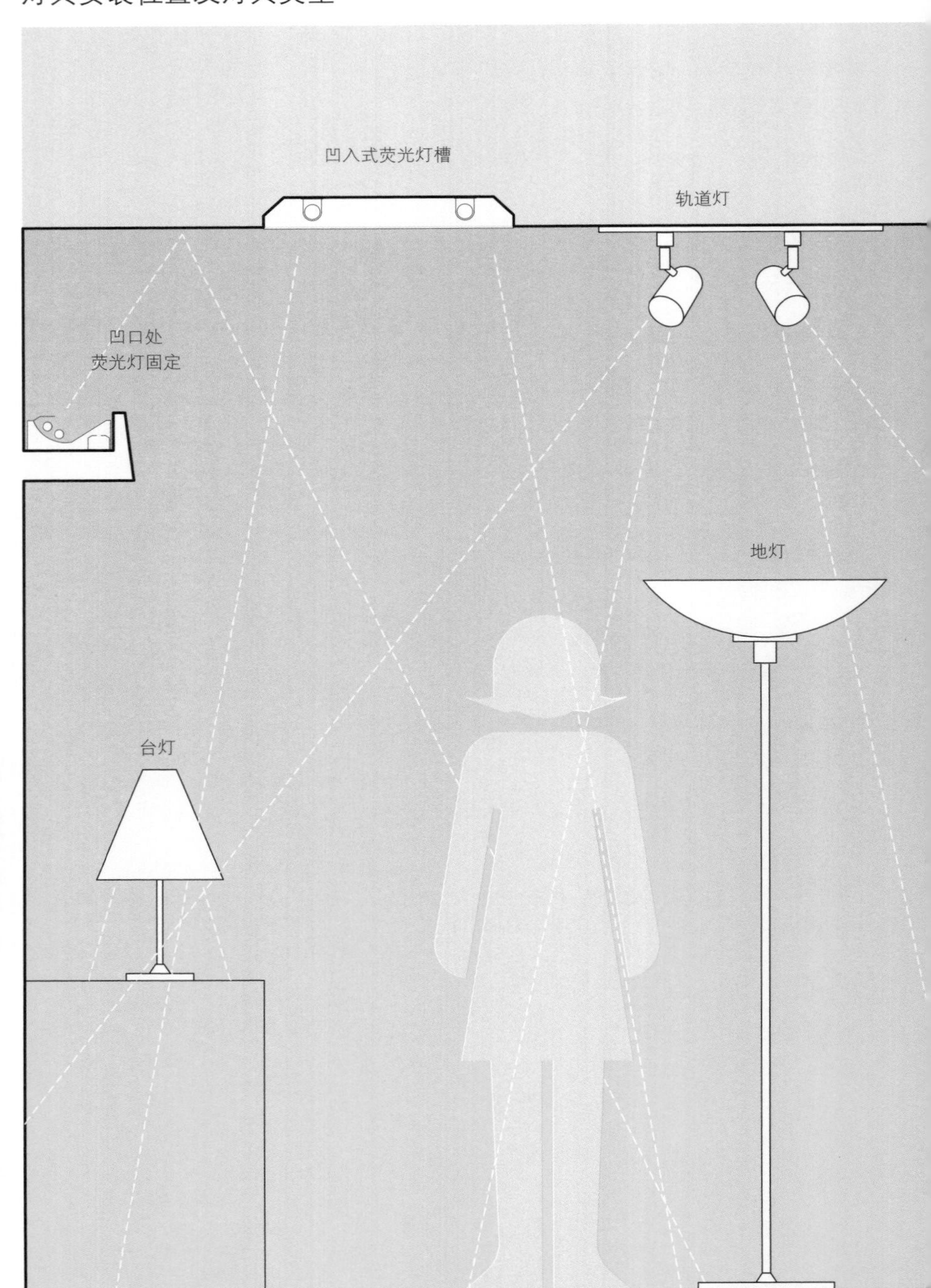

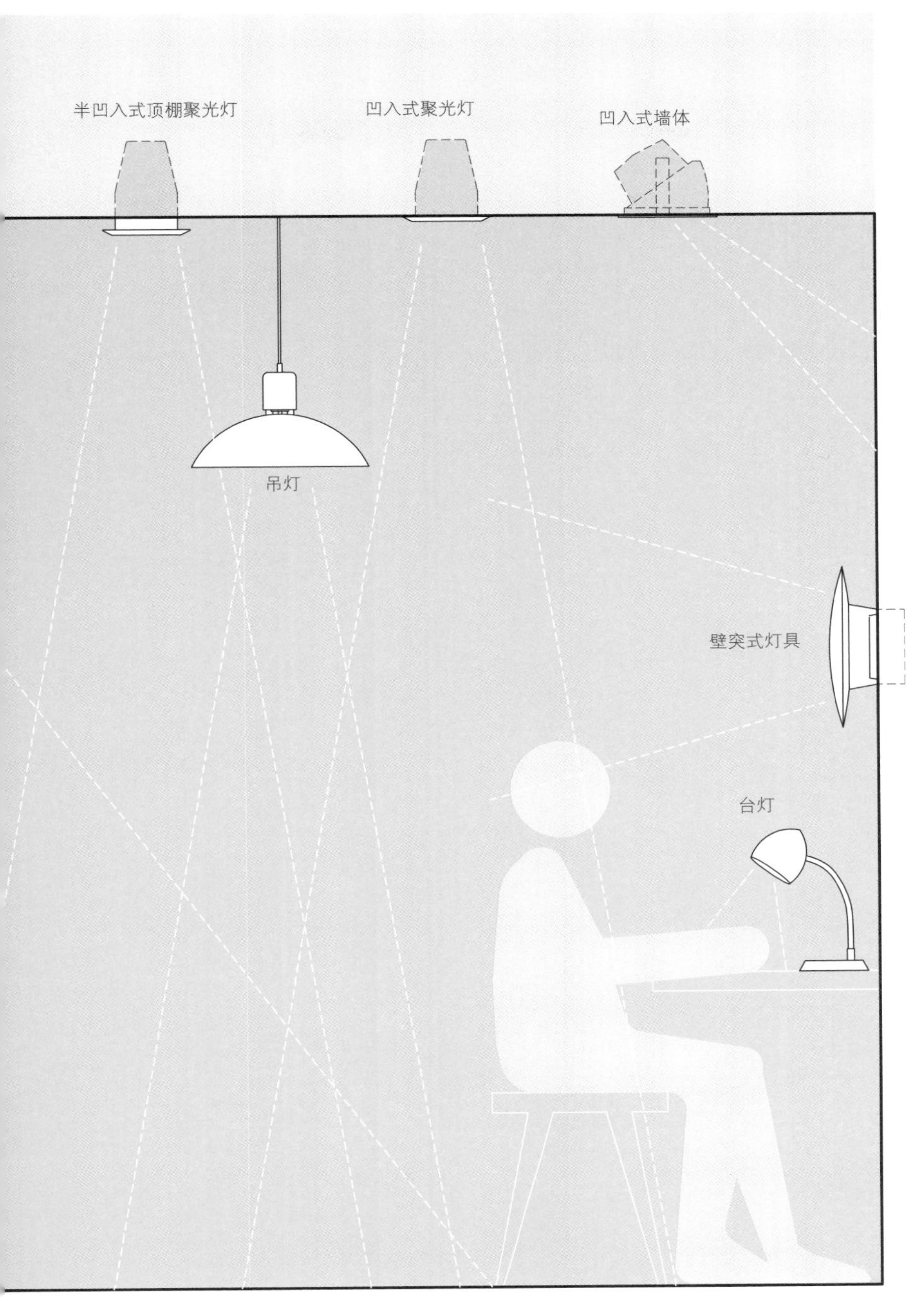
半凹入式顶棚聚光灯
凹入式聚光灯
凹入式墙体
吊灯
壁突式灯具
台灯

第 17 章　楼梯

楼梯是解决垂直交通的主要方式，在大多数私人住宅和带有自动扶梯的公共建筑中也是如此。在多层及高层建筑中，设计规范对疏散楼梯的数量和最小宽度都有相关的规定。楼梯一般有木质的、金属的或混凝土的或是三种材料混合制成的。

楼梯类型

直跑楼梯

设计规范中规定直跑楼梯的最多梯级为 18 级，休息平台的最小宽度应不小于楼梯梯段宽度。

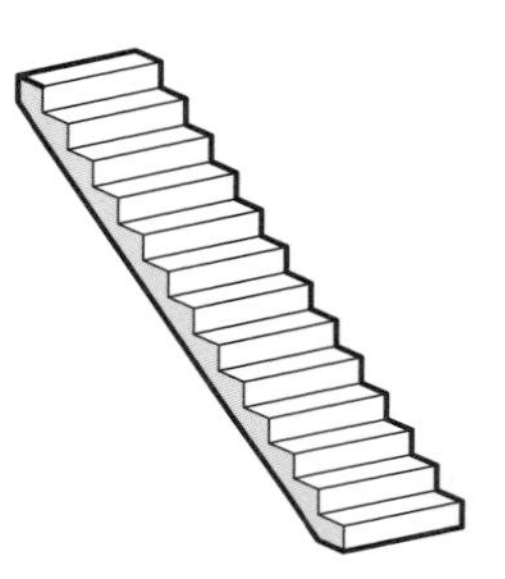

L 型带平台楼梯

L 型楼梯可以设计成长短跑踏步级，同样可以在任意转换方向的位置上设置休息平台。

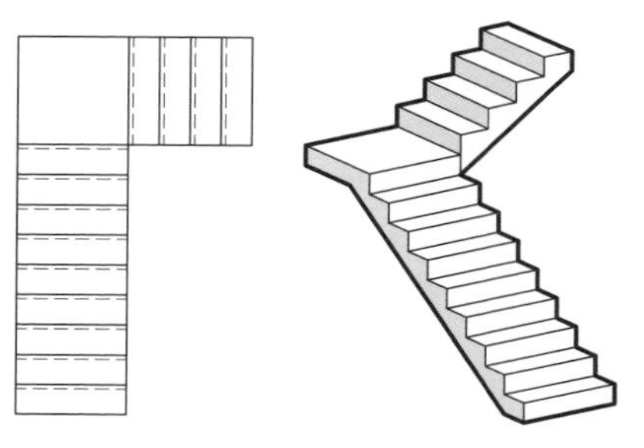

U 型带休息平台楼梯

也称为双跑楼梯，即回转后与上升方向一致，在紧张的平面空间布局中作为交通组件是很有用处的。

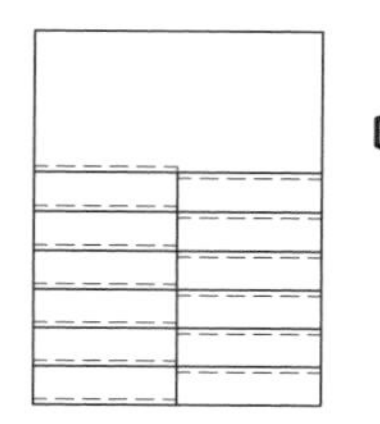

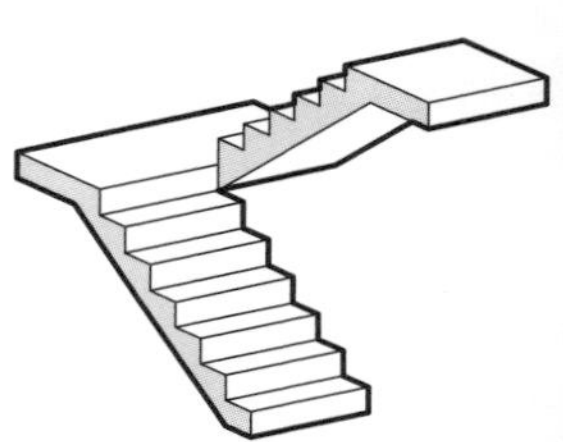

L 型带斜踏步楼梯

斜踏步有助于压缩空间，以此利用L型的楼梯平台增加带角度的踏步级，设计要符合相关规范。

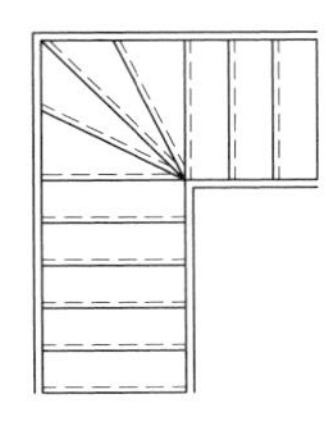
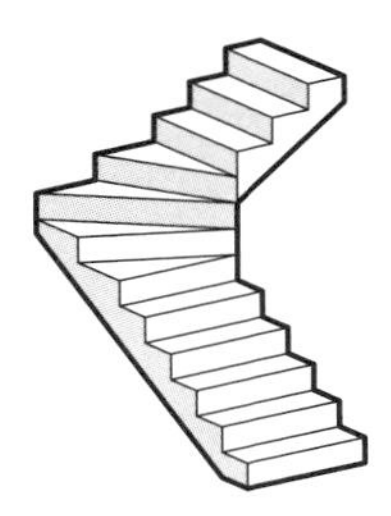

L 型偏离式斜踏步楼梯

偏离式斜踏步楼梯空间更广，同时要符合相关的设计规范。

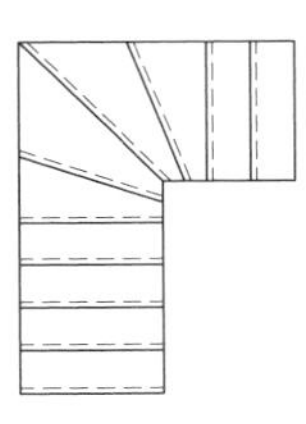

螺旋楼梯

螺旋楼梯占用很少的平面空间，经常用于私人住宅。大多数螺旋楼梯不能作为疏散楼梯使用，但在满足设计规范的时候可作为疏散楼梯使用。

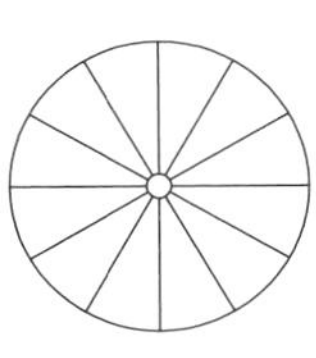
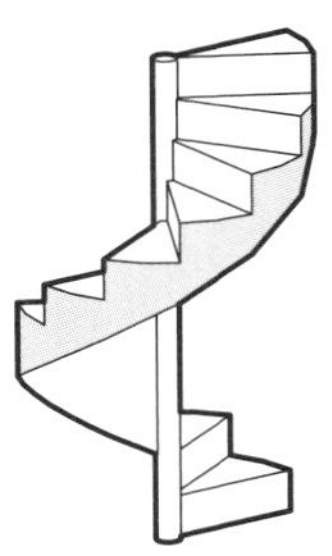

曲线楼梯

曲线楼梯遵循螺旋楼梯一样的设计原则。若要作为疏散楼梯使用，要满足相应的设计规范。

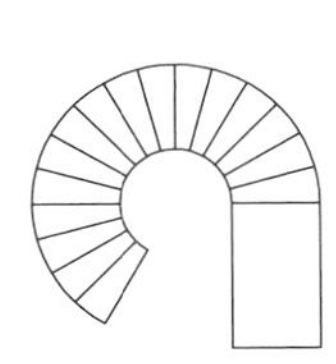

楼梯构件

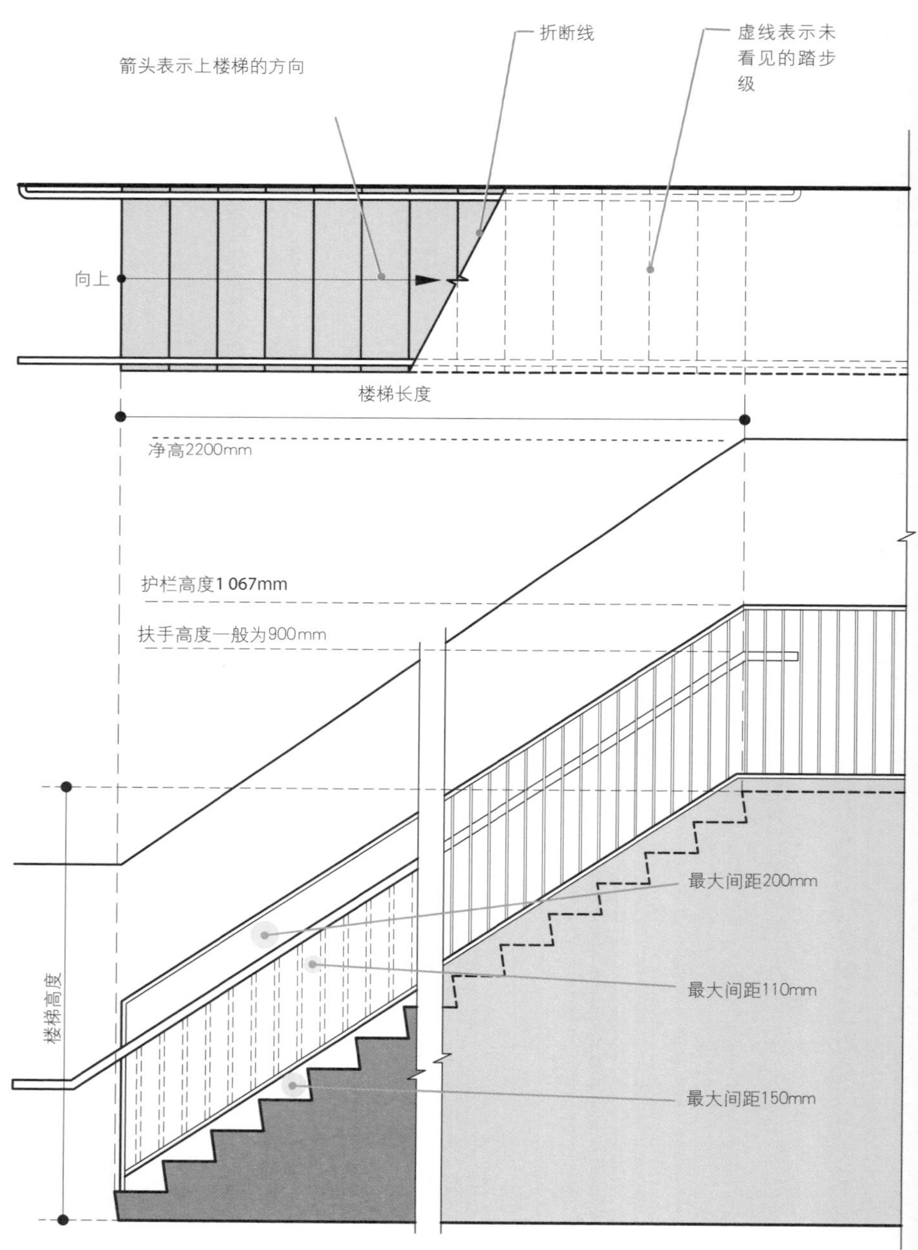

楼梯的平面与立面

踏步宽与踏步高

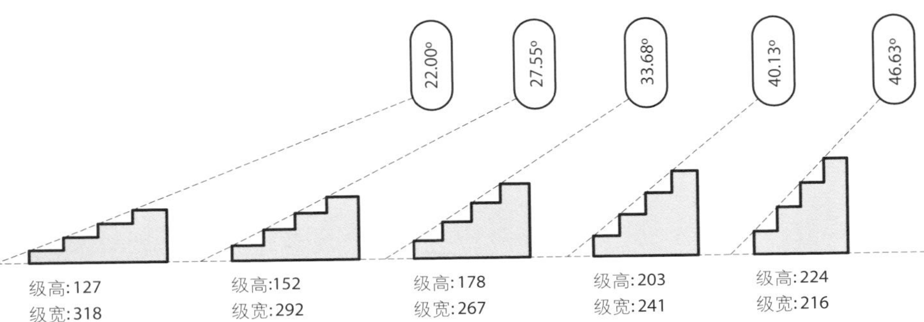

踏步高度与宽度尺寸

角度	级高（毫米）	级宽（毫米）
22.00°	127	318
23.23°	133	311
24.63°	140	305
26.00°	146	299
27.55°	152	292
29.05°	159	286
30.58°	165	279
32.13°	172	273
33.68°	178	267
35.26°	184	260
36.87°	191	254
38.48°	197	248
40.13°	203	241
41.73°	210	235
43.36°	216	229
45.00°	222	222
46.63°	229	216
48.27°	235	210
49.90°	241	203

蓝框内显示的是舒适和安全的楼梯尺寸

一般原则

以下是依据经验得到的数据，要符合相应设计规范。

踏步高 ＋ 踏步宽＝450

2（踏步高）＋ 踏步宽＝600

室外楼梯：

2（踏步高）＋ 踏步宽＝600

住宅：

最小宽度：900mm

踏步最大高度：175mm

踏步最小宽度：260mm

第 18 章　门

室内外的门的材料可以是木材、金属与玻璃的多种组合，并装有金属边框。室内门要有一定的耐火性能，室外门则必须密实以阻挡空气与潮气的渗透。

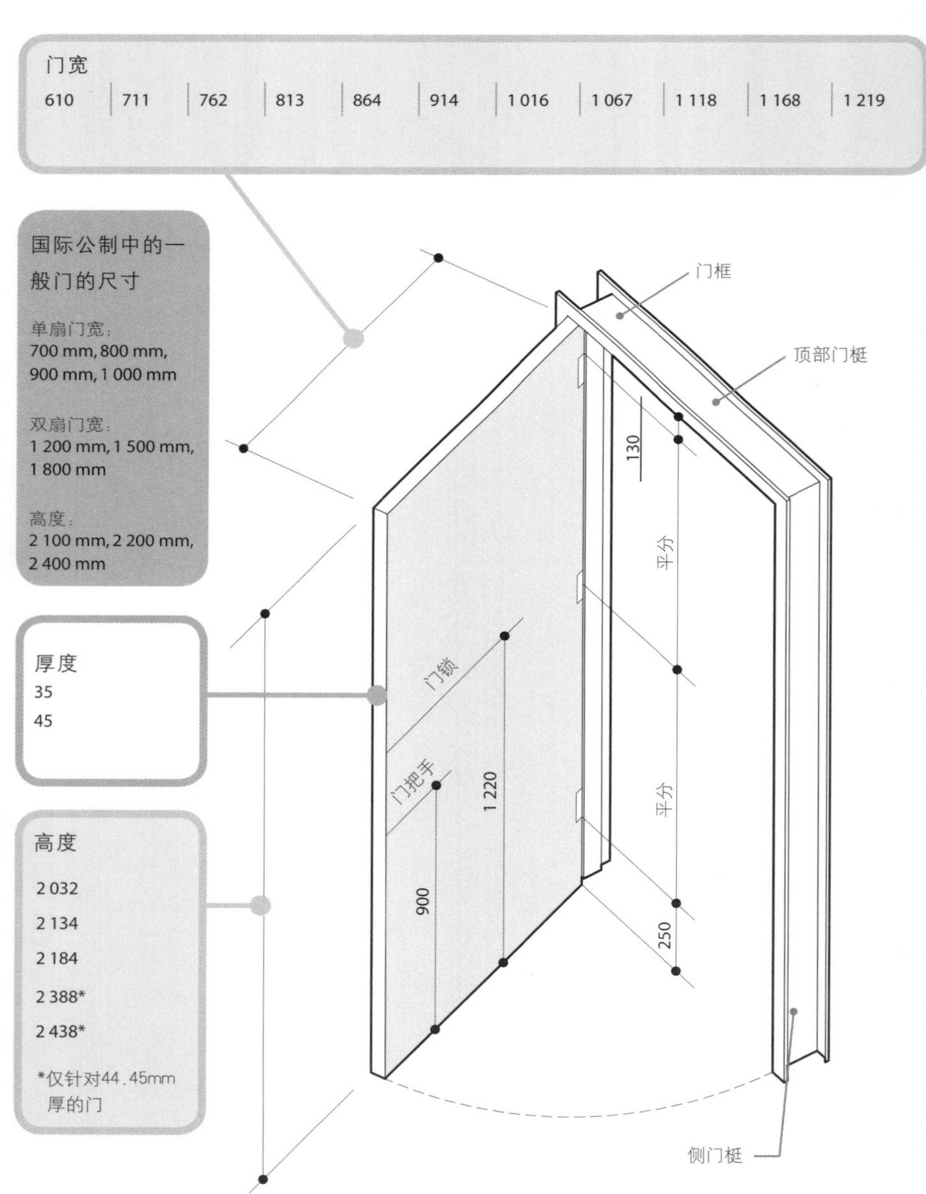

门的类型

光面门

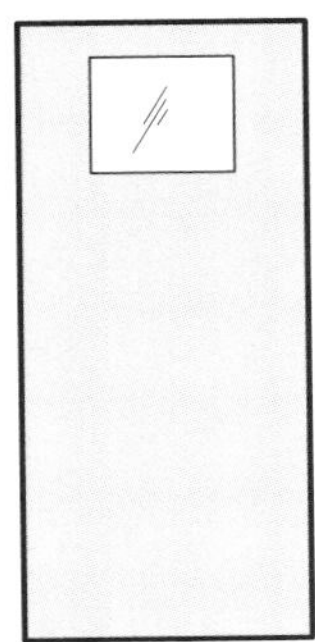
可视平面门

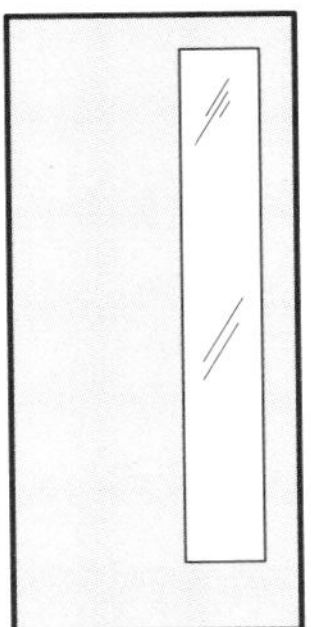
窄条门

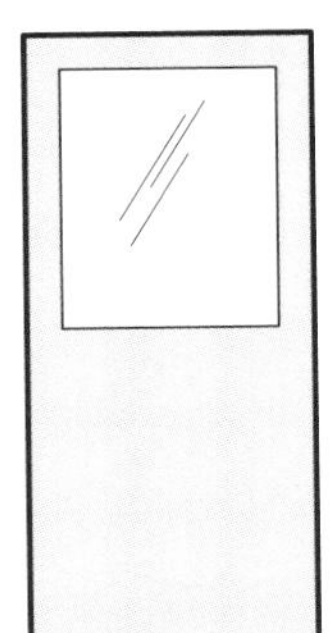
带玻璃窗门

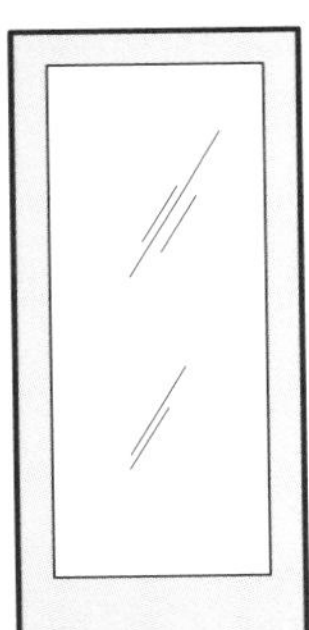
玻璃门

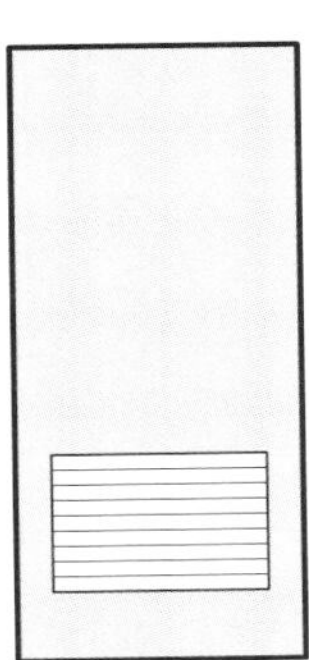
下部带百叶门

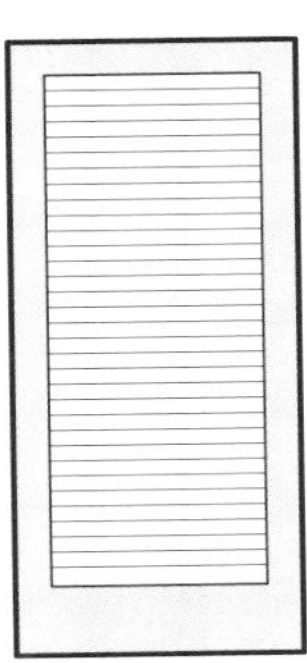
百叶门

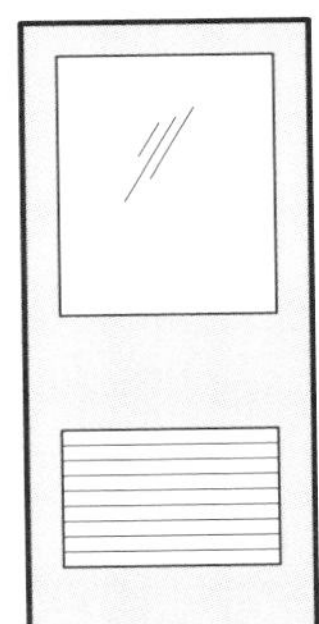
带玻璃窗与百叶门

防火门

类别	等级	允许的光滑面层面积：6.4mm厚夹丝玻璃
A	3 小时	不允许
B	1.5 小时	每扇可有64 516 mm^2
C	0.75 小时	每扇可有836 179 mm^2，最大尺寸为 1372mm
D	1.5 小时	不允许
E	0.75 小时	每扇可有464 544 mm^2，最大尺寸为 1372mm

门扇的最大尺寸为1200mm × 3000mm，门框和金属构件的耐火等级应与门的耐火等级一致。门扇必须有弹簧和闭合装置；B、C类的门扇可以带有可熔性的连接构件，没有百叶及低折射率的玻璃是允许的。

木门

实心木门

主要用于室外和需要加强防火与隔音性能的部位，尺寸要求比较固定。

门立面

细部剖面

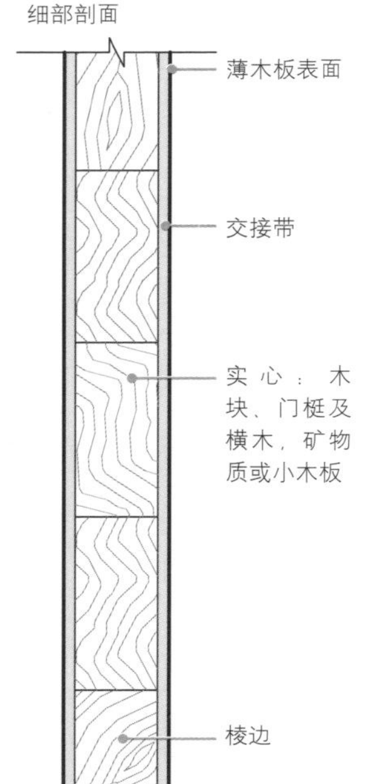

空心木门

轻质且廉价，主要用于室内装修。如果带有防水粘合剂，也可用于室外，隔音与隔热的性能差。

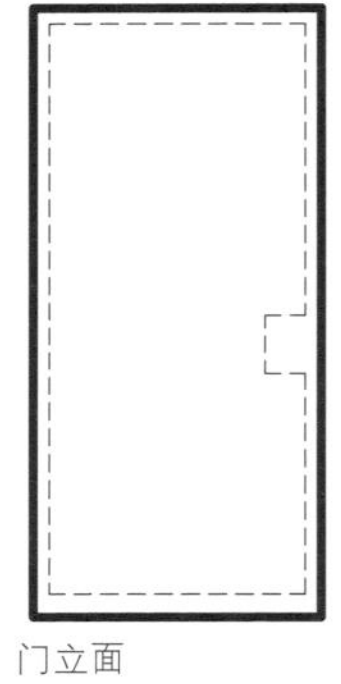

门立面

细部剖面

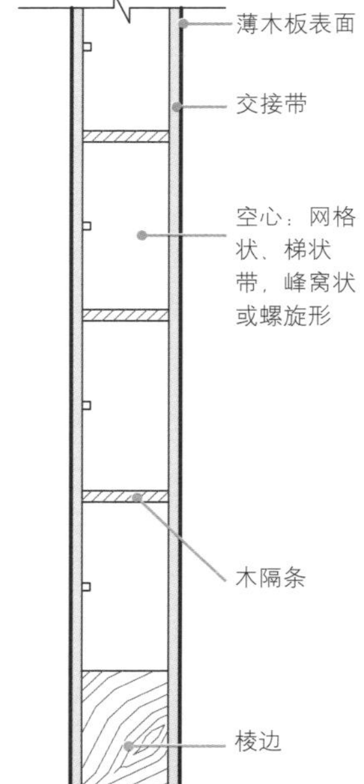

平板门

横木和门梃的结构材料，可内嵌木材、金属或是百叶。给门刷涂料会使木材自身潮气引起的尺寸上的变化达到最小。

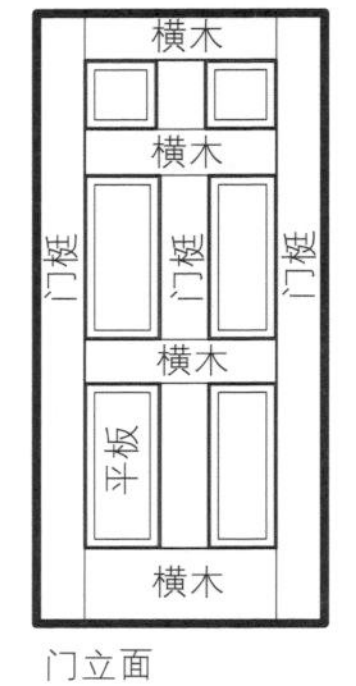

门立面

细部剖面

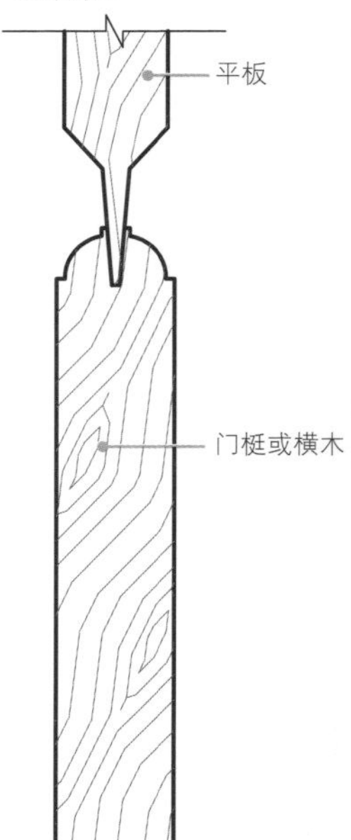

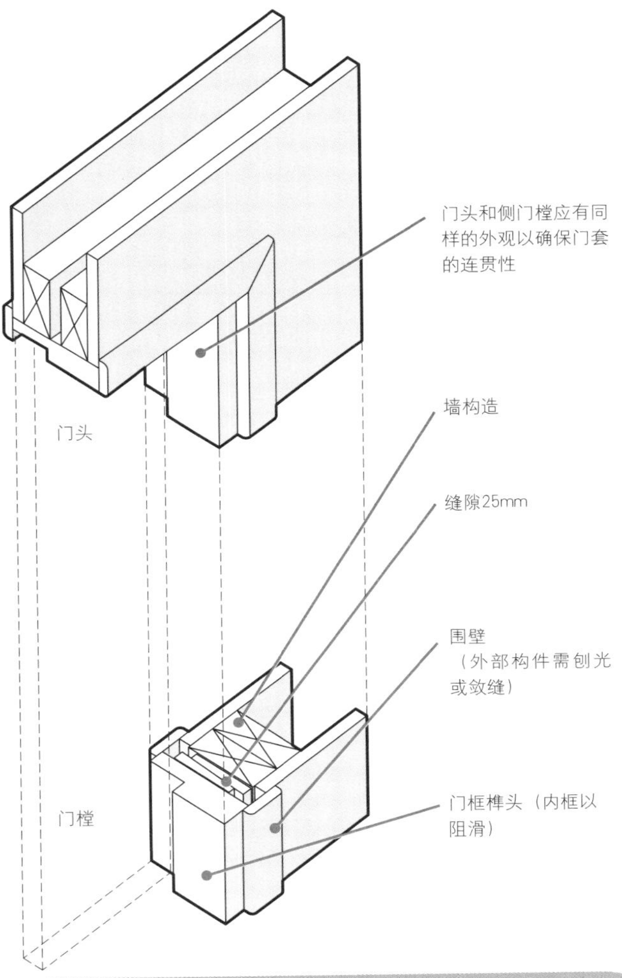

基本木门构架

出于经济利益与建设速度的考虑，大多数的木门都是预先吊装的（即在工厂里按照它们的框架预先绞合与安装）。当把它们运抵施工现场时，木工在大致的开口部位将框架斜置，在钉框架之前仔细地将框架吊直，并将它们在需要的地方垫片调整。这种斜置框架并垫片的方法，垫片用来确保门和框架在预留的开口处相互紧密结合。

在门框与墙体粉饰之后留下的空隙经常采用围壁覆盖。尽管在左侧列出了一般的做法，但是这种细节处理有多种形式，取决于最后的期望效果。

木质饰面类型

标准型：0.08～1.6mm厚，与硬木板相粘结，交接带约为1.6～2.5mm厚，经济适用；适用于所有门芯类型，难于重饰或修复破损的表面。

锯状饰面板：3.2mm厚，与交接带相连，易于修理与修饰。

锯状饰面板：6.4mm厚，在门梃与横木部位没有交接带，表面深陷以用于凹槽装饰。

木材等级

高级的：用于天然洁净效果或是染色的装修。

标准的：用于不透明的涂料装饰。

中空金属门

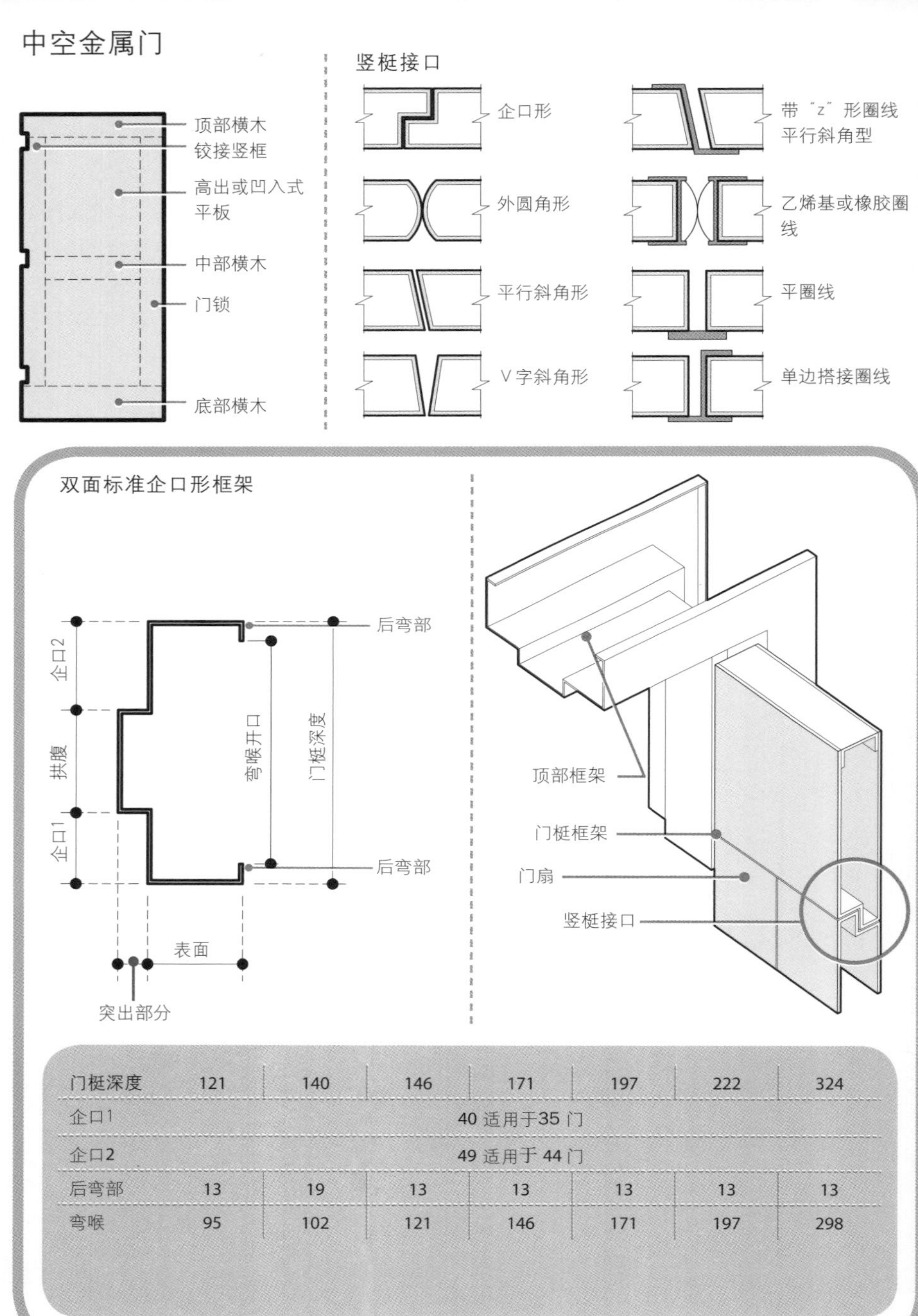

门梃深度	121	140	146	171	197	222	324
企口1	40 适用于35 门						
企口2	49 适用于 44 门						
后弯部	13	19	13	13	13	13	13
弯喉	95	102	121	146	171	197	298

中空金属门规格

类别	规格
居住类	20mm左右
商业类	16mm和18mm
政府机构类	12mm和14mm
安全性能要求高	钢质表面

锚点结构

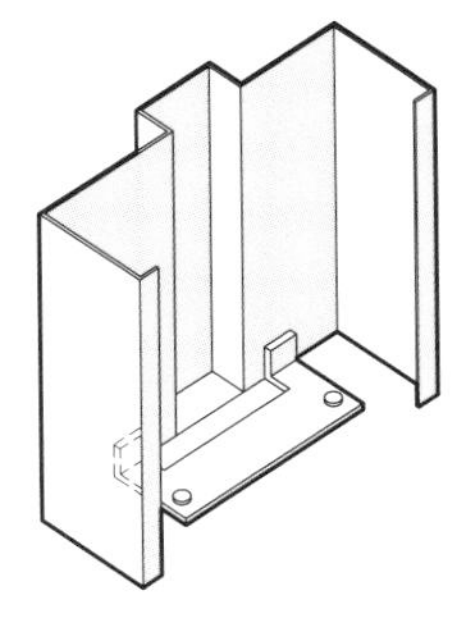

标准底面曲材

门梃直接与地面相连

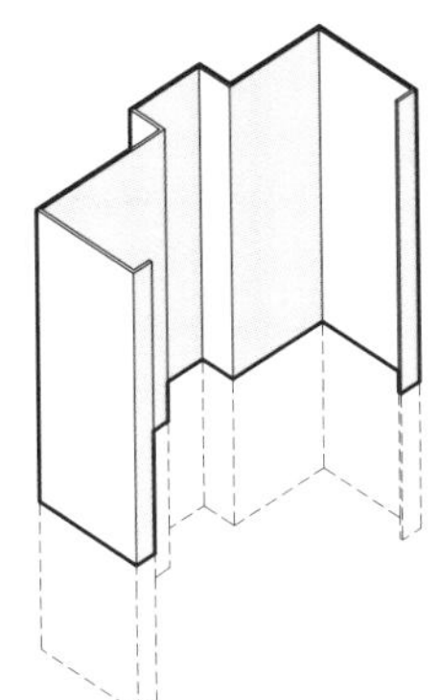

带固定锚点的外伸框架

混凝土在框架周边自上而下倒入

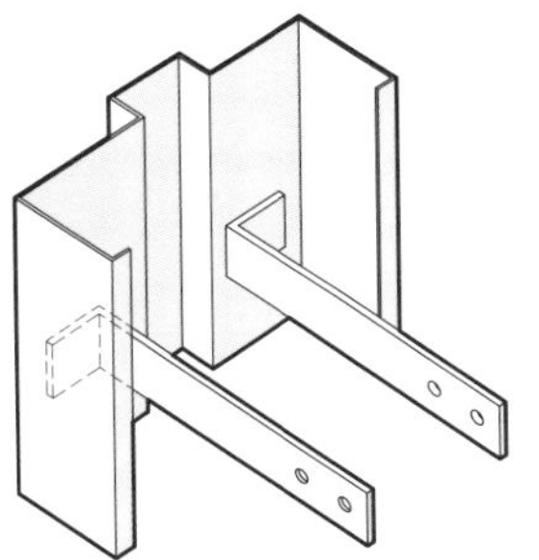

木质螺栓锚点

锚固在木螺栓上，钉在门梃的预留孔洞上。

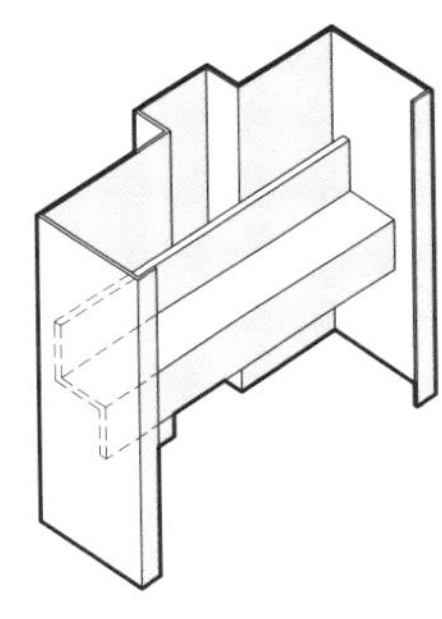

钢槽锚点

门梃锚固在钢螺栓上，薄金属片焊接在螺栓上，用螺丝锚紧。

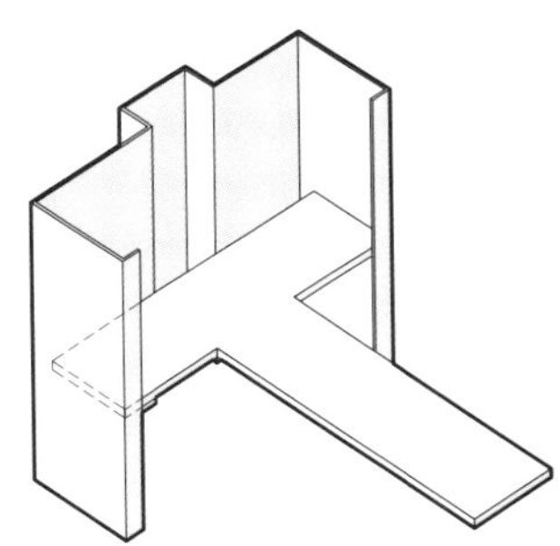

T型砖锚点

螺栓固定在砖墙上，宽松的金属薄片伸入框架并与砂浆粘结。

其他类型的内芯

经加工处理的纤维材料形成的蜂窝状内芯

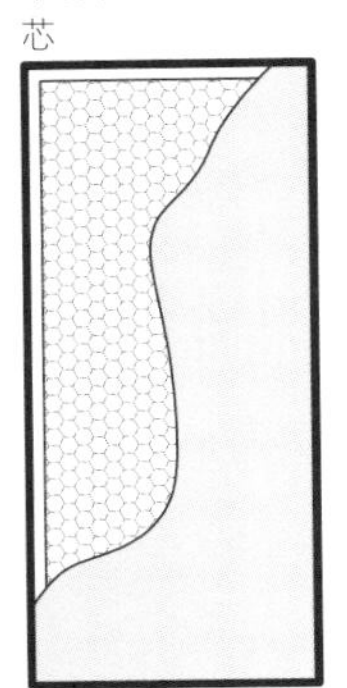

含矿物质的石膏，泡沫或纤维内芯

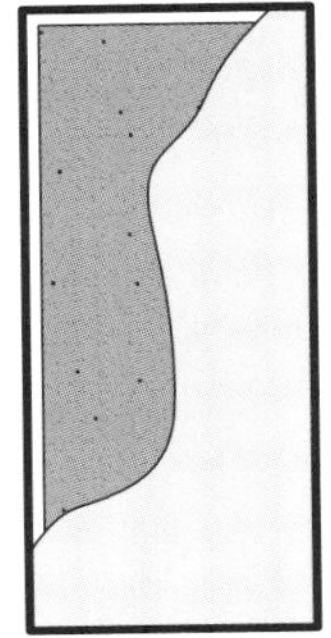

烘干的木材内芯

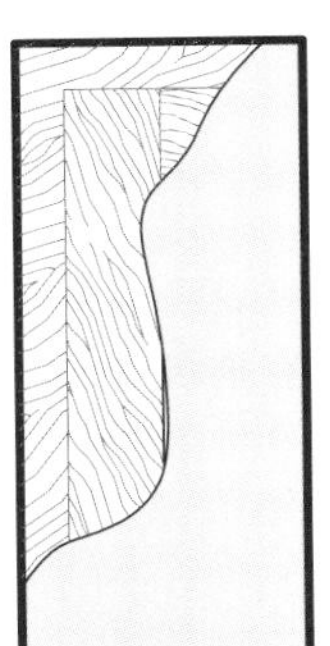

Z型或条形加肋板（垂直的水平的或是网格状的）

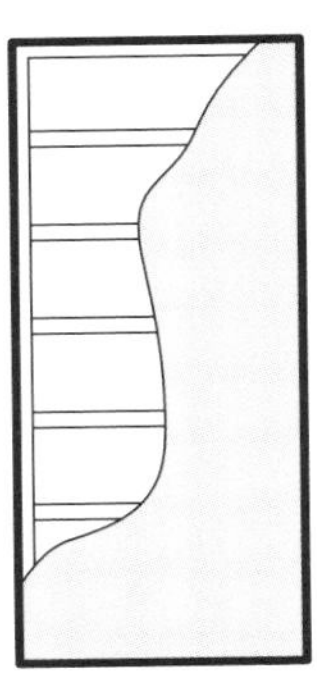

第 19 章　窗户与玻璃装配

专业词汇表

填缝（Caulk）：将缝密封。

冷凝（Codensation）：空气中的水蒸气遇到冷表面如玻璃等而变成水的过程。

对流（Convection）：由空气的运动形成的热量传导的方式。

干燥剂（Desiccant）：用于吸收空气中的水蒸气和潮气的晶状物质。

露点（Dew point）：水蒸气变成固态时的温度点。

双重密封玻璃（Dual–sealed units）：密封绝缘的玻璃单元。

辐射系数（Emissivity）：物体表面吸收和放射能量的比值。

气体填充玻璃（Gas–filled units）：用惰性气体取代玻璃中的空气，以达到更高的隔热性能的玻璃。

玻璃装配（Glaze）：将玻璃安装在窗户框架结构中。

格栅（Grille）：安装在玻璃窗格之间的装饰网格架，看上去象是窗格条，但并没有真正的对玻璃进行分割。

窗格玻璃（Light）：窗户或是门中的玻璃单元。

直棂（Mullion）：两块相临窗格玻璃或是亮子玻璃中的水平或垂直杆件。

直棂条（Mullion bar）：亮子玻璃上的分隔条。

接收太阳能（Passive solar gain）：当阳光照射在材料表面，材料获得的太阳能。

R–value：描述材料的隔热性能的数据。

辐射（Radiation）：身体向外进行热量传递的过程。

窗框（Sash）：固定玻璃的框架。用于玻璃的安装。

遮阳系数（Shading coefficient）：阳光透过特殊玻璃进入建筑物产生的热量与未采用特殊玻璃进入建筑物的热量的比值。

钢化玻璃（Tempered glass）：一种经过热加工处理的强度很高的安全玻璃。

隔热性（Thermal glass）：玻璃的阻热与传热性能。

太阳光线（Total solar energy）：由紫外线、可见光和红外线组成。

U 值（U–value）：描述材料的导热性能的数据。

紫外线（Ultroviolet）：射线的一种，波长比可见光短，但比 X 射线长。

可见光（Visible light）：人眼可见的太阳光线。

窗户类型

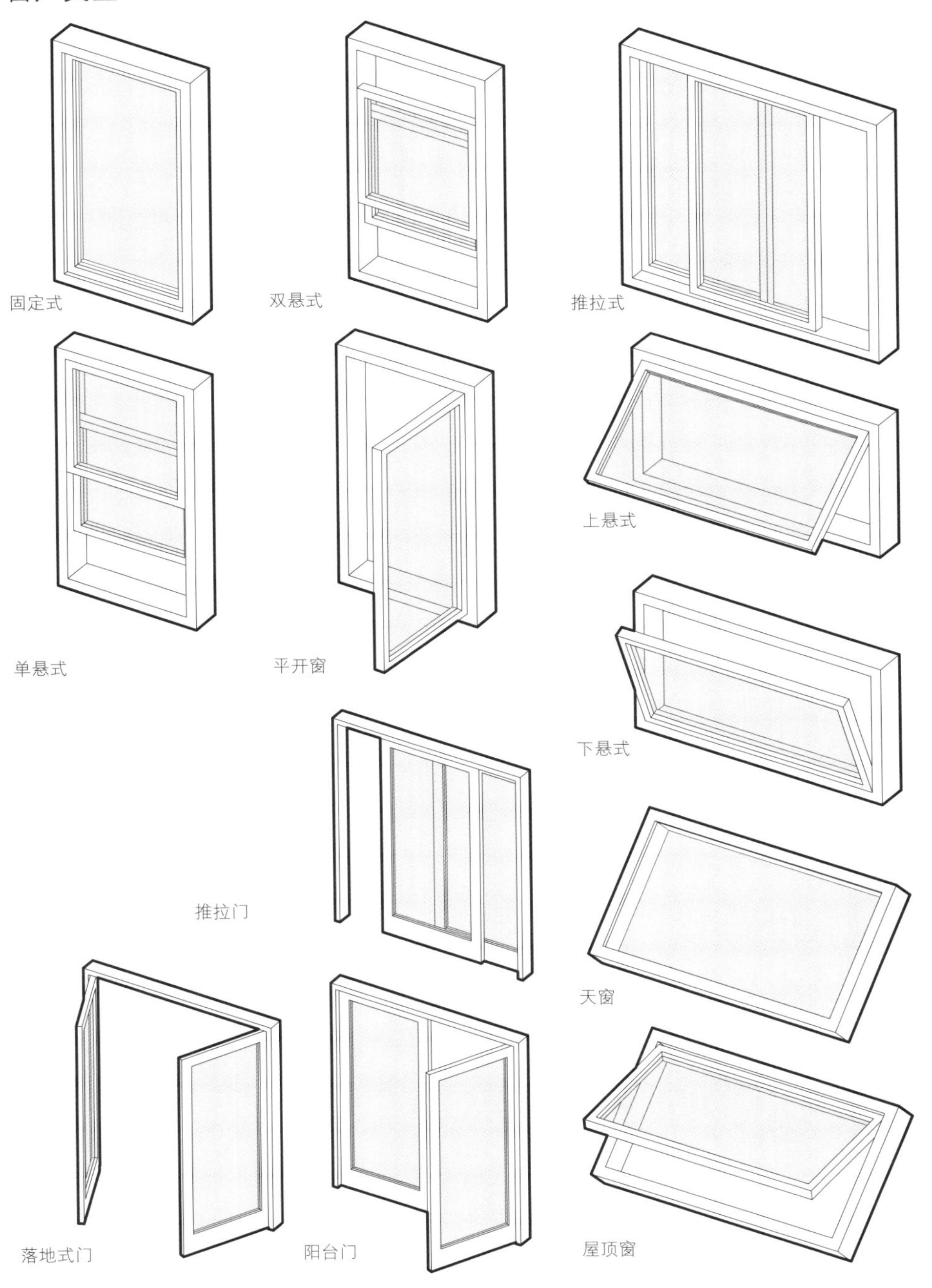
固定式
双悬式
推拉式
单悬式
平开窗
上悬式
下悬式
推拉门
天窗
落地式门
阳台门
屋顶窗

玻璃大小

从窗户生产厂家得到的表格记录了窗户的毛坯尺寸和窗户类型。Mas Opg（砖墙洞口尺寸）表示的是砖墙、砌块墙体或是石材墙体所需的预留洞口大小；Rgh Opg（粗略洞口尺寸）表示典型的中心立柱墙体的洞口尺寸；Sash Opg（窗框尺寸）表示的是窗户自身的尺寸；Glass Size 表示的是玻璃的尺寸。

Mas Opg	875mm
Rgh Opg	825mm
Sash Opg	760mm
Glass Size	610mm

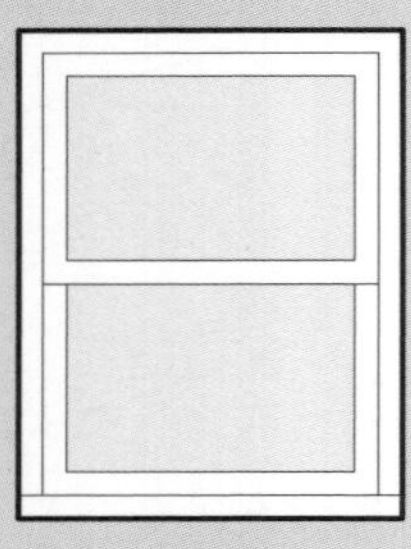

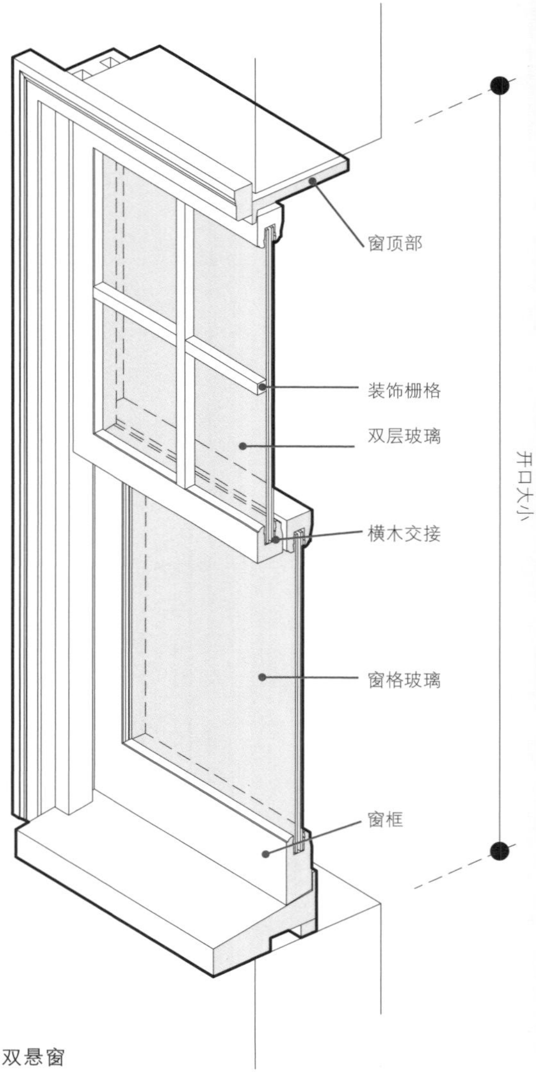

窗顶部
装饰栅格
双层玻璃
横木交接
窗格玻璃
窗框
开口大小

双悬窗

细部

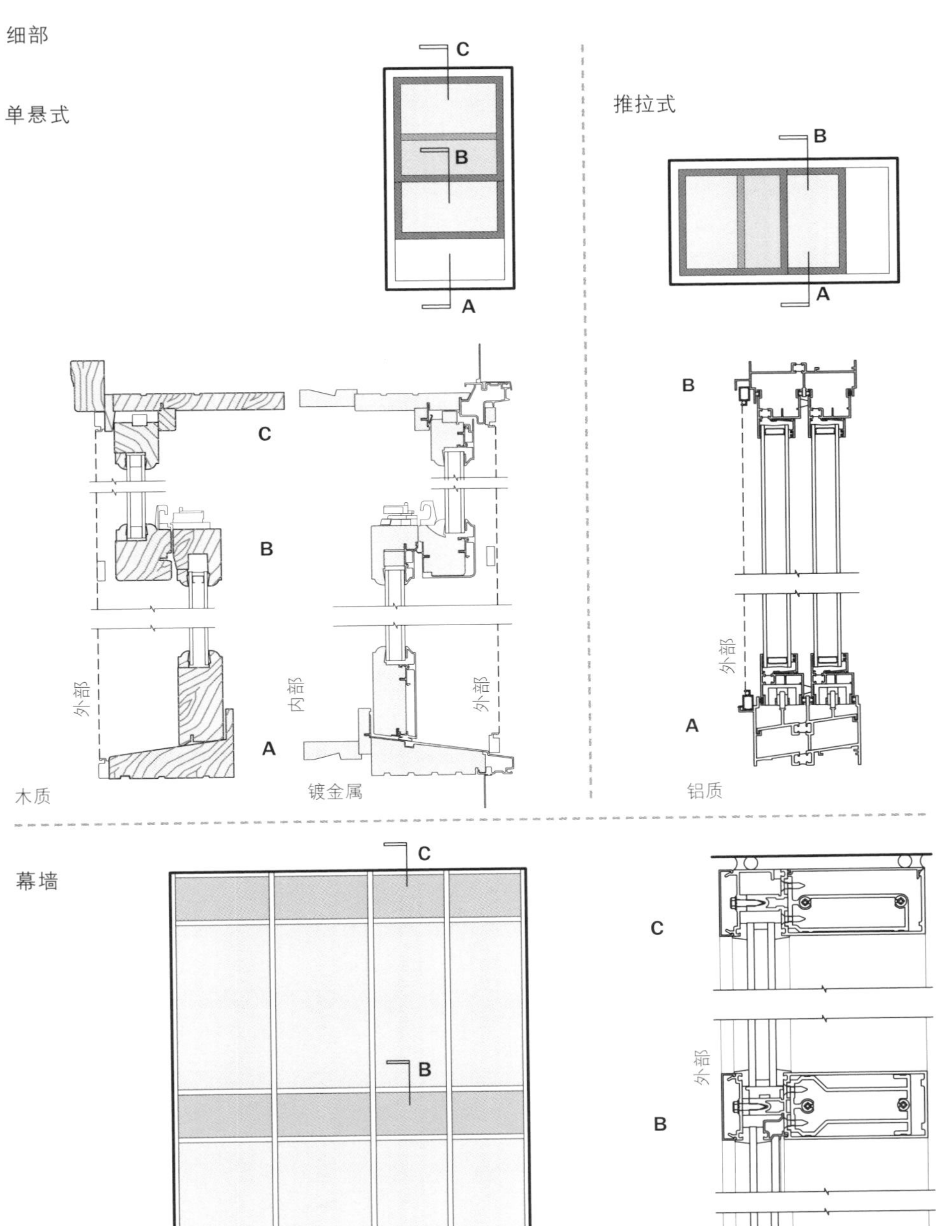

玻璃与玻璃安装

大多数建筑用玻璃由自然界比较常见的三种原材料制成：二氧化硅、氧化钙和碳酸钠。可以在玻璃的制作过程中添加其他材料，以加速玻璃的形成或使玻璃具有某种特性，这些特点有三种基本分类。碱石灰玻璃是基于大多数商业用途的使用考虑而做的，用于玻璃瓶、玻璃器皿以及窗户。由于它的成分是二氧化硅、碳酸氢钠和氧化钙，使其在抵抗温度骤变的性能方面很差，尤其是受到高温或是化学腐蚀。铅化玻璃含有大约 2% 的铅氧化物，虽然它经受温度骤变情况下性能不好，但它的柔软外皮使其更加适用于装饰切割和雕刻。而构成成分中含有至少 5% 硼氧化物的硼硅酸盐玻璃，在抗温度骤变与抗化学腐蚀方面性能都很好。

玻璃生产

大多数普通平板玻璃就是浮法玻璃。它是由碱石灰、玻璃、硅砂、钙氧化物、氢氧化钠和镁按照适当比例混合，在 1500℃的熔炉下熔化制成的。高粘度的熔融玻璃液连续地流进熔融金属锡槽中。由于锡易于流动，两种材料不能融合，这样在二者之间就形成了表面相当平整的玻璃液带。当玻璃液从熔融的锡槽中流走，经过足够的冷却送入玻璃退火炉。在那里，玻璃液被退火处理，即在控制温度下将玻璃液慢慢冷却。

玻璃也可以辊压，即在金属辊之间通过挤压半熔融的玻璃液，可以形成预先定义好的厚度和表面样式。这个过程大多用于样式玻璃和精化玻璃的生产。

玻璃厚度

对于任何有特殊要求的局部而言，板面大小、风压以及其它负荷都是决定玻璃厚度的因素。

额定厚度	实际规格（mm）
3/32″ 单强度	2.16～2.57
制成薄片	2.59～2.9
1/8″ 双强度	2.92～3.40
5/32″	3.78～4.19
3/16″	4.57～5.05
7/32″	5.08～5.54
1/4″	5.56～6.20
5/16″	7.42～8.43
3/8″	9.02～10.31
1/2″	11.91～13.49
5/8″	15.09～16.66
3/4″	18.26～19.84
1″	24.61～26.19
1 1/4″	28.58～34.93

玻璃形式

玻璃块：将玻璃看做是砌块。基本单元是由两块中空的半面融合而成的。实心部件称为玻璃砖，耐压，透明。太阳能控制式还可能有涂层或是镶嵌物件。玻璃块墙体的构造和其他砖砌墙体构造类似，由砂浆金属锚头和连接杆件连接。它们可用于室内或是室外。

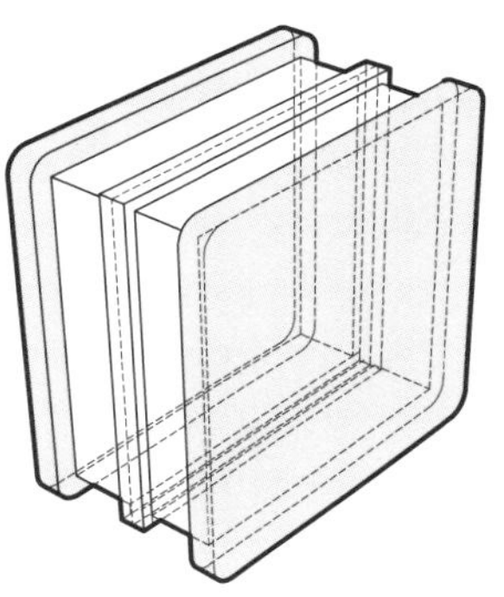

惯用尺寸
4 1/2″x 4 1/2″
5 3/4″x 5 3/4″(名义值为6″x 6″)
7 1/2″x 7 1/2″
7 3/4″x 7 3/4″ (名义值为8″x 8″)
9 1/2″x 9 1/2″
11 3/4″x 11 3/4″(名义值为12″x 12″)
3 3/4″x 7 3/4″ (名义值为4″x 8″)
5 3/4″x 7 3/4″(名义值为6″x 8″)
9 1/2″x 4 1/2″

厚度: 3″~4″

常用SI制尺寸
115 x 115 mm
190 x 190 mm
240 x 240 mm
300 x 300 mm
240 x 115 mm

厚度: 80~100 mm

压铸或槽型玻璃：U 型槽玻璃采用自承重，并带有拉伸的金属周边外框。通过一层或两层连结层，形成适合于拉伸，隔音和隔热性能的半透明的玻璃。玻璃厚度大致在 6 ~ 7mm；槽宽从 230mm 到 485mm，槽高则依据宽度和风荷载的变化而变化。压铸玻璃可水平或垂直放置，置于室内或是室外，还可以作为雕刻表面。玻璃还可以带有钢丝、色泽以及其他特性。双层槽形成的空气层可以用气凝胶填充，格子玻璃由小孔绞合，通过这样 5% 的实体和 95% 的空气可以提高玻璃的隔热性能。

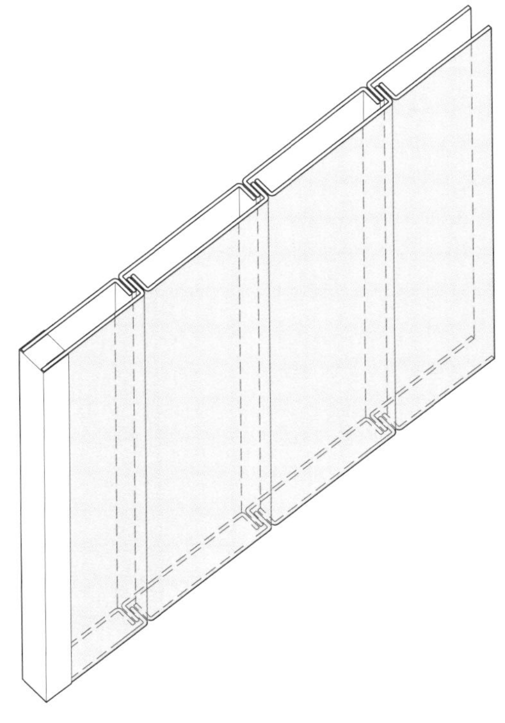

玻璃类型

隔热玻璃：两块或三块玻璃围合成密闭空气层，并用干燥剂隔开。干燥剂用于吸收来自空气层中的潮气。这种多层玻璃和隔热空气层明显地减少了热的传导量。低辐射或是其他镀层可以用在一块或是更多的玻璃表面上，以助于提高隔热性能。氩气和硫酸盐氧化物气体可填充玻璃平板之间的间隙，以助于增强隔音效果。双面隔热空气层玻璃的额定厚度为 25mm，其中玻璃厚度为 6mm，空气间层厚度为 13mm。

圈内的数字代表玻璃表面的数目，从外表面“1”开始

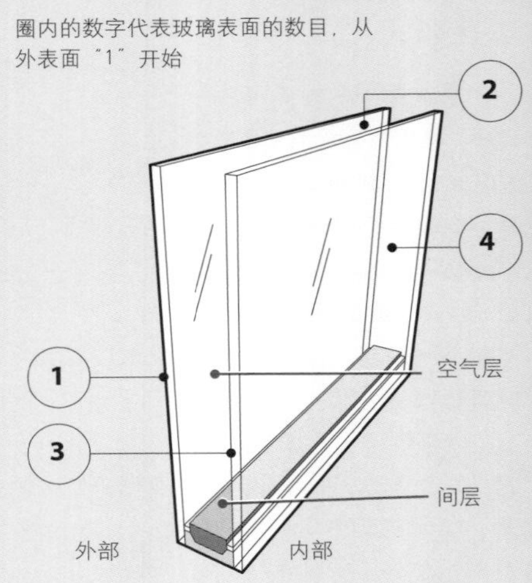

反射玻璃：将最初的浮法玻璃（有色的或是无色的）镀以金属或是金属氧化物镀膜，用以减少太阳光的辐射。外镀膜同样起到了镜子的作用，像在室外装了一片镜子。遮阳系数取决于镀膜的密度，系数大致在 0.31 ~ 0.70 之间。

低辐射玻璃：低辐射玻璃是一种无色且镀有微金属氧化物的浮法玻璃，通过压制热辐射流和短波辐射来阻隔重新获得的热量，以此降低导热系数。但同时，它又不影响光线的传导，低辐射以及热量的交换。总体说来，低辐射玻璃可以被切割、辊压或进行高温处理。它可以在软镀（真空或是阴极真空喷镀）或是硬镀（高温分解）模式下生产。

有色玻璃：在玻璃液中掺入化学成分混合就可以生产出多种颜色的玻璃。可见光的透射取决于光的颜色。透射率等级从深颜色的 14% 到浅颜色的 75% 不等（无色玻璃的透射率大致在 85%）。遮阳系数从 0.50 到 0.75 不等，这意味着它们能透射 50% ~ 75% 的太阳光能量，相当于双面无色玻璃的透射量。

着色剂	玻璃颜色
镉化物	黄色
碳和硫	褐色，琥珀色
铈	黄色
铬	绿色，粉红色，黄色
钴	蓝色，绿色，粉红色
铜	蓝色，绿色，红色
铁	蓝色，褐色，绿色
锰	紫色
镍	紫色，黄色
硒	粉红色，红色
钛	褐色，粉红色
钒	蓝色，灰色，绿色

安全玻璃

钢化玻璃：在大约 1200°C 的温度下，玻璃液重新加热之前，被切割并裁边的锻造玻璃。如果要使玻璃迅速冷却，要确保对其充分锻炼。这种玻璃的强度是锻造玻璃的 4 倍。当钢化玻璃破碎时，变成小的圆角晶状颗粒，而不是尖碎片。如果缓慢冷却，这种玻璃的强度能达到锻造玻璃的 2 倍，而且破碎后成线形，并留于窗框内不散落出来。这种减速生产过程造价也不是很贵。钢化玻璃是理想的落地玻璃门、展览墙以及风荷载大和高温作业下的选用材料。

化学钢化玻璃：玻璃表面镀以化学溶液，以生产出高机械承载力性能的玻璃。与钢化玻璃的性能相类似。

夹层玻璃：两片平板玻璃之间夹有有机塑料或树脂。夹层通过高温高压粘合在一起。当玻璃破碎后，夹层能够将碎片集合在一起，适用于天花板，楼梯扶手和商店橱窗。安全玻璃（防弹玻璃）是由多层玻璃和乙烯基制成的，很厚。

夹丝玻璃：通过金属辊轮挤压，将金属丝嵌入半熔的玻璃内。由于夹丝玻璃破碎时整体完整，经常用于防火门或是防火墙上。

特殊玻璃和装饰性玻璃

光电玻璃：在玻璃板之间的特殊树脂中嵌入太阳能电池，每一块电池都与其他电池相连通，以此将太阳能转化成为电能。

防 X 射线玻璃：主要用于医疗或是其它有放射性物质的房间内。防 X 射线玻璃含有充足的能够减少电离子辐射的重金属。防 X 射线玻璃可制成薄片，用于单面或是双面发光的部位。

电热性玻璃：在两片或是多片玻璃中嵌入聚乙烯醇胶片，导电丝将玻璃加热。适用于特别潮湿或是室内外温差极大的地方。

自洁性玻璃：浮法玻璃外表面镀以光催化剂，以此用紫外线去除表面的有机污物。自身的亲水性同样使得雨水能够从玻璃表面自上流下，清除脏物。

釉面／丝网印刷玻璃：在加温或是退火之前，将含有特殊矿物质的颜料附着于玻璃表面，可生产出适合于装饰用途的多种式样玻璃。釉面玻璃也可用于太阳射线的传导。

喷砂玻璃：将细砂以高速喷在玻璃表面就形成了半透明的玻璃表面。装饰式样和深度及透明度的变化取决于喷砂的力量和砂子的类型。

蚀刻玻璃：普通玻璃的一侧是蚀刻的，比喷砂玻璃表面更加光滑。

减反射玻璃：在浮法玻璃表面镀以反射膜，用以反射少量的太阳光。

第五部分

材料的特性

在设计过程中，建筑师经常采用泡沫板模型作为快速认识和研究空间的方法。泡沫板模型（通常是白色的）在质地和色彩上是中性的，因为它没有纹理。通常地，在最终选定建筑材料之前，就会出现一个简单的泡沫板模型。除了建筑预算方面的考虑，还有多种因素影响着建筑结构外皮精修材料的选择。有些材料在一定的区域内有比较稳定的实用性，或是在当地建筑行业中更适合特殊的建构。另外一些材料则需使用较长的时间。但对于一些工程项目，因受时间因素制约，这些材料未被采用。同样，不同的气候对材料也有不同的要求，而且建筑的计划、建筑的大小以及相应的规范要求也作用于材料的适合度与建造方法。

以下列出了在许多建筑中经常使用的材料的基本示例。限于篇幅不能介绍更多的新型材料，但是，随着建筑实践投资的增加以及环境问题的考虑，建筑师们正寄希望于非标准的建筑材料（织物、塑料和气凝胶）或对常见产品的非常规使用（混凝土屋顶瓦、聚丙烯玻璃块以及回收的羊毛纤维等）。

第 20 章　木材

质量轻及粗壮耐用的特性，使得木材成为理想的建筑材料，并有多种用途。木材分为两种主要类型：硬木和软木，不需要注明相对硬度、软度、强度以及耐久性。

常用词汇表

木料尺（Board foot）：衡量木料体量的单位。

书夹形（Book-matched）：厚木锯成薄片形成的样式，锯开的两片象一本打开的书；可以沿着两木片的边缘将其胶结，这时的两片薄木的木纹是对称的。

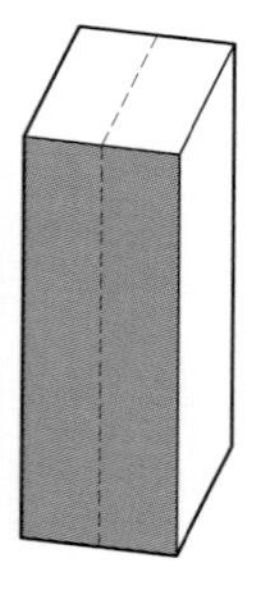

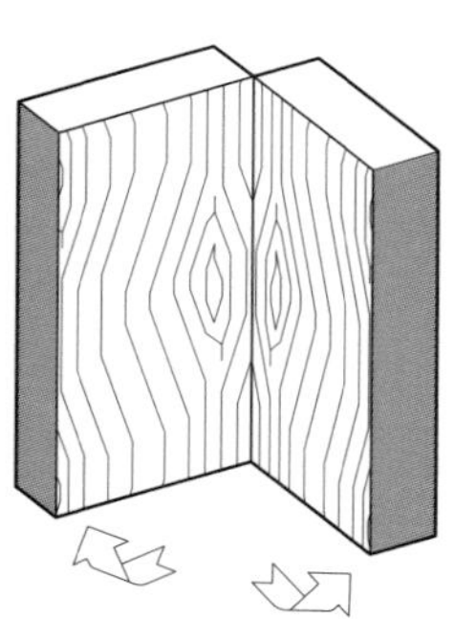

树节（Burl）：由于树的不规则生长而产生的树瘤。

嵌花木纹（Cathedral grain）：木板长度方向上的 V 型纹理。

槽口（Check）：在木材干燥过程中由于拉伸或是压力产生的开口。

尺寸稳定性（形稳性）（Dimension stability）：木片能够抵挡反复潮气的性能。尺寸稳定性差的木材在潮湿的环境中稳定性差。

早期成材／晚期成材（Early growth/Late growth）：在气候变化不大的区域，树木的成材是持续增长的且在质地上变化很小；在季节性的气候条件下，木头的成材是依据气候的不同分成不同等级的。这也造成了木材的颜色和质地的变化。

年轮（Figure）：木芯表面的样式。由木材的射髓和不规则的木纹形成。

小提琴状

旋涡

鸟眼形

丁形

木纹（Grain）：木片表面的木纤维的大小和排列方式。

树胶槽（Gum pocket）：在木材一定部位因集中过多的树脂或树胶而形成的。

硬度（Hardness）：木材的抗刻痕的能力。

硬木（Hardwood）：由落叶木（即在冬季叶子脱落的树木）形成的木材。

（木料）心材（Heartwood）：木材中最内部和最硬的一层。通常这层相比白木质而言，具有颜色暗、密实、良好的耐久性和低渗透性。好的全是心材的原木是很难得到的，这取决于木材的种类。通常木材都是由心材和白木质组成的。

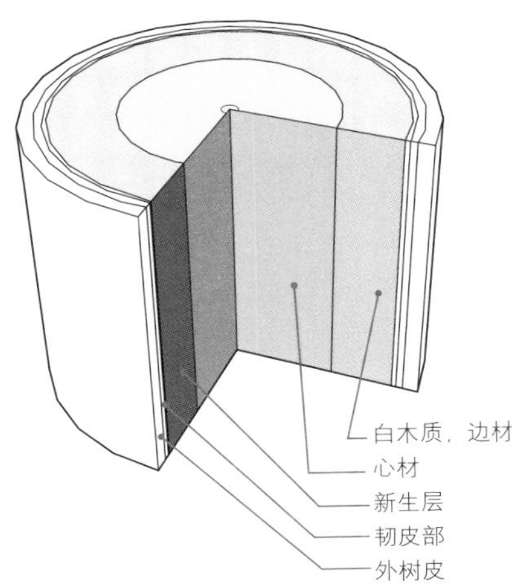

硬度测试（Janka hardness test）：将直径为 11mm 的钢球伸入木片一半的深度，对木材进行的硬度测试。

湿气含量（Moisture content）：木材中的水分含量。

形变性（Movement in performance）：参见尺寸稳定性。

平锯木（Plainsawn）：将原木的皮层和内心以小于 30 度的角度锯片形成的木料。

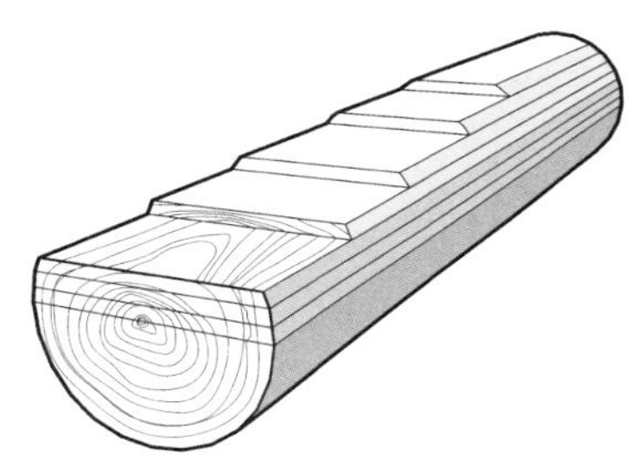

胶合板（Plywood）：由数层单板黏结成的木板。每层的木纹都和上层木纹垂直相交。胶合板通常采用奇数层。

受压木材（Pressure-treated lumber）：经过化学防腐剂处理过的，能够有效防止腐烂和虫蛀的木材。在压力作用下，防腐剂渗透到木材结构的内部。

四开木材（Quartersawn）：将原木的皮层和内心以 60 度到 90 度之间的角度锯片形成的木料。

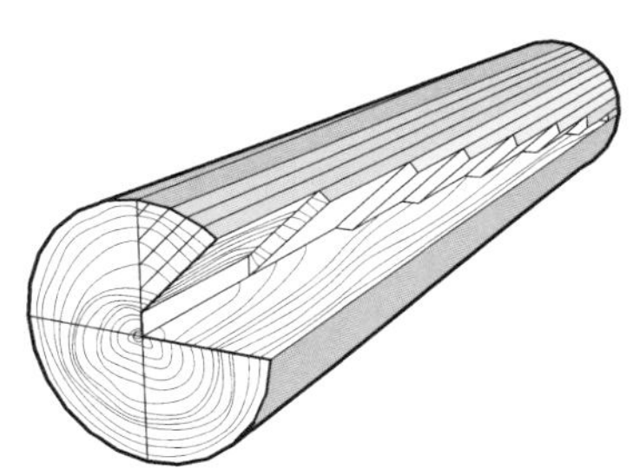

四开木材（Riftsawn）：将原木的皮层和内心以 30 度到 60 度之间的角度锯片形成的木料。

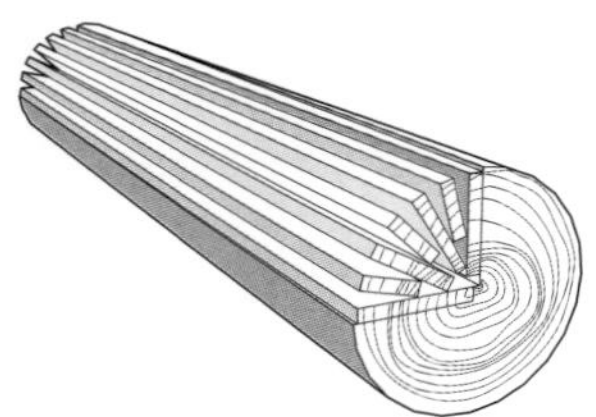

白木质（Sapwood）：在树皮和新生层之间树木的外层。与心材相比，颜色较浅、耐久性差、不密实以及更加易于渗透。白木质随着时间的增长颜色变暗形成心材。心材和白木质一起构成了树木的木质部。

软木（Softwood）：由针叶树木形成的木材。

劈开（Split）：将木质纤维一层一层裂开，经常在板的尾部进行。

着色剂（Stain）：用于改变木材颜色的物质。

直木纹（Straight grain）：木纤维的纹理与原木长度中心线平行的木纹。

壁骨（Stud）：用于承担荷载的木材，也可作为墙筋使用。

质地（Texture）：描述木材纤维的大小与分布：粗糙，一般或是平滑。

扭曲（Warp）：在木材刨平后对其进行的拉弧和干缩翘曲，经常在干燥过程中进行。

软木木材

木材类型

粗木料

锯过、修整过及边角的木料，表面粗糙而且有标记。

刨光木料

用刨子将粗木料表面刨光。

S1S: 一面刨光
S1E: 一棱刨光
S2S: 二面刨光
S2E: 二棱刨光
S1S1E: 一面一棱刨光
S1S2E: 一面二棱刨光
S2S1E: 二面一棱刨光
S4S: 四面刨光

加工木料：将刨光的木料均整、样式化、搭叠或是几种的结合。

工厂加工木料：工厂加工木料主要用于门侧框、线脚和窗框。

构造木料：用于房屋构架、混凝土支模和夹衬板。

单木板：小于25mm厚，100mm～300mm宽的木料

厚木板：超过 25mm 厚，150mm 宽的木料

原木：宽与厚均大于 130mm 的木料

软木料尺寸

规格尺寸	实际尺寸（干木材）(mm)	实际尺寸（绿木材）(mm)
1	19	20
1 1/4	25	26
1 1/2	32	33
2	38	40
2 1/2	51	52
3	64	65
3 1/2	76	78
4	89	90
4 1/2	102	103
5	114	117
6	140	143
7	165	168
8	184	190
9	210	216
10	235	241
11	260	267
12	286	292
14	337	343
16	387	394

干木材是指湿气含量小于 19% 的木材

绿木材是指湿气含量超过 19% 的木材

软木木材等级的评定是依据木材表面强度和刚度确定的。木材等级标准要涉及到强度分析和视觉分析，在给定的等级标准下允许有 5% 的浮动。

木料尺

大多数木料是按照木料尺衡量出售的。计算方法如下：

$$\frac{\text{厚度} \times \text{表面宽度} \times \text{长度}}{144}$$

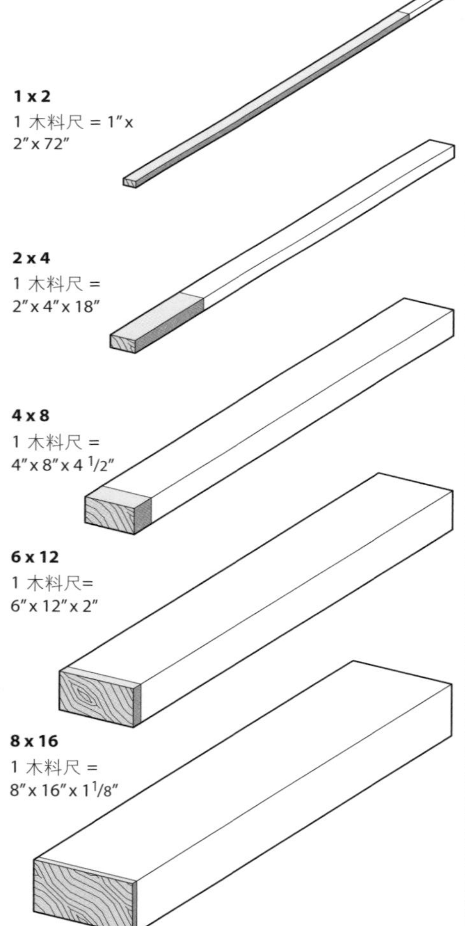

硬木

硬木等级

一等和二等(FAS)：等级最高的木料。通常是天然的或是用调色剂喷漆.木板至少6″宽，8′～16′长，最差表面的无瑕率不低于83.3%。

正常等级NO.1：最差表面的木板宽至少3″，长至少4′～16′，无瑕率为66.66%.

正常等级 NO.2

正常等级 NO.3

硬木木料厚度

四开	大致尺寸	一侧刨光	两侧刨光
	10	6	5
	13	10	8
	16	13	11
	19	16	14
4/4	25	22	21
5/4	32	29	27
6/4	38	35	33
8/4	51	46	44
12/4	76	71	70
16/4	102	97	95

*硬木厚度常用 *"quarters:"* 计：
= 4/4 = 1″(25), 6/4 = 1 1/2″(38)，诸如此类。

层压木料

层压木料也称之为胶合叠合板，是工程设计带有压力等级的结构构件。由几层木板通过高压粘合剂粘结在一起。采用几种等级的木料，在压力大的部位采用等级高的木料，压力小的部位采用等级低的木料。因为层压木料是由工厂加工生产设计的，所以在尺寸上比实心木料更加稳定。

楼板梁跨度

跨度	间距	梁的尺寸
mm	mm	mm
3 658	1 829	79 x 229
	2 438	79 x 267
	3 048	79 x 267
	3 658	79 x 305
4 877	2 438	79 x 343
	3 658	79 x 381
	4 267	79 x 381
	4 877	79 x 381
6 096	2 438	79 x 419
	3 658	130 x 381
	4 877	130 x 457
	6 096	130 x 457
7 315	2 438	130 x 495
	3 658	130 x 533
	4 877	130 x 610
	6 096	130 x 648
8 534	2 438	130 x 495
	3 658	130 x 533
	4 877	130 x 610
	6 096	130 x 648
9 754	2 438	130 x 533
	3 658	130 x 610
	4 877	130 x 686
	6 096	171 x 686
12 192	3 658	171 x 724
	4 877	171 x 800
	6 096	171 x 838
	7 315	171 x 914

承载力等于50磅/平方英尺

胶合板

胶合板的质量等级取决于板前部和后部饰面板的质量．饰面板的等级的划分依据是天然未修整所形成的表面特征、尺寸大小以及在生产过程中修整的次数．

	饰面板的等级
N	特殊程序制作的优质板。所有心材或边材都有平滑的表面，没有明显的瑕疵。不超过 6 次的修整。
A	表面平滑且可以喷漆。可用于船、滑板等的修缮。也可应用于天然精修的部位。
B	实心表面，可带有垫片、圆形修复孔和交叉木纹，包紧树节的大小不超过 25mm，带有微小的裂纹也是可以的。
C 楔形块	C 型饰面板的改进型板，带有的裂纹不超过 3.5mm 宽，节疤和钻眼孔最大为 7mm × 12mm，带有一些破碎的木纹是可以的，合成的修复也是可以的。
C	包紧树节和节疤最大为 38mm，可以是合成的或是修复的木材。如果不影响强度和裂度，也允许有无色沙粒状瑕疵。是一种等级比较低的室外装修材料板。
D	节疤最大不超过 65mm，用于等级不高的室内装修。

胶合板基本构造

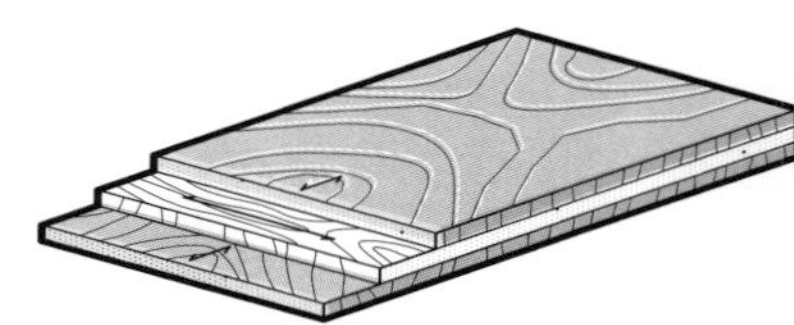

3层（3层板）

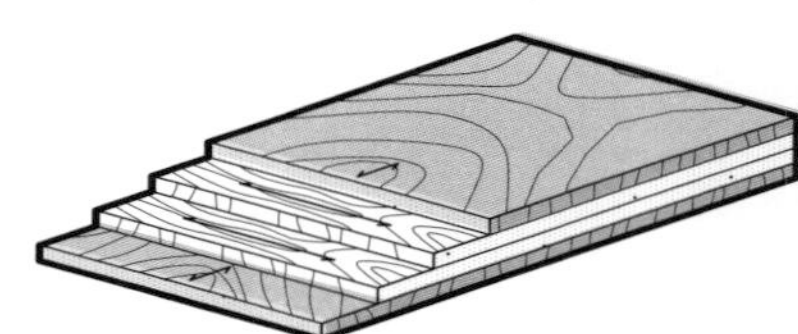

3层（4层板）

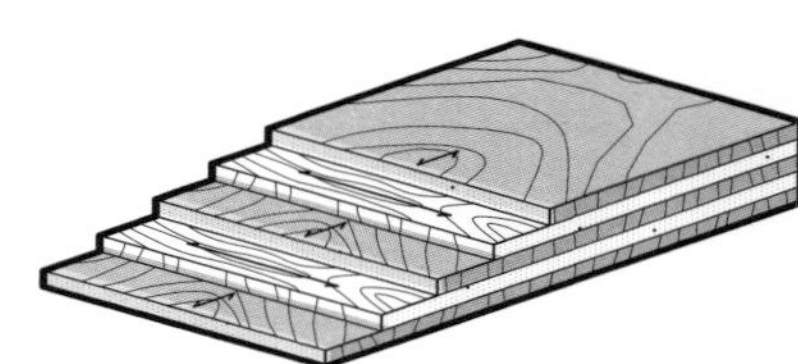

5层（5层板）

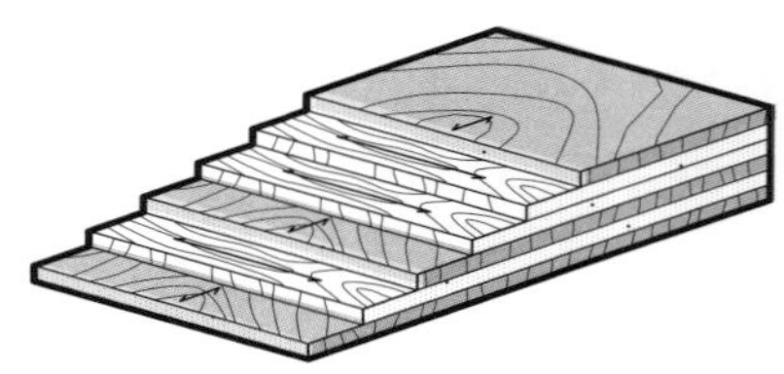

5层（6层板）

胶合板分类

基于在弯曲度和刚性方面的弹性，将胶合板分为五类。以下图表中显示的是饰面板前面板的木材分类。如果前后等级不同的话，一般采用等级高的。

硬度最强 → 硬度最差

1组	2组	3组	4组	5组
阿必通木	杉木	赤杨木（红色）	白杨木	椴木
山毛榉	丝柏木	桦木	卡蒂沃木	白杨木
桦木	冷杉木	杉木	杉木	
冷杉木	铁杉木	冷杉木	松木	
龙脑香樟木	柳安木	铁杉木		
龙脑香木	枫木	松木		
落叶松木	岷库琅木	红木		
枫木	红美兰地木	云杉		
松木	桂兰木			
棕褐色橡木	松木			
	白杨木			
	云杉			
	美洲落叶松木			

耐久性

室外：需要全面防水胶结，最低为C等级的饰面板

饰面1：需要全面防水胶结，最低为D等级的饰面板

饰面2：中等防潮性能的胶结即可，用于湿气较大的部位

室内：有室内防护效果即可

木材类型及特性

种类	硬度	主要细杆用途	颜色	精修		最大尺寸		
				上色	透明度	厚度	宽度	长度
槐木 白色	H	修边，细木加工	米色到 浅褐色	n/a	优	38 mm	191 mm	3 658 mm
椴木	S	装饰线脚， 雕刻品	米白色	优	优	38 mm	191 mm	3 048 mm
山毛榉	H	半露的细木 加工部位	白色到 红褐色	优	良	38 mm	191 mm	3 658 mm
桦木 黄色，天然色	H	修边，镶板， 细木加工	白色到 深红色	优	良	38 mm	191 mm	3 658 mm
桦木 黄色，精选红	H	修边，镶板， 细木加工	深红色	n/a	优	38 mm	140 mm	3 353 mm
白脱乃特 （白胡桃的一种）	M	修边，镶板， 细木加工	灰褐色	n/a	优	38 mm	140 mm	2 438 mm
杉木 西方红	S	修边，室内外 镶板	红褐 接近白色	n/a	良	83 mm	280 mm	4 877 mm
樱桃木 美国黑	H	修边，镶板， 细木加工	红褐色	n/a	优	38 mm	140 mm	2 134 mm
栗木 螺旋纹	M	修边，镶板	灰褐色	n/a	优	19 mm	191 mm	3 048 mm
柏木 黄色	M	修边，门窗框， 特制边	黄褐色	良	良	64 mm	241 mm	4 877 mm
冷杉木，道格拉斯 平纹	M	修边，门窗框， 镶板	红棕褐色	中	中	83 mm	280 mm	4 877 mm
冷杉木，道格拉斯 竖纹	M	修边，门窗框， 镶板	红棕褐色	良	良	38 mm	280 mm	4 877 mm
桃花心木 非洲，径切四开	M	修边，门窗框， 镶板，细木加工	红褐色	n/a	优	64 mm	191 mm	4 572 mm
桃花心木 洪都拉斯	M	修边，门窗框， 镶板，细木加工	金褐色	n/a	优	64 mm	280 mm	4 572 mm
枫木 天然硬	VH	修边，镶板， 细木加工	白色到 红褐色	优	良	89 mm	241 mm	3 658 mm
枫木 天然软	M	修边，半露， 细木加工部位	白色到 红褐色	优	n/a	83 mm	241 mm	3 658 mm
橡木 英格兰褐	H	镶板， 细木加工	皮革褐色	n/a	优	38 mm	140 mm	2 438 mm
橡木 红色，平锯木材	H	修边，镶板， 细木加工	红棕色 到褐色	n/a	优	38 mm	184 mm	3 658 mm

种类	硬度	主要细杆用途	颜色	精修		最大尺寸		
				上色	透明度	厚度	宽度	长度
橡木 红色，长纹板	H	修边，镶板， 细木加工	红棕褐色 到褐色	n/a	优	27 mm	140 mm	3 048 mm
橡木 白色，平锯木材	H	修边，镶板， 细木加工	灰棕褐色	n/a	优	38 mm	140 mm	3 048 mm
橡木 白色，长纹板	H	修边，镶板， 细木加工	灰棕褐色	n/a	优	19 mm	114 mm	3 048 mm
橡木 白色，径切四开	H	修边，镶板， 细木加工	灰棕褐色	n/a	优	19 mm	114 mm	3 048 mm
山核桃木	H	修边，镶板， 细木加工	红褐色 /褐色	n/a	良	38 mm	140 mm	3 658 mm
松木 东部	S	修边，门窗框， 镶板，细木加工	米白色 到粉红色	良	良	38 mm	241 mm	4 267 mm
松木 含糖	S	修边，门窗框， 镶板，细木加工	米白色	良	良	38 mm	241 mm	4 267 mm
松木 重	S	修边，门窗框， 镶板，细木加工	白色到 土黄色	良	良	38 mm	241 mm	4 877 mm
松木，南部 黄色，叶片短	S	修边，门窗框， 镶板，细木加工	白色到 土黄色	中	良	38 mm	191 mm	4 877 mm
白杨木 黄色	M	修边，镶板， 细木加工	白色到褐色	优	良	64 mm	191 mm	3 658 mm
红木 平纹	S	修边，门窗框， 镶板	深红色	良	良	64 mm	280 mm	4 877 mm
红木 竖纹	S	修边，门窗框， 镶板	深红色	优	优	64 mm	280 mm	4 877 mm
花梨木 巴西产	VH	镶面板， 细木加工	杂红/ 褐色/黑色	n/a	优	-	-	-
云杉 西特喀杉	S	修边，门窗框	浅黄棕色	中	中	83 mm	241 mm	4 877 mm
柚木	H	修边，镶板， 细木加工	茶黄色 到深褐色	n/a	优	38 mm	191 mm	3 048 mm
核桃木 美国黑	H	修边，镶板， 细木加工	巧克力 褐色	n/a	优	38 mm	114 mm	1 829 mm
条纹木料 非洲，径切四开	H	修边，镶板， 细木加工	深褐色底 金色条纹	n/a	优	38 mm	229 mm	4 877 mm

S=软; M=中等; H=硬; VH=非常硬; n/a=不常用
木材表面处理:喷漆透明

木材示例

槐木　白色　*Fraxinus Americana*

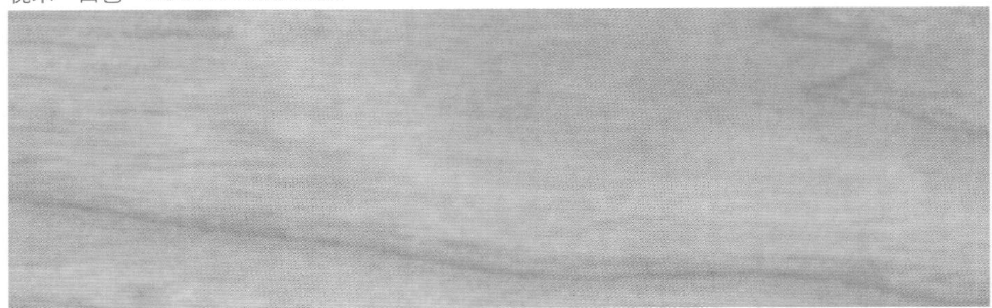

桦木　*Betula alleghaniensis*

白脱乃特（白胡桃的一种）　*Juglans cinerea*

杉木 western red　*Thuja plicata*

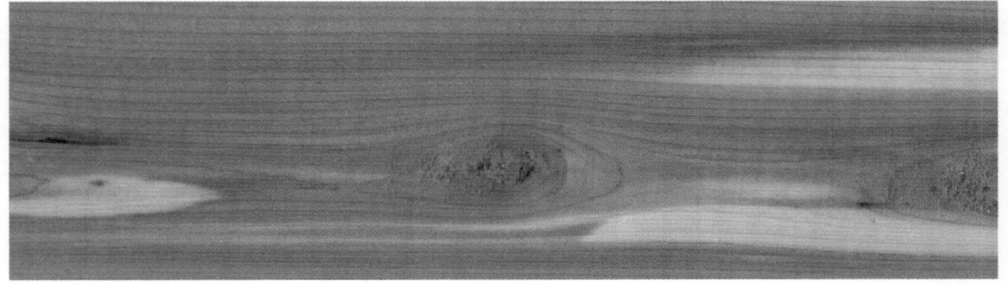

栗木　*Castanea dentate*

桃花心木　Honduras　*Sweitenia macrophylla*

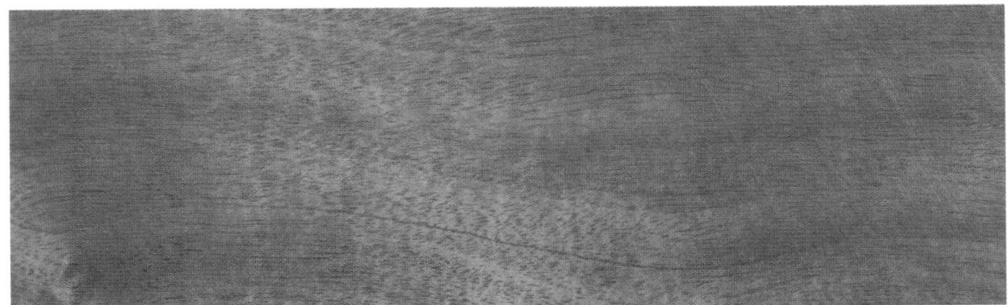

枫木　*Acer saccharum*

橡木 English brown　*Quercus robur*

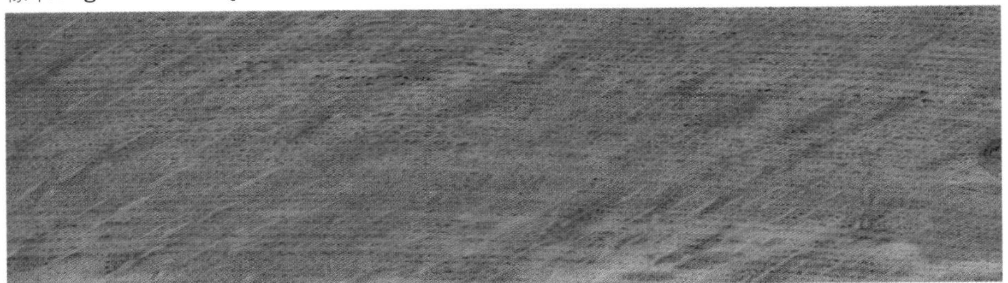

橡木 红色 *Quercus rubra*

橡木 白色 *Quercus alba*

山核桃树 *Carya species*

松木 eastern or northern white *Pinus strobes*

花梨木　*Dalbergia nigra*

柚木　*Tectona grandis*

核桃木　*Juglans*

条纹木料　*Brachystegea fleuryana*

细木工

边缘接头

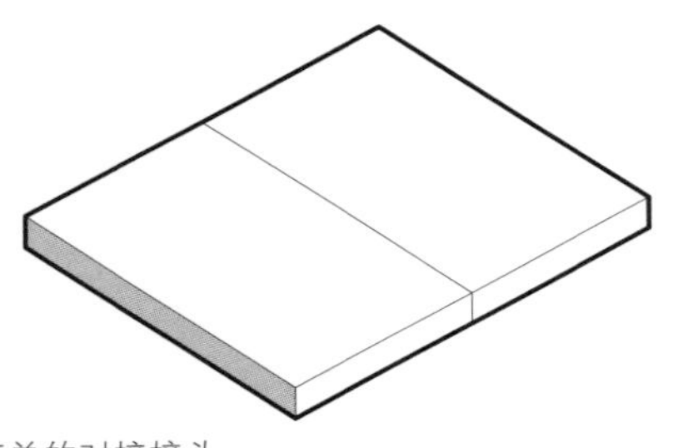

简单的对接接头

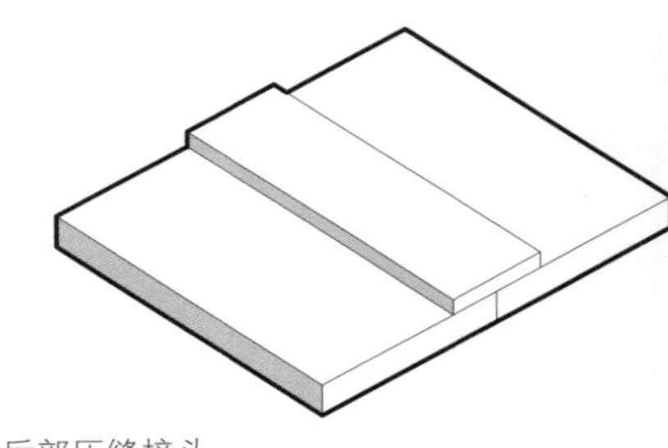

后部压缝接头

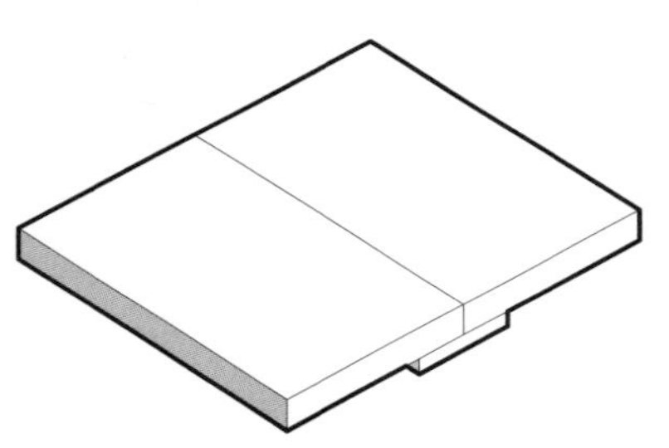

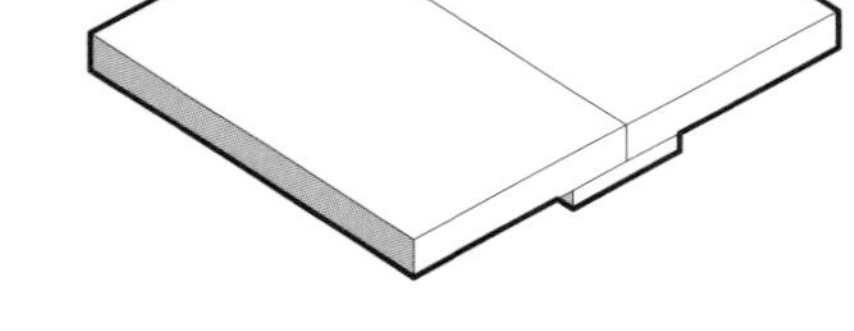

压缝接头

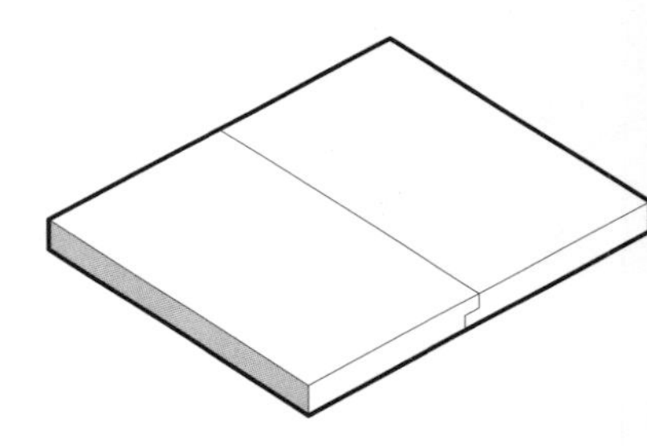

搭叠接头

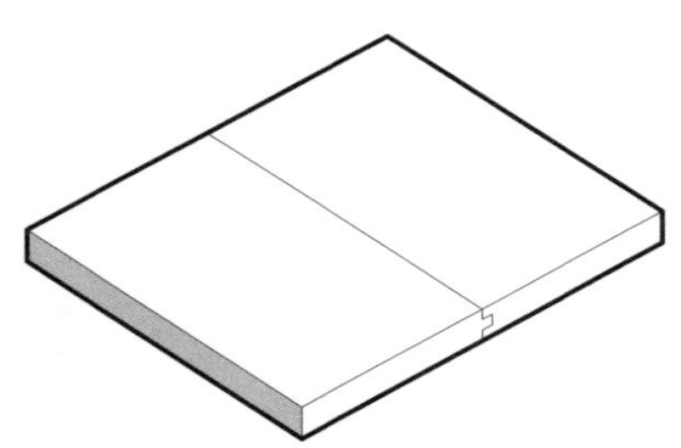

企口接合

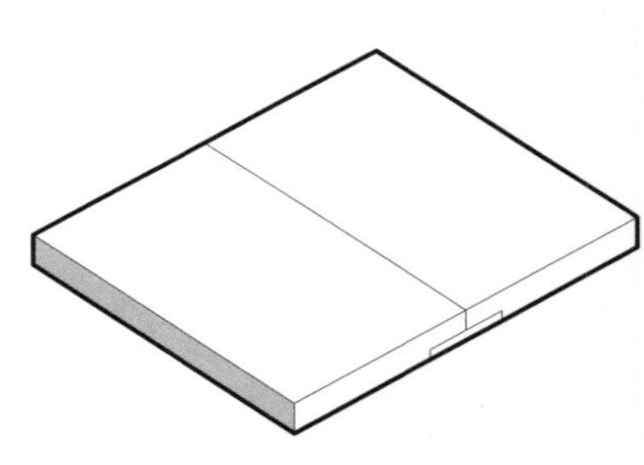

嵌条接合

端部接头

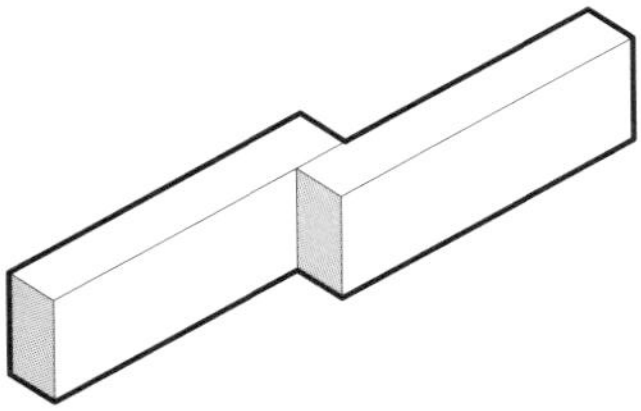

搭接接头

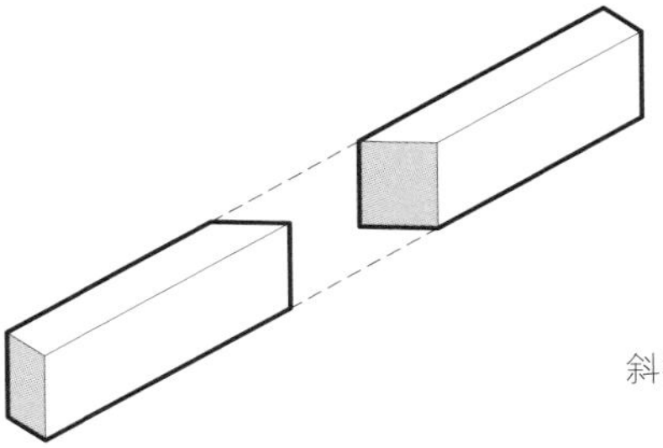

斜接

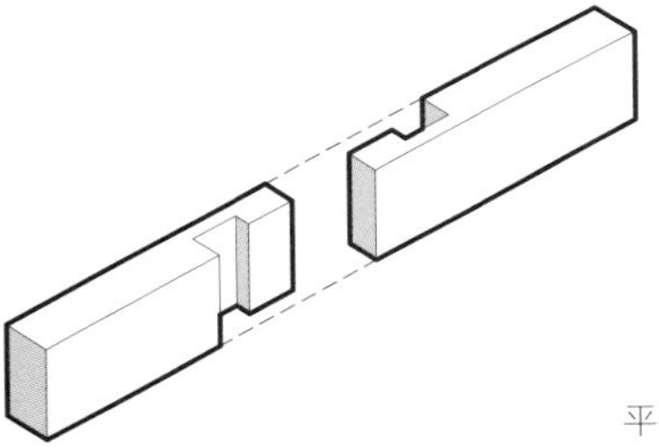

平头接合

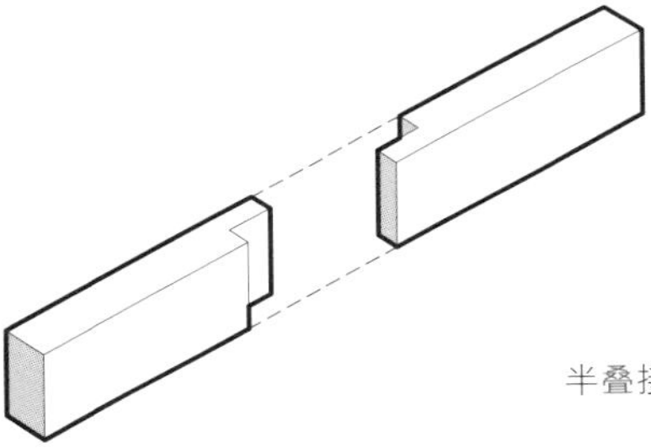

半叠接合

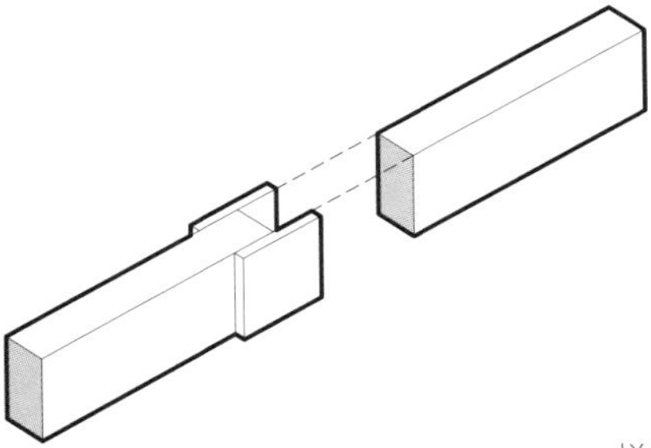

拼接

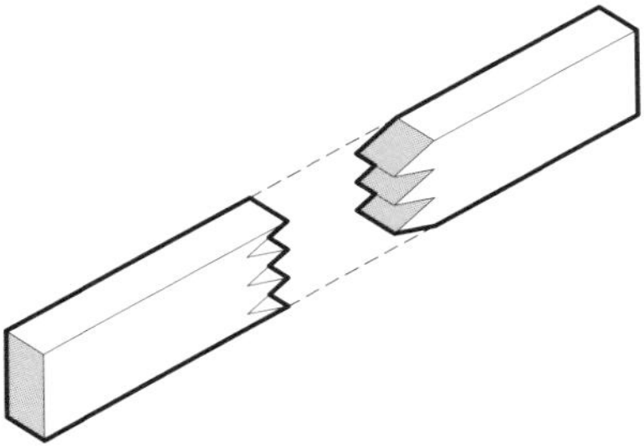

齿状接合

直角接合（米）

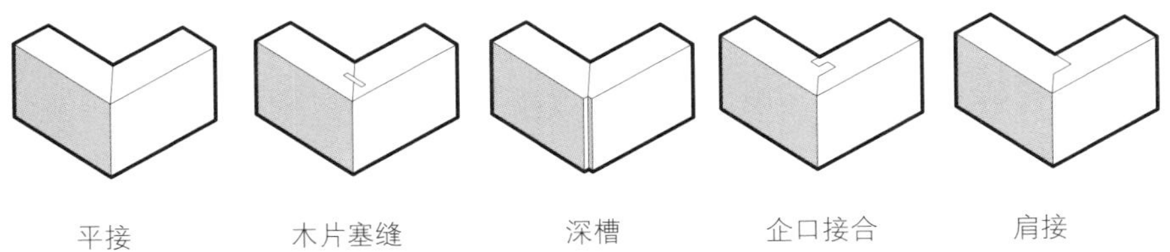

平接　木片塞缝　深槽　企口接合　肩接

直角接合

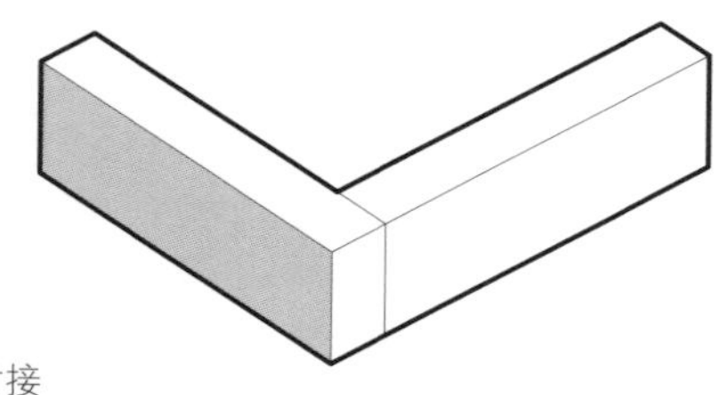

对接

直角接合（楔形榫）

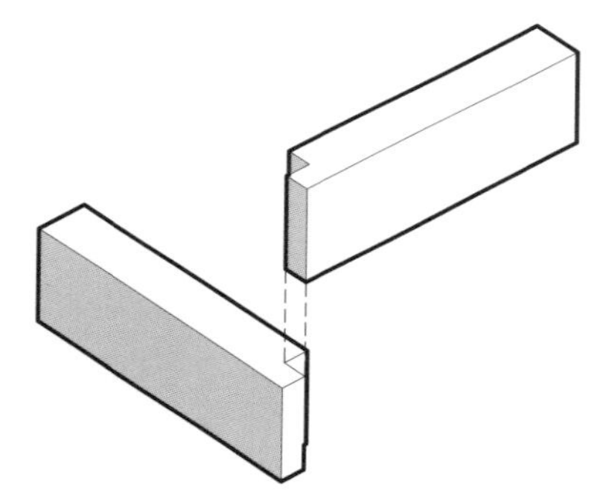

凹凸榫接

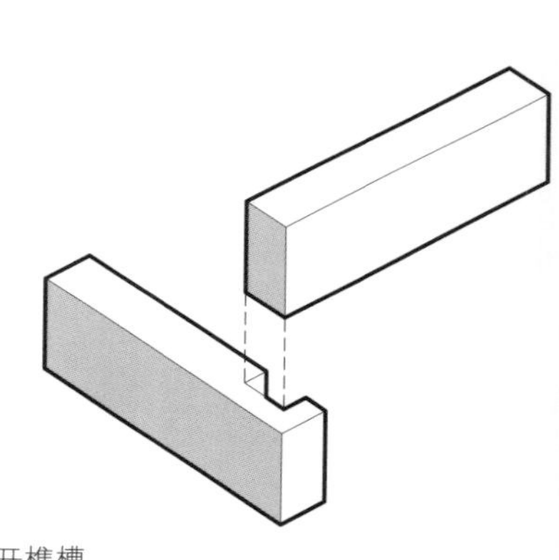

开榫槽

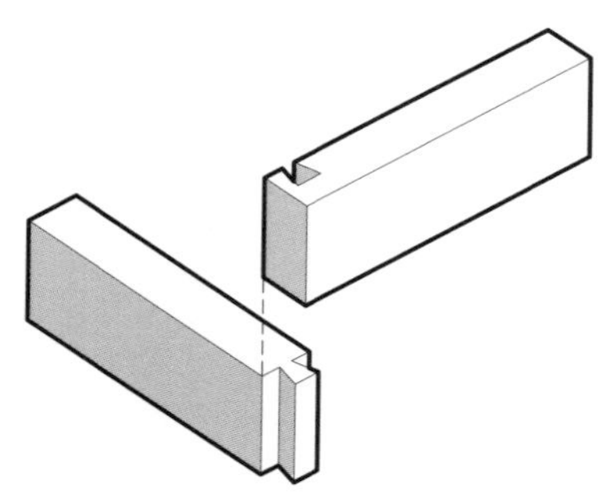

楔形开榫槽

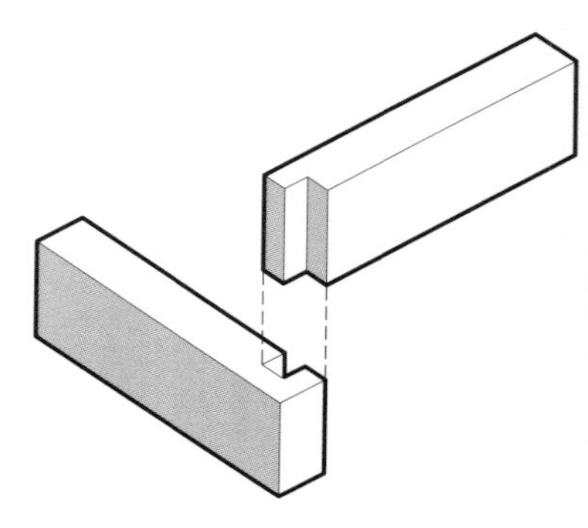

凹凸开榫槽

直角接合（雌雄榫）

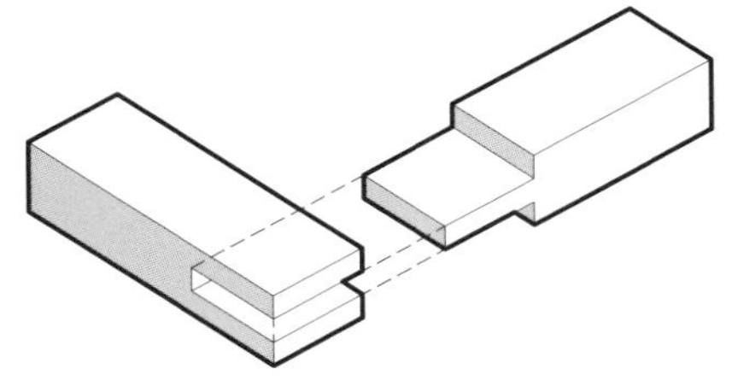

半开缝接合

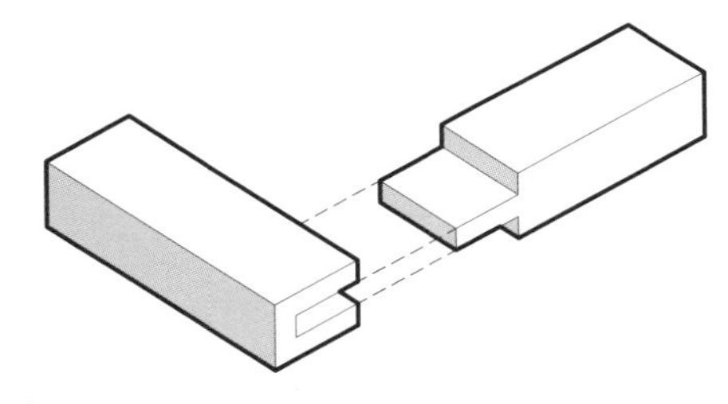

搭接

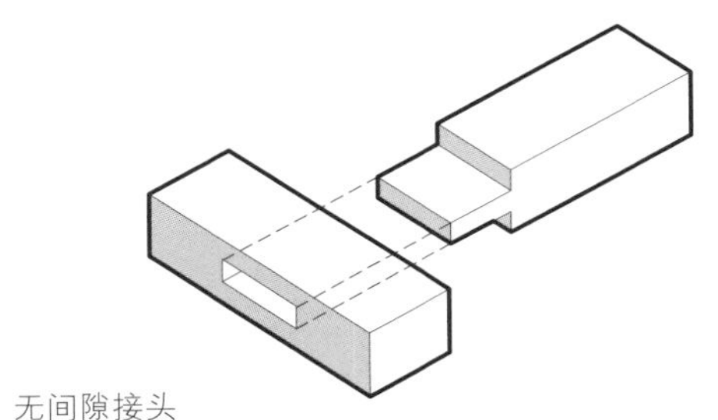

无间隙接头

直角接合（搭接）

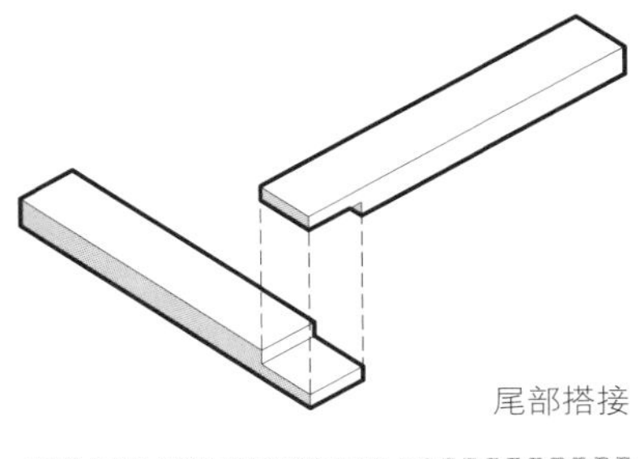

尾部搭接

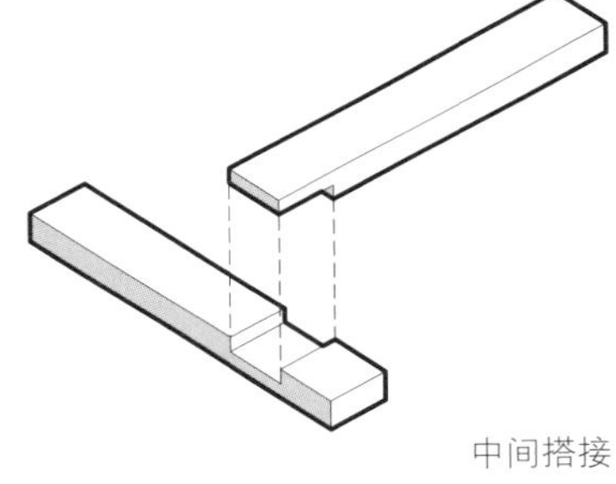

中间搭接

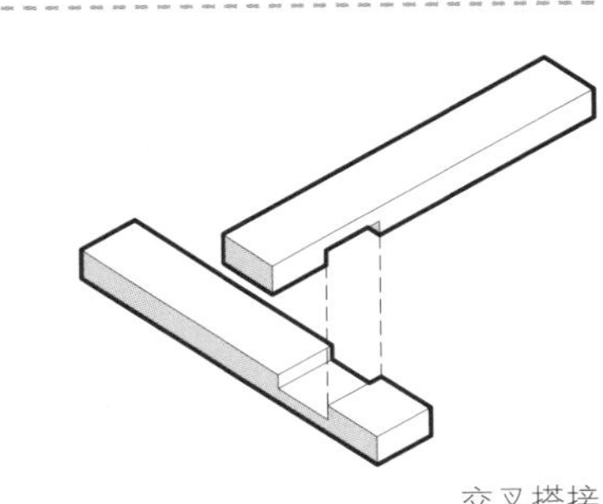

交叉搭接

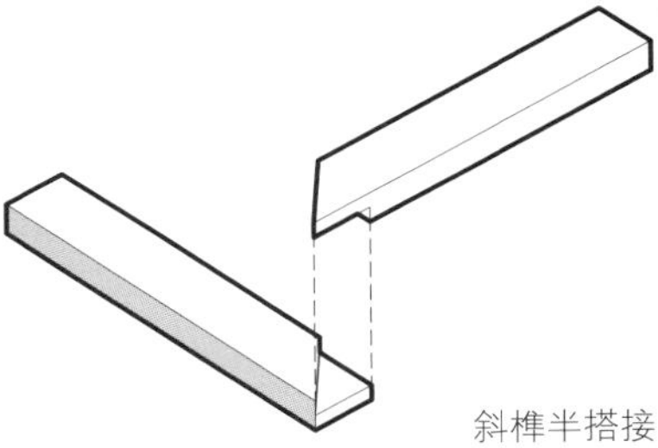

斜榫半搭接

第 21 章　砖石

砖石建筑的建造比过去更加快速、稳定，而且更加实用。但在基本建造法则上与古代相比仅有微小的变化。砖石建筑构件包括砖、石材和混凝土砌块，因为它们都是由泥土制成的，所以它们更适用于基础、路面和嵌入地下的墙体。大多数砖石的强度和耐久性都使得其适用于防火以及抗空气和水的侵蚀。

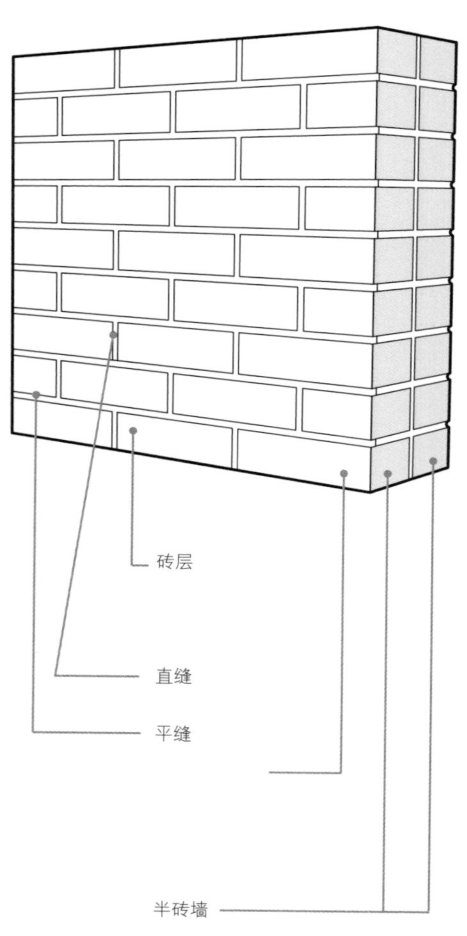

砖墙构析

砖块

小尺寸的砖块使其可做为墙体、楼板甚至是天花板的材料。砖的生产是在高温下烧制而成的，这样砖就有很好的耐火性。

砖的等级（楼体与墙面）

SW：易风化（在潮湿处）

MW：风化程度中等

NW：几乎不风化

砖的类型

FBS：主要用在室内和室外的裸露墙体部分，如果建筑无特殊处理，FBS 是最普通的选择类型。

FBX：主要用在室内和室外特殊用途的裸露墙体部分，即高标准的机械性能、小范围的色彩变化以及微小的尺寸调整。

FBA：主要用在室内和室外特殊用途的裸露墙体部分，即尺寸、大小、颜色和纹理上无统一要求。

砖块生产过程

开采与储藏：开采出足够的泥土并要有足够的原材料储存，以用于任何天气状况下生产的连续进行。泥土的三种主要类型是表层土、页岩和火烧土。

准备：泥土要进行压碎和研磨。

形成过程

硬泥形成法（挤压形成法）：将泥土与少量的水混合捣拌（即粗略混合），当混合物经过真空管道时，气泡从泥土中排除。然后由一个长方形模具挤压，再被送到切台上，在那由切块钢丝切成砖块。

软泥形成法（模压成形法）：将湿泥土压成长方形模子，水刮的砖块有平滑的表面；在长方形模子被填满之前将其浸入水中，沙刮后砖块表面会出现粗糙的质地。

干压法：泥土和少量的水混合，然后机压成模。这种做法要求泥土的粘性不高。

烘干过程：

成形的砖块模子置于低温室中，风干 1 ～ 2 天。

烧制过程：

将砖块模子置入周期性的作业窑中，进行烧制，冷却而后移走。在连续隧道式窑中，砖块通过导轨从隧道上经过，在那里，砖块模子在不同温度下烧制，最后湮没在火苗中。烧制过程要持续 40 到 150 个小时。

水雾化和脱水：从泥土中清除剩余的水分。

氧化和透明化：氧化温度为 982°C，透明化过程所需的温度为 1316°C。

烧化：调整火候以形成砖块的不同颜色。

尽管砖块的颜色取决于泥土的化学成分构成，但在高温下容易形成深色尺寸较小的砖块。可在烧制初期或进行特殊的额外烧制时对砖块进行上釉。

砖块单元

比较尺寸

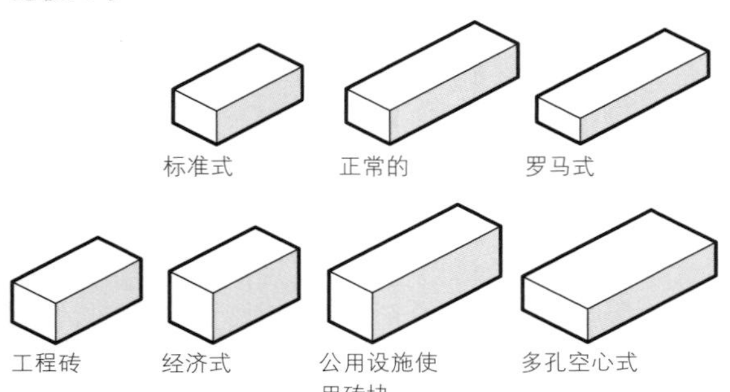

额定的砖块尺寸是依据砖块的实际尺寸与黏结它们的砂浆缝尺寸而得出的。

砂浆缝一般为10mm。

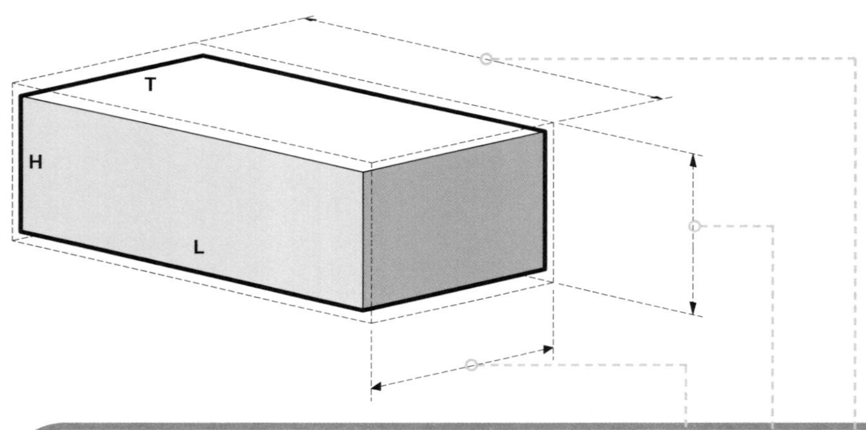

标准尺寸

单元类型	灰缝宽度 (mm)	砖块厚度 (mm)	砖块高度 (mm)	砖块长度 (mm)	竖直砖层 (mm)	额定厚度 (mm)	额定高度 (mm)	额定长度 (mm)
标准式	10 13	92 89	57 56	194 191	3C = 203	102	68	203
正常的	9.5 12.7	92 89	57 56	295 292	3C = 203	102	68	305
罗马式	9.5 12.7	92 89	41 38	295 292	2C = 102	102	51	305
工程砖	9.5 12.7	92 89	71 68	194 191	5C=406	102	81	203
经济式	9.5 12.7	92 89	92 89	194 191	1C =102	102	102	203
公用设施使用砖块	9.5 12.7	92 89	92 89	295 292	1C = 102	102	102	305
多孔空心式	12.7	140	54	292	3C = 203	152	68	305

常用砖块SI尺寸大小

额定高度x长度	垂直砖层(C)
50 x 300 mm	[2C = 100]
67 x 200 mm 67 x 300 mm	[3C = 200]
75 x 200 mm 75 x 300 mm	[4C = 300]
80 x 200 mm 80 x 300 mm	[5C = 400]
100 x 200 mm 100 x 300 mm 100 x 400 mm	[1C = 100]
133 x 200 mm 133 x 300 mm 133 x 400 mm	[3C = 400]
150 x 300 mm 150 x 400 mm	[2C = 300]
200 x 200 mm 200 x 300 mm 200 x 400 mm	[1C = 200]
300 x 300 mm	[1C = 300]

其他砖块尺寸

200 mm	(100 mm)
300 mm	(100 mm, 150 mm, 200 mm, 250 mm)
400 mm	(100 mm, 200 mm, 300 mm)

定位

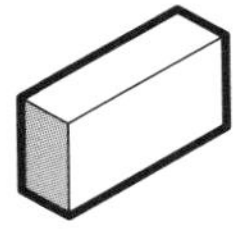
竖砌砖

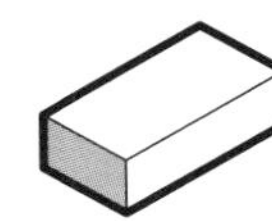
丁砖

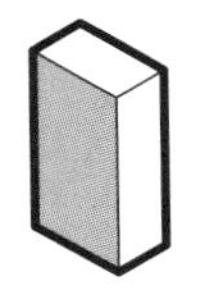
Sailor

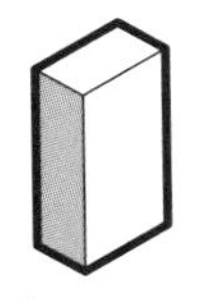
支护砖

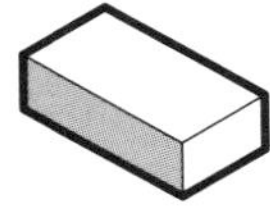
顺砖

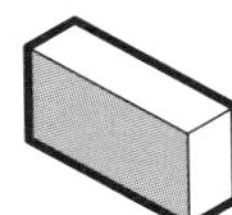
Shiner

砌合类型

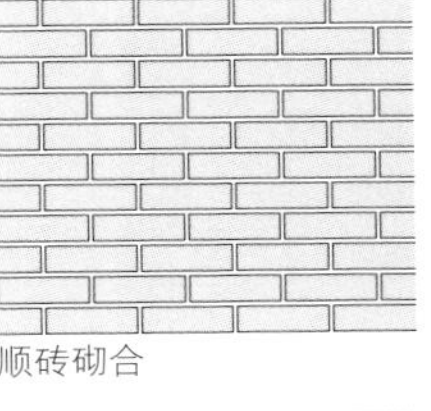
顺砖砌合

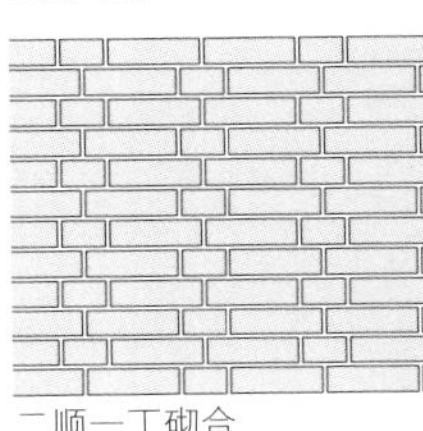
二顺一丁砌合

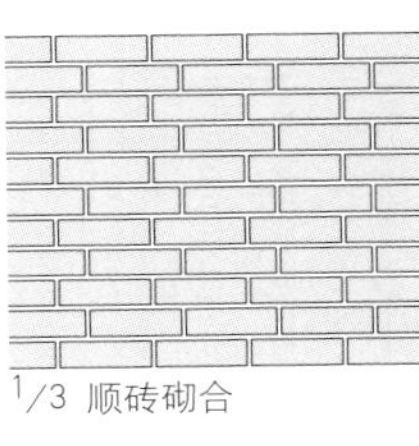
1/3 顺砖砌合

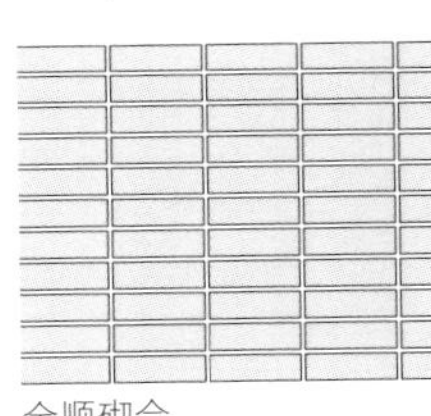
全顺砌合

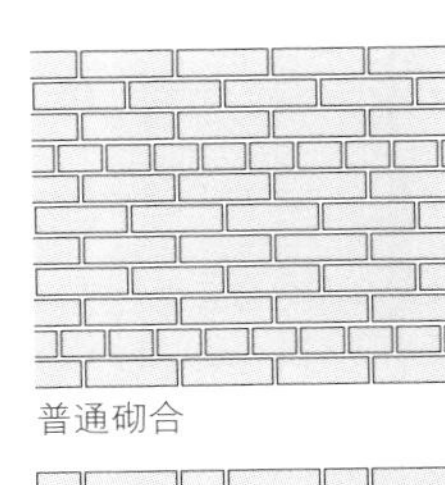
普通砌合

荷兰式砌合（每层丁顺砖交替砌合）

砖层

层数	
	2 845
42	
41	
40	
	2 642
39	
38	
37	
	2 438
36	
35	
34	
	2 235
33	
32	
31	
	2 032
30	
29	
28	
	1 829
27	
26	
25	
	1 626
24	
23	
22	
	1 422
21	
20	
19	
	1 219
18	
17	
16	
	1 016
15	
14	
13	
	813
12	
11	
10	
	610
9	
8	
7	
	406
6	
5	
4	
	203
3	
2	
1	

层数	
	5 690
84	
83	
82	
	5 486
81	
80	
79	
	5 283
78	
77	
76	
	5 080
75	
74	
73	
	4 877
72	
71	
70	
	4 674
69	
68	
67	
	4 470
66	
65	
64	
	4 267
63	
62	
61	
	4 064
60	
59	
58	
	3 861
57	
56	
55	
	3 658
54	
53	
52	
	3 454
51	
50	
49	
	3 251
48	
47	
46	
	3 048
45	
44	
43	
	2 845

砂浆

利用砂浆将砖块黏结在一起，并作为垫层将砌块表面的凹凸不平处抹平，同时也作为防水密封层。由普通水泥、熟石灰、骨料和水组成。以下是砂浆的四种类型：

M：高强度（砖块等级不高，用于防冻、侧面荷载大以及压力荷载大的部位）

S：中等高强度（砖块承载着普通压力荷载，但要求有较强的抗弯强度）

N：中强度（砖块等级需达标，大部分时候采用）

O：中低强度（非承重室内墙体部位）

砂浆接缝

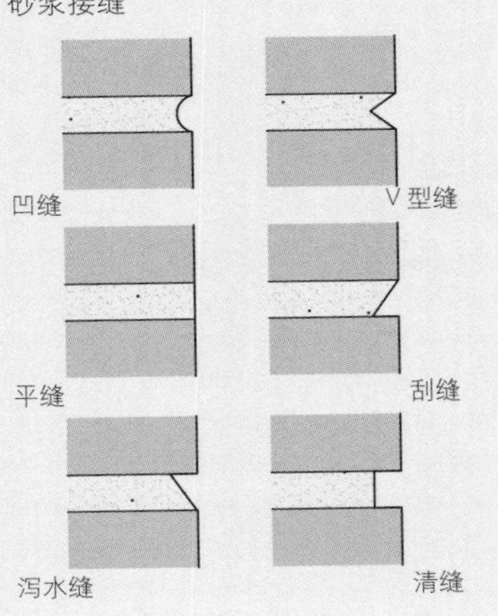

颜色

砖块有多种质地和样式。同时，砖块和砂浆也是有很多的颜色的。（特别是其中一种是易于生产的）。砖块与砂浆颜色的相互协调能起到不同的效果。例如，砂浆颜色与砖块颜色的匹配能够形成墙面的整体性。类似的，深色的砂浆能够使墙面整体上显得暗，浅颜色的砂浆则使墙面显得浅。等比例的样品模型能够有助于颜色的协调选择。

混凝土砌块

CMU（亦称为混凝土砌块）可作为砖块、大尺寸空心强力砖和大尺寸实心砌块使用。空心砖的内腔可以加入砂浆和钢筋，使其作为砖墙承重建筑中的承重部件，既可以单独使用又可以作为外包材料的支撑体。与砖块类似，混凝土砌块有额定的尺寸和与其相适应的灰缝宽度。

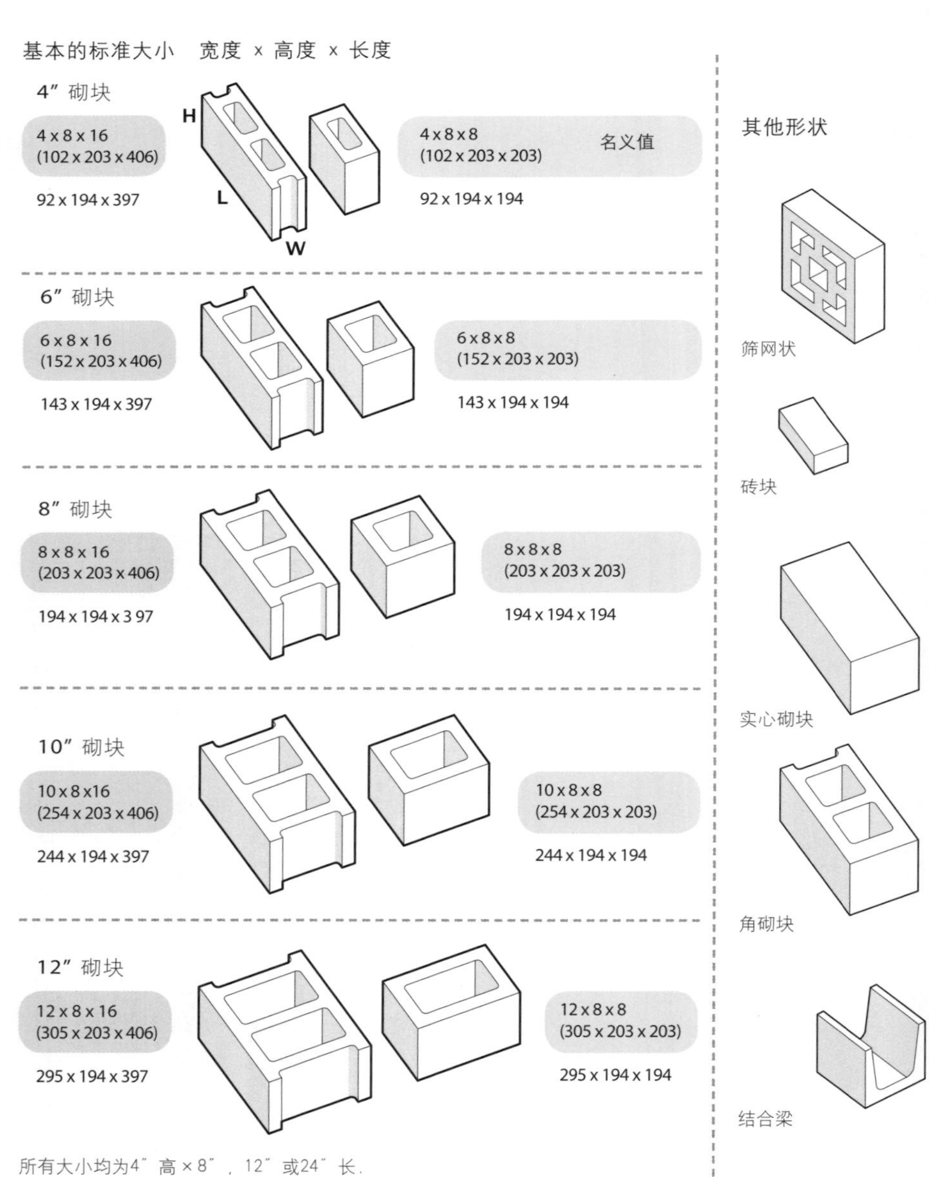

所有大小均为4″高 × 8″，12″或24″长.

混凝土砌块制作

混凝土砌块的制作是将干硬混凝土混合物置于模子中并振捣。湿的泥块从模子中清除，进行蒸气养护。

混凝土砌块的耐火等级取决于混凝土中的骨料和砌块的大小。

混凝土砌块等级

N：可用于低等级或是高等级。

S：仅用于高等级；适用于不外露墙体；如果用于室外，墙体必须有防风化外层保护。

混凝土砌块类型

Ⅰ：水分操控，用于由砌块冷缩引起的裂缝。

Ⅱ：非水分操控

混凝土砌块重量

正常：由大于 2000kg/m^3 的混凝土制成

中等：由 1680 ~ 2000kg/m^3 的混凝土制成

轻质：由低于 1680kg/m^3 的混凝土制成

装饰性混凝土砌块

为适用于多样的墙体表面，将混凝土砌块制成多种样式外观和材质表面。现在已经有多种装饰性砌块。它的设计必须遵照模数。

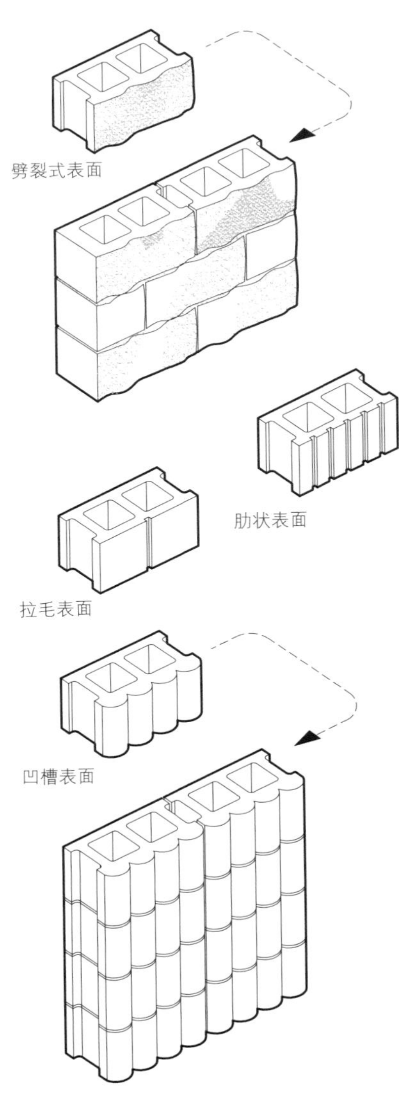

石材

作为建筑材料，石材有两种不同的使用用途。一种是与砂浆结合，类似于砖块或是混凝土砌块；另一种是做成薄薄的作为非承重的墙饰面，与支撑墙体结构框架相连。石材在颜色、质地和样式上变化很大。

石灰石

砂岩

沉积岩（由于自然作用和风化形成的岩石）

石灰石：颜色大多为白色、浅黄色和灰色。通风处理开凿后，仍是多孔的和潮湿的。开凿出的风化岩脱水后石头变得更加坚硬。适用于墙面和地板面，但不适合磨光处理。

砂岩：颜色有浅黄色、巧克力褐色和红色。适用于大多数建筑，但不适合高度磨光处理。

花岗岩

火成岩（岩石形成于熔化状态）

花岗岩：纹理大，颜色包括灰色、黑色、褐色、红色、粉红色、浅黄色和绿色。无孔且坚硬。适用于地面和暴露在外。有多种质地，可以高度磨光处理。

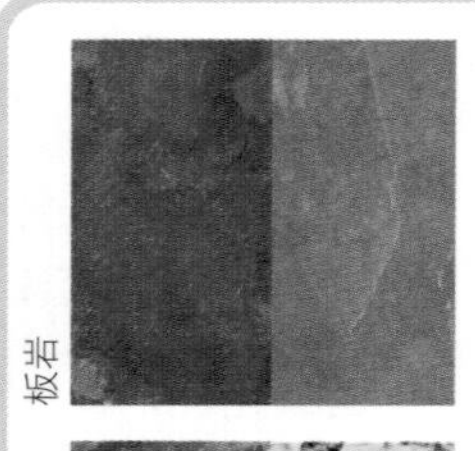
板岩

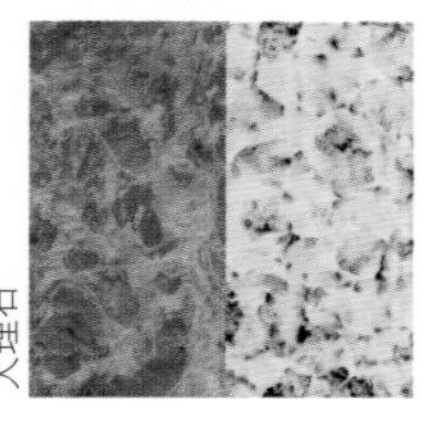
大理石

变质岩（由沉积岩或是火成岩在高温或压力作用下而形成的一种岩石类型）

板岩：颜色有红色、褐色、灰绿色、紫色和黑色。类似片状的天然特性使其适合于路面、屋顶和镶面板。

大理石：在颜色和纹理上均有很大的变化。颜色有白色、黑色、蓝色、绿色、红色和粉红色。适用于建筑石材，但经常磨光处理并用于镶面板。

砌石包括毛石（不规则的凿石砌块）、规整石料（凿石且切成长方形样式，大块的称为切割石，小块的称为方石）和板层砂岩（铺路的薄板，不规则状或是规整切割）

砖石样式

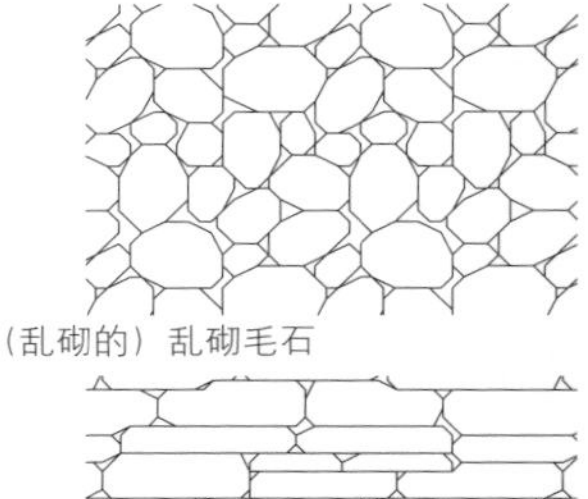
（乱砌的）乱砌毛石

层砌毛石

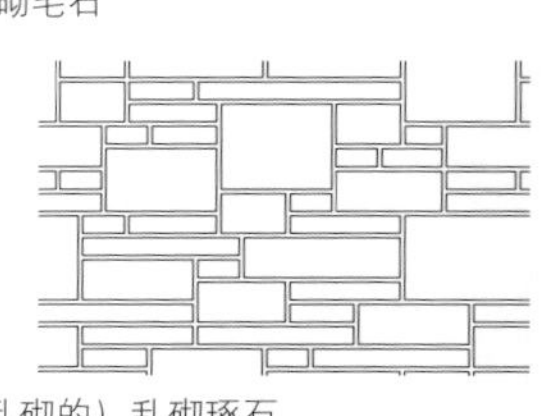
（乱砌的）乱砌琢石

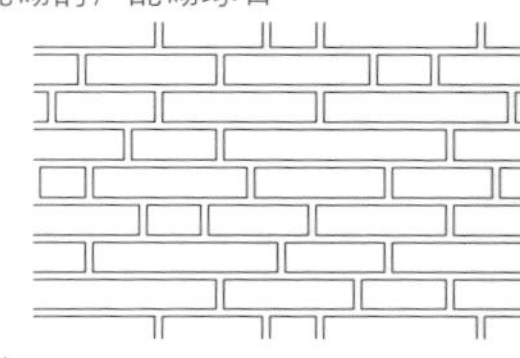
层砌琢石

砖石承重墙

砖块，混凝土砌块和石材墙体作为承重墙体，有许多不同的特性，这些特性取决于它们是否被加固，是否使用几种砖的组合或是实心的还是空心砌块。

加固

加固的墙体使整个墙身体系显得细高。

混合墙体

混合墙体采用背部有砖块支撑的混凝土砌块或是在室外半砖墙的石质镶面，由两层水平加强筋相连。砖石拉杆将砖石镶面板连接在一起或是用以支撑木材、混凝土或是用钢筋支撑结构。砖体系与支撑结构采用锚点连接。

空心墙

空心墙体有内和外的砖体系，中间以大约 50mm 厚的空心层分隔。砖拉杆将两个外层连接在一起。如果雨水通过外层渗进来，雨水会沿着外层的内表面顺流而下，在底部有防水材料的部位收集起来，通过排水孔排到室外。

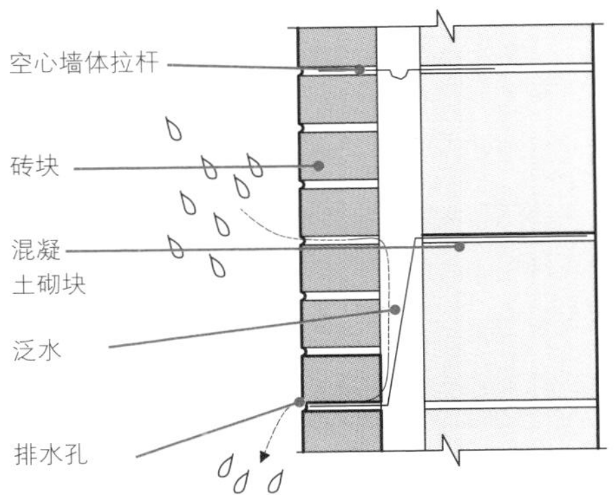

基本墙体构造

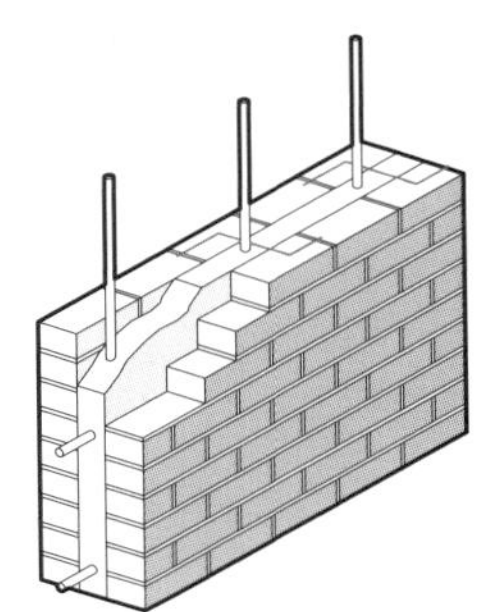

中间带有加筋混凝土的双层空斗墙

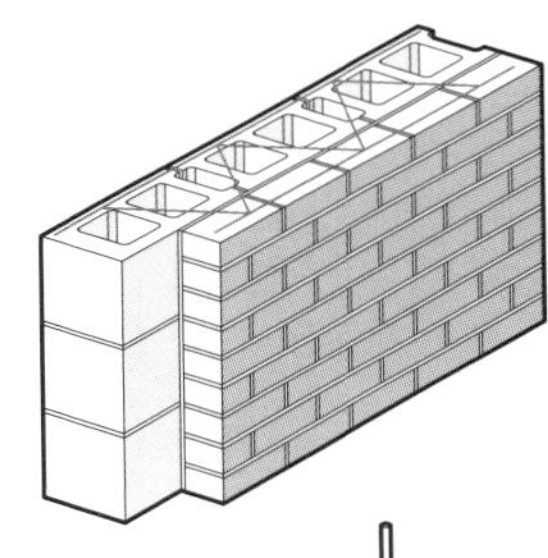

混凝土砌块衬里砖墙（混凝土砌块采用或不采用加固）Z 形系杆连结

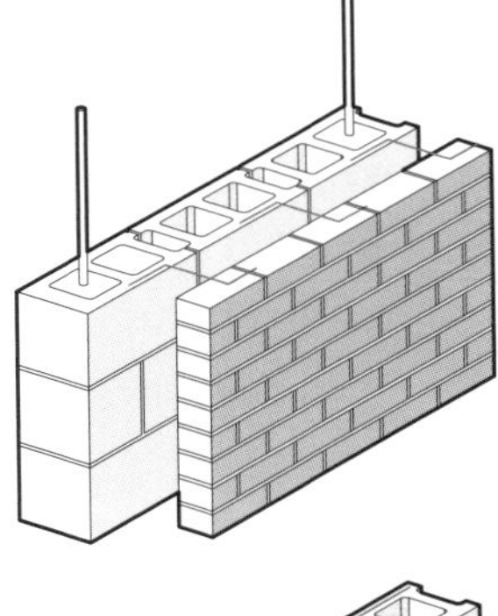

混凝土空心砌块砖墙（混凝土砌块墙被加固）

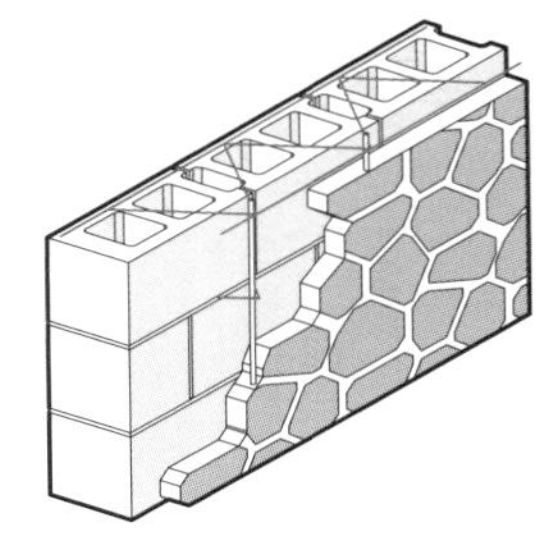

混凝土砌块衬里石材外表面墙采用相应的石材系杆连结

第 22 章　混凝土

混凝土是由骨料（一般是沙子和砾石）、普通水泥和水混合制成的。因为这些原料随处可见，所以在全世界混凝土是非常普遍的建筑材料。当与钢筋适当结合，混凝土就有了难以破坏的结构特性，而且不易于燃烧和腐蚀。混凝土几乎可塑成所有形式。

组成成分

骨料：沙子和砾石的混合物。砾石的大小在 65mm 左右，但不能超过浇注构件厚度的 1/4（也就是说，对于厚为 100mm 厚的板来说，砾石的大小不能超过 25mm），最好是圆形砾石。大的砾石能够作成更加有效用的混凝土，同时有很小的收缩量。

普通水泥：化学成分是石灰、二氧化硅、铝、铁、石膏以及其他少量的配料．基于各地的适用性，会在最后的研磨过程中加入额外的配料．

有五种水泥类型

水：清洁且无杂质

空气：混合物中的空气气泡成为一些混凝土的第四种构成成分．空气使得混凝土质轻，并在寒冷的气候地区可以有很好的耐冻性能和解冻性能．

水泥的类型

水泥没有国际标准．美国使用的是 ASTM（美国材料与测试协会）C–150 标准的水泥．

类型 I：普通类型，广泛使用

类型 IA：普通类型，混凝土中有加气剂

类型 II：中等的抗硫酸盐性．适用于桥梁和打桩，同样适合于高温作业

类型 IIA：中等的抗硫酸盐性．混凝土中有加气剂

类型 III：强度高且硬化速度快，用于冬季和加急作业

类型 IIIA：强度高，混凝土中有加气剂

类型 IV：硬化速度慢，低温生产；用于温度变化量和温度变化率不计的情况

类型 V：抗硫酸盐性能高，用于水分含量高，土壤碱性高的情况

骨料配比率示例

水泥	沙子	砾石	应用
1	3	6	没有钢筋的正常荷载条件下，非暴露的
1	2.5	5	正常的基础和墙体，暴露的
1	2.5	4	地下室墙体
1	2.5	3.5	地下室防水墙体
1	2.5	3	轻质楼板和公路
1	2.25	3	踏步，公路和人行道
1	2	4	过梁，加固路，建筑物和墙体，外露的
1	2	3.5	挡土墙和公路
1	2	3	游泳池
1	1.75	4	轻质楼板
1	1.5	3	柱子和防水水箱
1	1	2	高强度柱子，主梁和楼板

水和水泥的配比率

混凝土构成成分的配比率取决于期望的抗压强度、应用的地理位置、养护混凝土的防水性以及其他很多因素。高质量的混凝土配比原则适用于任何应用，要求采用清洁的原料成分、适当的捣拌、合适的比例、湿混凝土的细致处理和养护操作。

水和水泥的配比率对于养护混凝土的强度是非常关键的。首要原则是保持配比率低于0.60(即在混合物中水的含量不超过60%)，含水量过多容易导致湿混凝土易于浇注，以致于对养护混凝土的强度带来危险。相反，混合物中的水和水泥的低配比率必须时刻处于运转捣拌状态，以避免由于流动性差而引起的大的气体空间。

浇注与养护

因为混凝土是浇注的，所以必须做好养护工作，以确保它不遭受过度震动或是垂直下落物体的冲击，那样会导致材料的离析（骨料下沉，水分和水泥上升的过程）。鉴于此，垂直运送必须有跌水陡槽．如果混凝土从制作地点到达施工地点有很远的距离，必须在混凝土罐中不停运转，而不是直接运到施工地点。

混凝土的养护是通过水化作用完成的，作为一种水泥和水相互粘合的化学结合；在这个阶段，必须保持潮湿，完全养护好需要大约28天．混凝土表面要保持潮湿，可以在它的表面洒水或是洒养护料或是在表面放置保湿板。

添加剂

为形成多种期望的效果，需要在混凝土中加入一些其他的成分。

加速剂：加快风干速度（用于寒冷天气条件养护缓慢时）。

加气剂：增加潮湿混凝土的可塑性，有助于减小冷冻融损伤，并可用于生产轻质，隔热的混凝土。

高炉矿渣：类似于粉煤灰的作用。

着色剂：染色的色料。

防腐剂：减少钢筋的腐蚀。

纤维掺和剂：短的玻璃，钢或是聚丙乙烯纤维，起加固作用。

粉煤灰：增强湿混凝土的可塑性，同时加强强度和抗硫酸盐的特性，减少透气性，降低温度以及需水量。

火山灰：增强混凝土的可塑性，在风干时降低内部温度，减少由硫酸盐引起的再生。

缓凝剂：减缓风干速度，为使用湿混凝土的工作争取更多的时间。

硅石烟：用于生产高强度、低透气性的混凝土。

超塑性：使硬混凝土变为流体，便于不同地点的浇注。

减水剂：在水分很少的情况下，仍有很强的可塑性。

钢筋

没有加固筋，混凝土几乎起不到任何结构作用．幸运的是，混凝土和钢筋在化学性能上能够共存，并且在温度作用下有相似的伸展性．

修整

混凝土可以采用多种方式修整，使其适合于任何空间中的任何表面处理。

素混凝土：混凝土保留拆模后的样式，并且有支模板的木纹纹理的印记。

喷砂混凝土：不同程度的喷砂磨光表面，同时裸露出连续的水泥、沙子和骨料的层次。

化学缓凝：化学制剂直接喷在混凝土表面。

机械断裂：通过机械工具，千斤顶等改变物体的聚合形态。

抛光：重型抛光机将混凝土表面磨成带有极大光泽的表面。

密封：丙烯酸树脂有助于防止混凝土脱落（由不适当排水或通风引起的碎片或剥落）、起灰、风化（由于混凝土外表面的溶解无机盐被吸干而变白，并留在混凝土表面上）、色斑和磨损。

颜色

带有颜色的混凝土能够为设计提供更多的机会．大致上由两种方式制成。

整体着色：将染料填加剂添到湿混凝土中或是在制作地点拌入混凝土中．在任何一种情况下，染色剂都能在混凝土中流通分配．因为混凝土的量比较大，颜色仅限于土黄和大青．一旦进行养护，混凝土就被密封，提供保护层，并增加混凝土色彩的光泽。

干振染料凝固：染料凝固剂洒到新浇注的混凝土上，并通过镘刀涂抹表面上．凝固剂使混凝土表面稠密并耐久．因为染料集中在混凝土表层，加大振捣力度是必须的．在养护进行到颜色加重时将其密封。

作为所有的天然材料，颜色变化是一定会发生的．原始混凝土的颜色决定着变化的范围。

钢筋：钢筋的大小有3#，4#，5#，6#，7#，8#，9#，10#，11#，14#，18#。

焊接钢丝网：由钢筋制成的钢丝网或是由环以圆形钢筋制成的钢筋网，以此形成的轻质体系用于厚板中或是预制构件中．质量大的体系则用于墙体和结构板中。

第 23 章　金属

几乎在所有工程构件中，金属都发挥着巨大的作用，从结构钢筋到薄钢板，从清水墙墙筋到作为涂料的金属氧化物。金属变化多是发生在自然界中的自然氧化，它是从矿石中提取精炼，经过分离和提纯而来的。金属分为两大类：黑色金属（包括铁）和有色金属。黑色金属一般比较坚硬，矿藏比较丰富，而且易于提炼，但容易生锈。有色金属则易于操作，而且大多数有色金属表面有一层氧化膜，使其免受腐蚀。

金属性能的变化

大多数金属的化学成分比较纯而且质软，为使其能够适合于作为建筑材料和其他功能使用，它们的性能要通过几种方式进行改变，改变的方式则依据对金属的功能要求而定。

合金：

金属与其他元素融合（通常是其他金属元素）来制成合金。例如，铁和少量的碳元素融合就能生产出钢。一般地，合金的硬度比合金中金属元素的硬度都要高，除了可以提高硬度和可塑性之外，合金还有防氧化保护膜。

热处理的金属

冶炼：钢被适度加热和缓慢冷却，以制成强度更大、硬度更高的金属。

退火：钢和铝在高温下加热和缓慢冷却，使金属软化以利于操作。

冷处理的金属

在室温条件下，将金属轧薄，敲击或是拉伸，使其更加坚硬。通过改变其晶体结构，使其变得更脆。与退火金属性能正好相反。

冷轧：将金属在滚轴之间挤压。

拔丝：从小孔中对钢筋进行拔丝，制出钢丝和钢绞线。用于预制混凝土，结构强度是普通钢筋的五倍。

镀层金属

阳极氧化：将带有颜色且密实的薄氧化膜，电镀到铝金属上，以改变外观表面状态。

电镀：将铬金属和镉金属电镀到钢表面上，以避免氧化，并改变外观表面状态。

镀锌：将锌金属镀在钢上，以避免钢的腐蚀。

其它镀层：镀层包括喷漆、天然漆、粉末、含氟聚合物和搪瓷。

电池效应

电池效应就是在下列条件下发生的金属之间的相互腐蚀。即存在两种电化学性质相似的金属和一个能够为金属原子从低等级向高等级转移的电解池。关于电池组中材料的相容性的很好的理解方法就是最大限度地减少金属的腐蚀程度。化学元素周期表中的金属排序是按照从一般金属（电池中的阳极，易于腐蚀）到贵金属（电池中的阴极，不易于腐蚀）排列的。一般地，两种金属元素在周期表中的排序离的越远，其一般金属越易受腐蚀。这样，在电解中就尽可能选择周期表中相近的金属元素。

基于合金的构成成分的变化，合金金属间排列顺序也会发生变化。详细情况，请咨询生产商。

一般原则

不同组内的金属相互之间是绝缘的。要么将金属喷漆或包以塑料外皮。

不要用导线将相似的材料连接起来，会导致相互损耗。

避免将小面积的非贵重金属与大面积的贵重金属相接触。

合理的采用喷漆和镀层。如果将非贵重金属喷漆，贵重金属也要喷漆。避免在不理想的表面处发生腐蚀。镀层应妥善保护。

避免将金属与能发生化学作用的材料放置一起，同时要注意防潮，以免变质。

电池组

+ 阳极	镁，镁合金
	锌，锌合金，锌片
	锌（热浸） 镀 锌铁皮
	铝（非硅铸合金） 镉
	铝（可锻合金，硅铸）
	铁（可铸，可锻） 碳素钢和低合金钢
	铝（可锻）
	铅（实心，铝片） 铝合金
	锡板，锡铅焊剂
	铬片
	高纯度黄铜和青铜
	黄铜和青铜
	铜，低纯度黄铜和青铜，银块，铜 镍合金
	镍，钛合金、蒙乃尔高强度耐蚀铜镍合金
	银
阴极 −	金，铂

以上列表中只是列出了大致的信息，同时也并未考虑金属的阳极指数。金属的阳极指数（V）能更准确的评价金属与其他金属的相容性。

精确的阳极指数应咨询金属生产商。

金属类型

黑色金属

铸铁：易碎，抗压强度高，能够减振；适用于格栅和楼梯部件。但是易碎所以不适合结构框架。

韧性铁：通过铸造，二次加热和缓慢冷却形成的可塑性很高的铁。用途与铸铁类似。

低碳钢（软铁）：含碳量较低的普通结构用铁。

不锈钢：由铁和其他金属形成的合金，其他金属主要是铬和镍，抗腐蚀性能强。当抗腐蚀性能要求特别高时，采用钼（可从海水中提炼）。尽管与软铁相比，不锈钢难于定型和加工，但是用途广泛，可用于防水板、顶盖、紧固部件、锚固部件、五金器皿和精修，精修范围从表面无光泽的到有光泽的都可以采用。

钢：含碳量低的铁（碳元素可以增强强度，同时降低了延展性和可焊性）。用于结构构件、墙筋、接头和紧固部件以及精修作业中。

熟铁：质软而易于加工，抗腐蚀性能强。要求的等级不高时采用。多数铸成钢管、板或是装饰用的时尚饰物。

铁合金

铝：表面硬度高

铬和镉：耐腐蚀

铜：抗大气腐蚀

锰：提高强度和抗磨损

钼：与其他金属元素结合使用，提高抗腐蚀性能以及抗拉强度

镍：提高抗拉强度以及抗腐蚀性能

硅：提高强度和抗氧化性能

硫：使软铁易于加工

钛：防止不锈钢的有效腐蚀

钨：与钒元素和钴元素结合使用，提高硬度和耐磨性能。

铝合金序列

可锻合金		可铸合金	
序列	合金成分	序列	合金成分
1000	纯铝	100.0	纯铝
2000	铜	200.0	铜
3000	锰	300.0	硅和铜和/或锰
4000	硅	400.0	硅
5000	锰	500.0	锰
6000	锰和硅	600.0	无
7000	锌	700.0	锌
8000	其他成分	800.0	锡
		900.0	其他成分
第一位数是序位号，第二位数是合金修改号，第三、四位数是任意指示符		第一数是序位号，第二、三位数是任意指示符，进制后的数，如果为0的话，则代表锻造，如果为1或2的话，则代表铸模	

有色金属

铝：纯铝有很好的抗腐蚀性能，但质软而且强度低。制成铝合金则能达到很高的强度和硬度。密度是铁密度的1/3，可以冷轧或热轧、铸造、拉伸、模压、锻造或是捣碎。铝板或是薄铝片可磨光成镜面饰物，有较强的反光性能和热反射性能。用于幕墙体系、管道、防雨屋面、门窗框、格栅、护墙板、金属器皿、电线以及其他金属的外包层。铝粉可以添加到金属喷漆中，它的氧化物可作为砂纸的研磨剂。

黄铜：铜、锌和其他金属的合金，抛光打磨后有较好的光泽；多在装饰性作业和精修器皿中使用。

青铜：铜和锡的合金，有抗腐蚀性能；用于五金器皿和装饰作业中。

镉：类似金属锌，通常是将其电镀于钢上。

铬：非常坚硬，在空气中不易腐蚀；类似于金属镍，经常用于合金中，以达到明亮而有光泽，电镀性能极佳。

铜：有韧性，而且耐腐蚀，耐冲击，抗疲劳，是电和热的良导体。能铸造、拉伸、挤压、热轧或冷轧。和其他金属一起使用，广泛应用于合金中，同时也可用做电线、防水板、屋面和管道的材料。

铅：密度大，耐腐蚀，质软而易于操作；常与其他金属一起使用制成合金，提高硬度和强度。薄铅片或铅板适用于防水卷材、隔音材料、减振材料和防辐射材料中。用于屋面和挡水板，或是作为铜板表面外皮（即包铅铜）。含铅的蒸气和粉尘毒性大，故不常用。

锰：强度高且质量轻，作为合金使用，用于增强合金的强度和耐腐蚀性。常用于航空产业中。价格高。

锡：质软而柔韧，用于镀铅锡钢板中（80%的铅，20%的锡）。

钛：密度小而强度高。用于大多数的合金中，它的氧化物已经取代了许多涂料中的铅元素。

锌：在水中和空气中都有很好的耐腐蚀性，但是易碎而且强度低。主要用于镀锌钢中，避免生锈。同时也可以用于电镀在其他金属上。还可以用于制作防雨板、屋顶、五金器皿和模铸中。

制作工艺

铸造：将金属熔液注入成形的模子中，制出的金属产品很脆，但可以形成多种形状。例如水龙头或是金属器皿。

拔丝：从小孔中将金属拔丝处理。

拉伸：将热的（但未熔）的金属在模具中挤压，制出有轮廓的长金属片。

锻造：将金属加热，达到一定程度后，然后按照期望的形状进行弯曲。通过金属表面纹理的转变提高了金属的结构性能。

抛光：用抛光机将金属抛光打磨成平的装饰表面。

机械加工：金属材料被裁切以达到想要的形状。这一过程包括打孔、研磨、钉板、锯开、剪切和冲压。用剪子将薄片金属切割并压弯成型。

轧制：将金属在碾压机上挤压；热轧不同于冷轧，不会提高金属的强度。

模压：将金属板置于模具之间挤压，以形成它们的形状和质地。

金属连接

焊接：在高温下形成的气焰或是电弧，将两种金属焊接在一起，同时焊接部位的金属液与焊接棒上的多余熔液一起流动。焊接部位的强度与金属强度相同；可用于结构作业。

硬焊和锡焊：在这种低温操作的模式中，两种金属并不是自身焊接，而是通过一种熔点较低的金属将二者焊接在一起。青铜或黄铜用于硬焊，铅锡合金用于锡焊。作为结构点太脆弱；硬焊和锡焊都适用于水泵管道和屋面的焊接。

机械加工：金属同样也可以被钻孔或打孔，通过螺丝、螺栓或铆钉相连接。

联锁与折叠：金属板可通过这两种方式连接。

金属规格和密尔

金属板的厚度在很长时间里都是由 ga. 表示的，这是一种基于质量的表达方法，（最初是由于征税的原因），但不能准确地表示板厚。这样，对于一张低碳钢板和一张镀锌钢板可能有相同厚度规格，但是实际的厚度却不相同。随着厚度数字的增加，板也变得很薄。板厚超过 6mm 的或是 3ga. 的，都可视为平板。

大多数钢制品生产商更倾向于使用密尔。1 密尔相当于 0.001 英寸。这种直观的表达方式可以按照板的实际厚度进行设计。

虽然 ga. 现在变得不常用了，但许多产品仍按照它去量度，同样被大家认同与接受。ga. 的数字代表了大致的板厚，没有严格的 ga. 与密尔之间的换算。为了满足它们之间的相互参照，下面列出了常见大小和特殊量度之间的关系。

在后面表中显示的量度厚度表示的是额定最小的金属板厚度。设计厚度与额定最小的金属板厚度之比为 0.95。而且，每个量度厚度都有个容差范围，容差随着 ga. 的增加而增加。

厚度量度相关表格

密耳 (μm)	厚度量度 (ga.)	标准钢 (mm)	镀锌钢 (mm)	铝 (mm)
	3	6.073		5.827
	4	5.695		5.189
	5	5.314		4.620
	6	4.935		4.115
	7	4.554		3.665
	8	4.176		3.264
	9	3.797	3.891	2.906
118	10	3.416	3.510	2.588
	11	3.030	3.132	2.304
97	12	2.657	2.753	2.052
	13	2.278	2.372	1.829
68	14	1.879	1.994	1.628
	15	1.709	1.803	1.450
54	16	1.519	1.613	1.290
	17	1.367	1.461	1.151
43	18	1.214	1.311	1.024
	19	1.062	1.158	0.912
30 | 33	20	0.912	1.006	0.813
	21	0.836	0.930	0.724
27	22	0.759	0.853	0.643
	23	0.683	0.777	0.574
	24	0.607	0.701	0.511
18	25	0.531	0.627	0.455
	26	0.455	0.551	0.404
	27	0.417	0.513	0.361
	28	0.378	0.475	0.320
	29	0.343	0.437	0.287
	30	0.305	0.399	0.254
	31	0.267	0.361	0.226
	32	0.246	0.340	0.203
	33	0.229		0.180
	34	0.208		0.160
	35	0.191		0.142
	36	0.170		

20ga. 的材料经常有以下两种厚度：

30 密尔用于非结构墙体的墙筋

33 密尔用于结构墙体的墙筋

33 密尔是非结构墙体，冷加工处理的钢框架所需的最小材料尺寸

轻钢框架

金属墙体大体上是由冷轧、耐腐蚀的钢按照标准尺寸制作而成的。它们适用于承重和非承重状态，并且可以作为楼板和屋面框架的组成构件。墙筋间距大约为400mm或是600mm。有石膏外皮的金属墙筋大大减少了可燃性，而且可以比木质墙筋建得高。洞口按照规则的布置，以便于水电布线。

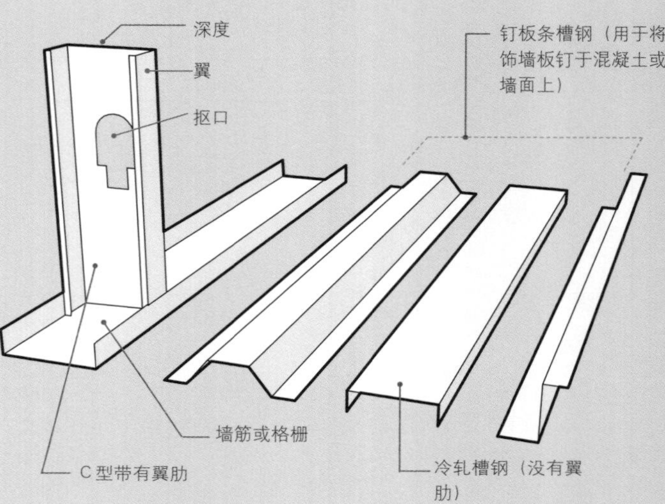

美国钢板墙筋制造商协会（SSMA）设计的轻型钢框架表示方法如下：

腹板宽（用1/100″表示）+S，T，U，或是F的设计值+翼宽（用1/100″表示）+最小的金属板厚度（用密尔表示）

例如，250S 162–33表示的是250/100″的墙筋，翼宽为162/100″，金属板厚为33密尔。

常见金属墙筋大小

非承重墙筋

深度:41, 64, 92, 102, 152

厚度 [mils]: 25 [18], 22 [27], 20 [30]

非承重幕墙墙筋

深度: 64, 92, 102, 152

厚度 [mils]: 20 [30], 18 [43], 16 [54], 14 [68]

翼宽: 35

结构C－墙筋

深度: 64, 92, 102, 152, 203, 254, 305

厚度 [mils]: 20 [33], 18 [43], 16 [54], 14 [68]

翼宽: 41

结构墙筋/格栅

深度:64, 92, 102,152, 203, 254, 305

厚度 [mils]: 20 [33], 18 [43], 16 [54], 14 [68]

翼宽: 51

薄板厚度（通常尺寸）

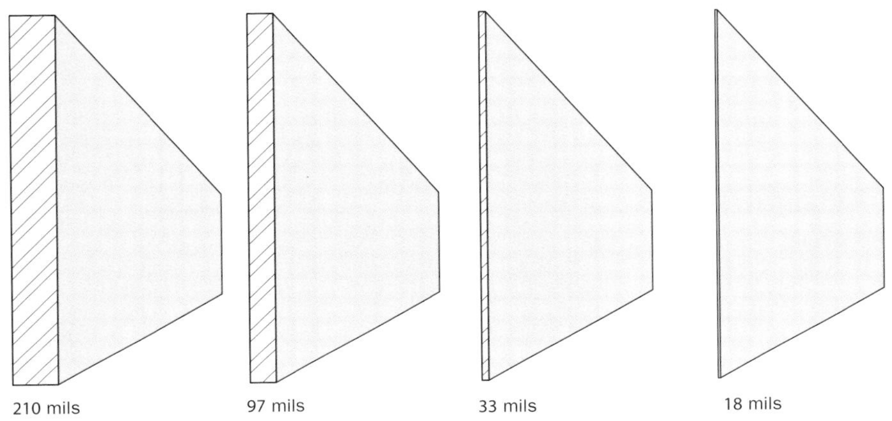

210 mils　　97 mils　　33 mils　　18 mils

金属屋顶接缝

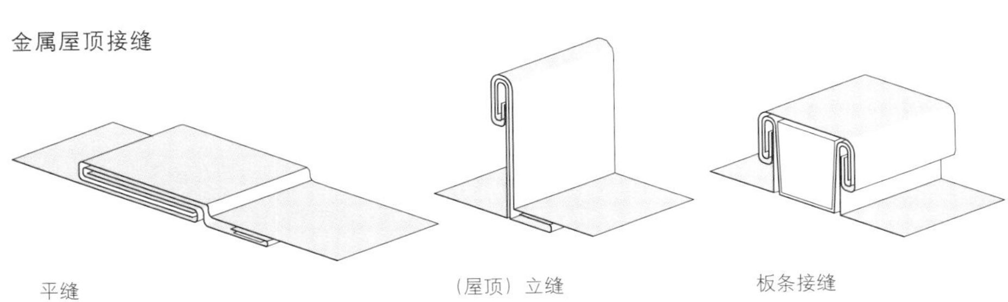

平缝　　（屋顶）立缝　　板条接缝

形状和板材

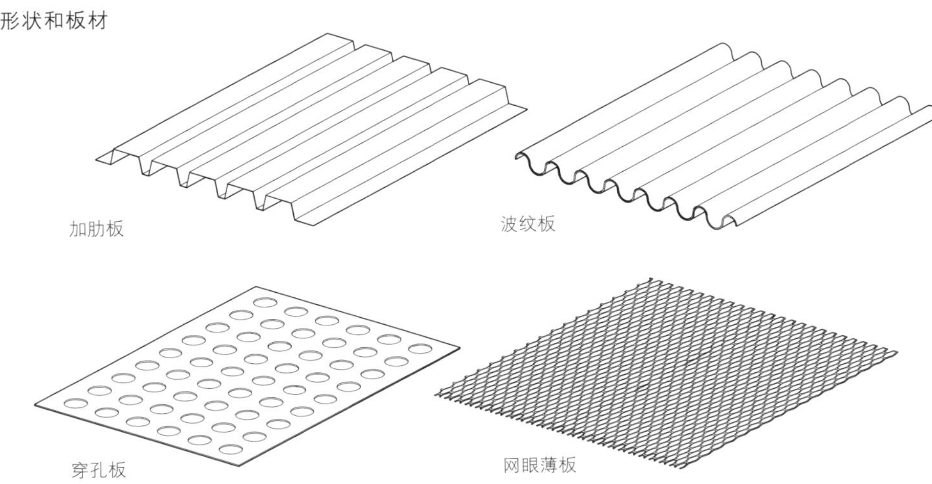

加肋板　　波纹板

穿孔板　　网眼薄板

第 24 章　精修

内部精修包括所有看得见摸得到的材料和表面的处理。材料的选择和建构的方法取决于空间的功能、交通量、回音效果、耐火等级和美学效果。

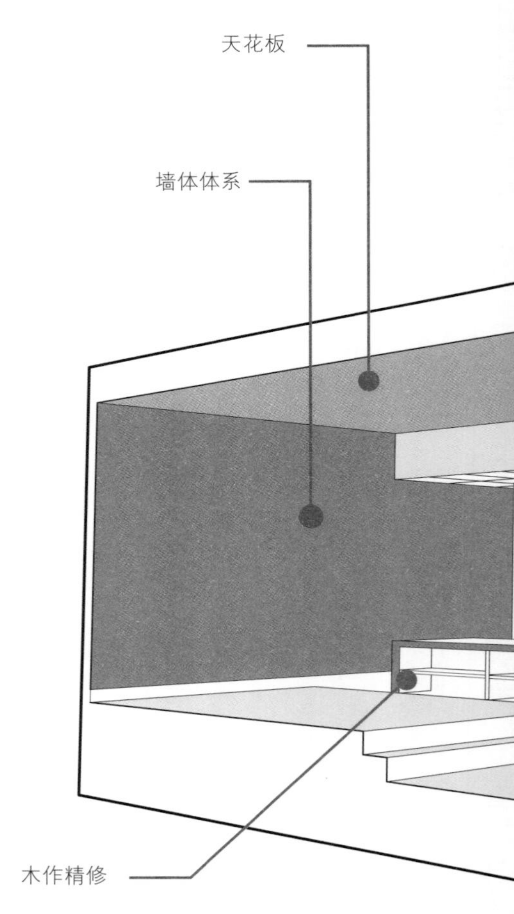

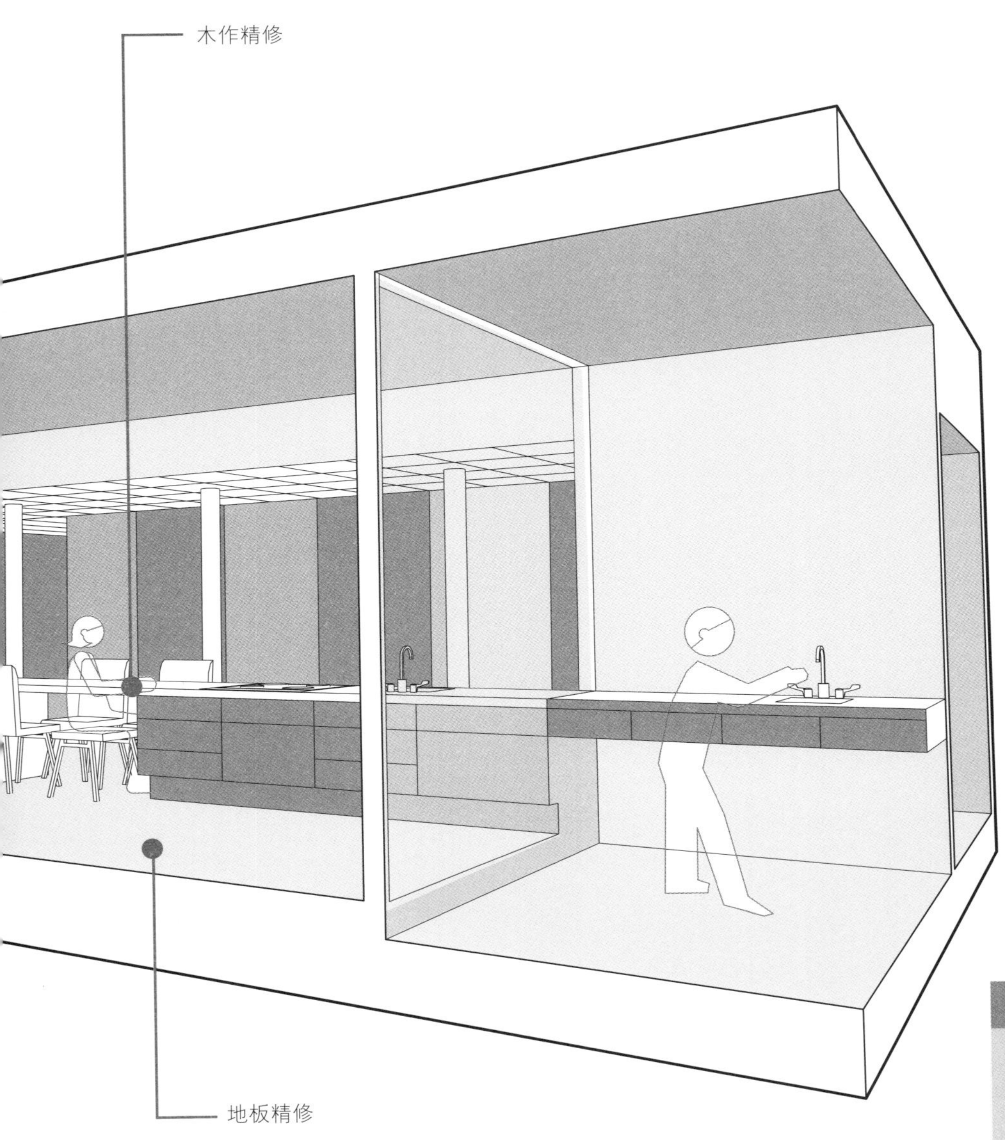
木作精修
地板精修

墙体结构

石膏板

石膏板也称为石膏墙板（GWB）、灰泥板和岩棉板。同抹灰板相比，石膏板价格低廉，因为它所需劳动力少，时间短，也不需要过多的制作技能，尽管如此，它却有很好的耐火性能和隔音效果。

石膏是一种天然矿物质，石膏板可以由水、淀粉和其他物质放入泥浆中混合，并置于纸张之间，通过相互之间产生的化学作用制成。当石膏板失火时，内部的水分会转化成水蒸气释放出来，起着灭火剂的作用，直到水分被完全分解。当石膏板被完全煅烧后，残留的物质仍扮演着灭火剂的作用，以防止石膏板后面的结构构件起火。

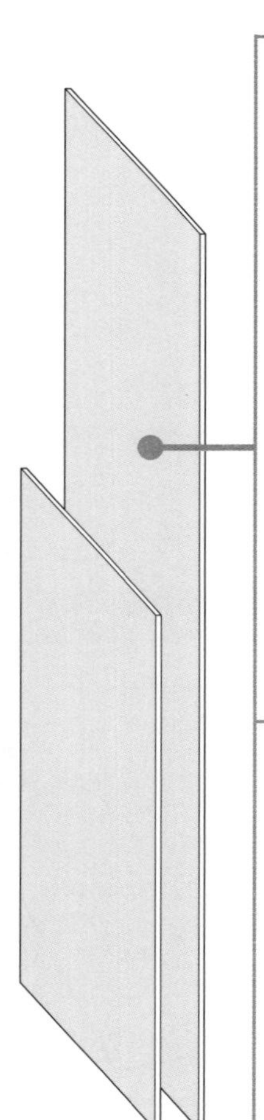

常用石膏板尺寸：

石膏板的尺寸变化取决于石膏板的类型。大体的尺寸为：1200mm 宽，2400mm 到 4800mm 高。

宽度为 600mm 和 760mm，高度为 1830mm，适用于预制精修板材和核心板。

SI 常用尺寸大小

国际单位制中标准石膏板的大小为 1200 × 3600mm

其他使用的板材尺寸有 600mm、800mm 以及 900mm。

石膏板类型

背纸板：当需要多层时，可作为基本层使用，能够提高耐火性能和隔音效果。

空心板：板厚为 25mm 和 50mm，用于围合烟囱管道，紧急疏散楼梯、电梯井和其他竖井中。

背箔板：能阻隔蒸气，用作室外墙体和隔热材料。

预制精修板：板表面有各种精饰，如喷漆、贴纸或是塑料胶片，在没有长远的精修计划时使用。

普通板：大多数情况下采用的板材类型。

X 类型板材：在空心内部，用短的玻璃纤维将煅烧的石膏残留物固定在原位置，以提高耐火性能。

耐水板材（绿色板）：耐水板中有一层防水纸（浅绿色以区别于其他墙体）和防潮内核（同样适用于 X 型板材）。可作为潮湿地区中基础的铺面砖和不吸水材料使用。

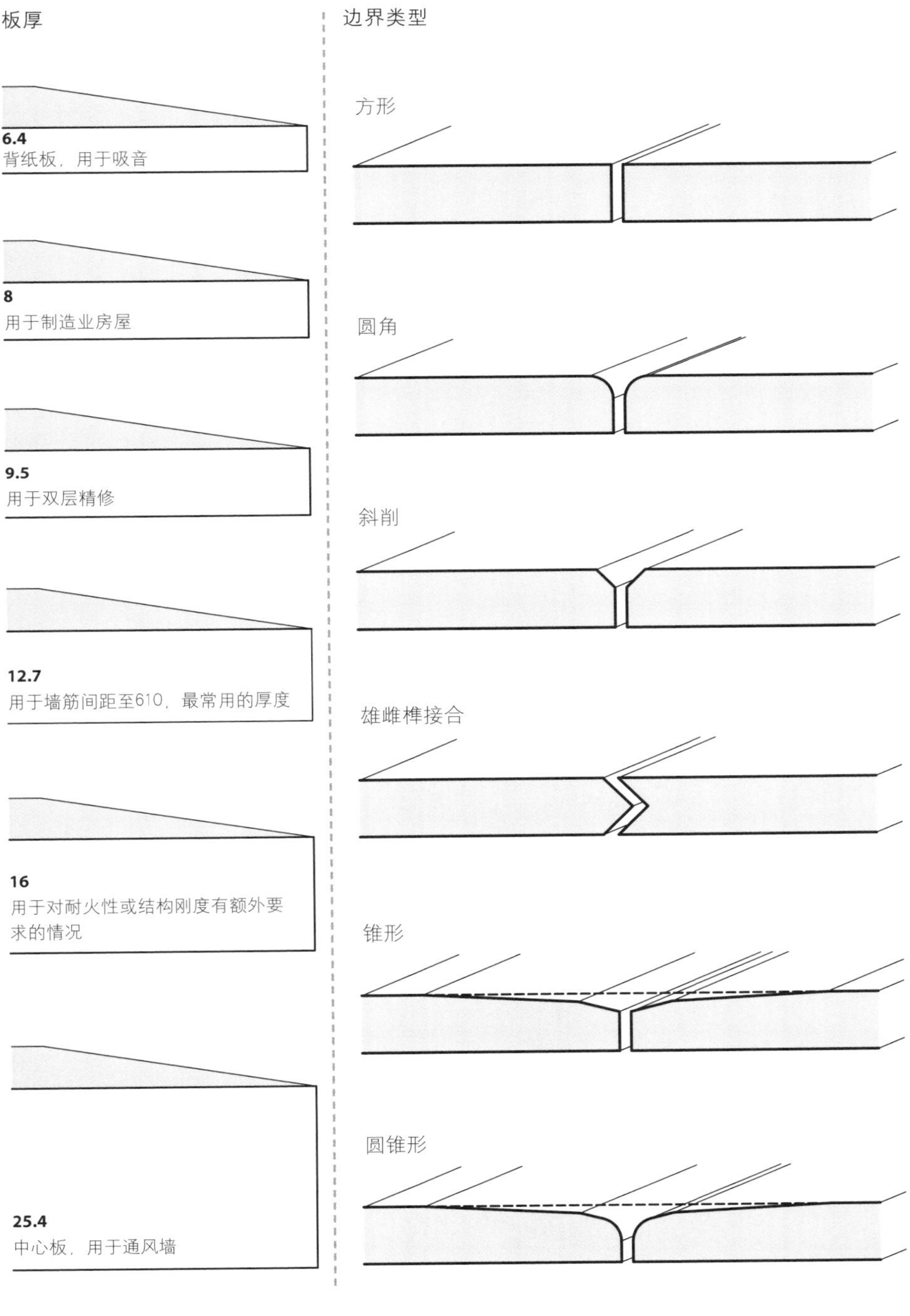
板厚
6.4
背纸板，用于吸音
8
用于制造业房屋
9.5
用于双层精修
12.7
用于墙筋间距至610，最常用的厚度
16
用于对耐火性或结构刚度有额外要求的情况
25.4
中心板，用于通风墙
边界类型
方形
圆角
斜削
雄雌榫接合
锥形
圆锥形

GWB 板材安装

将石膏板置于木质墙筋之上，用钉子或是螺栓栓在金属墙筋上。由于墙体的高度不同，板材的定位也不一样，无论是双层构造还是有其他部件在内。

一般来说，尽量将板间尾部的节点最小化（板材仅在表面背部和长边方向上有精修，并且精修成多样的边界类型），因为节点过大的话，精修操作起来比较困难。如果有两层或更多的板需要安装，层与层之间的节点应该交错排列。

接缝由接缝材料和胶带修饰，常用的方式如下：将接缝填料抹入锥形边界节点，然后用加强纤维胶带连接；对于一些锥形边界节点，接缝填料是被强压填入 V 形槽的，等隔夜之后，将更多的接缝填料置于接点中，抹平接点，使其与周围的墙体平接。私人墙板生产商建议采用更多的接点填料处理。

同样要对钉孔或是螺栓孔进行填充，这样，整面墙体就显得更加平整，便于喷漆。

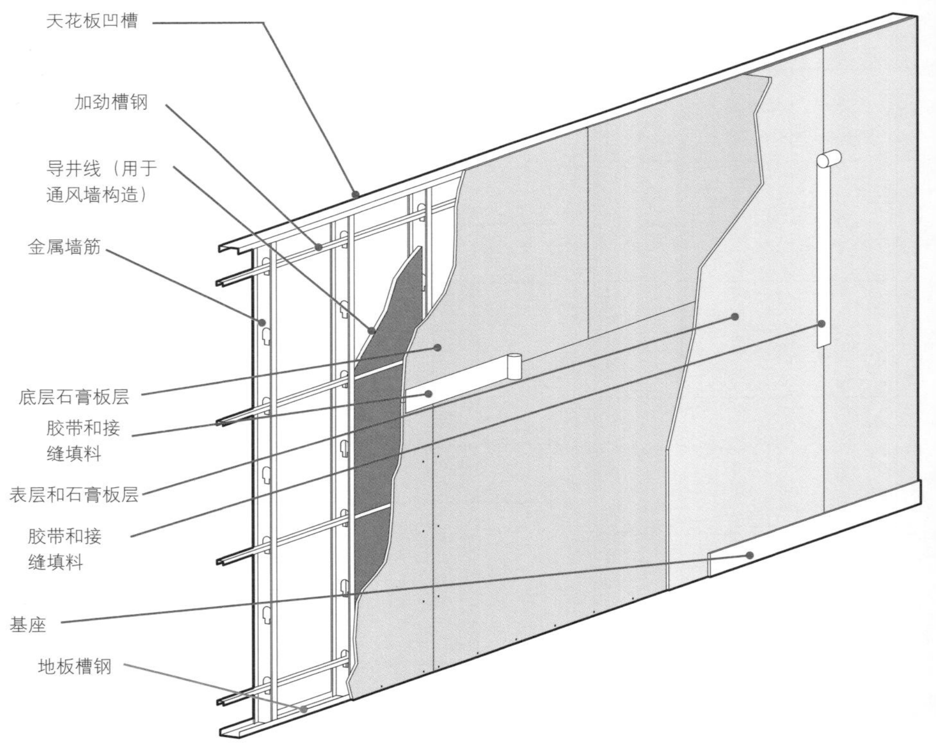

常见石膏板隔墙组件

厚为 1 5/8" 的金属墙筋两面均包以一层厚为 3/8" 的石膏板，面层是厚为 1/2" 的石膏板。

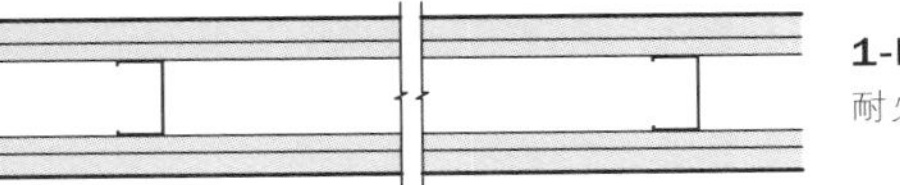

1-HR
耐火等级

厚为 3 5/8" 的金属墙筋两面均包以一层厚为 5/8" 的 X 型石膏板。

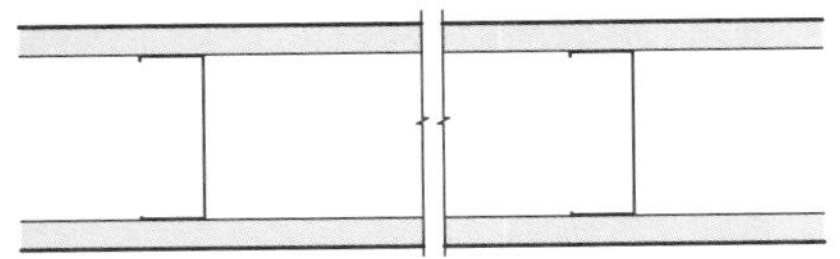

1-HR
耐火等级

厚为 3 5/8" 的金属墙筋两面均包以一层厚为 5/8" 的 X 型石膏板，一面层是带有层压填料，厚为 5/8" 的石膏板，以 3 1/2" 的绝缘玻璃纤维填充。

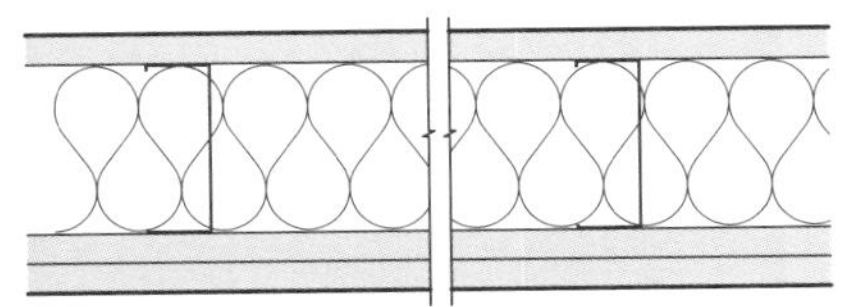

1-HR
耐火等级

厚为 3 5/8" 的金属墙筋两面均包以两层厚为 5/8" 的 X 型石膏板，一面层是带有层压填料，厚为 1/4" 的石膏板，以 1 1/2" 的绝缘玻璃纤维填充。

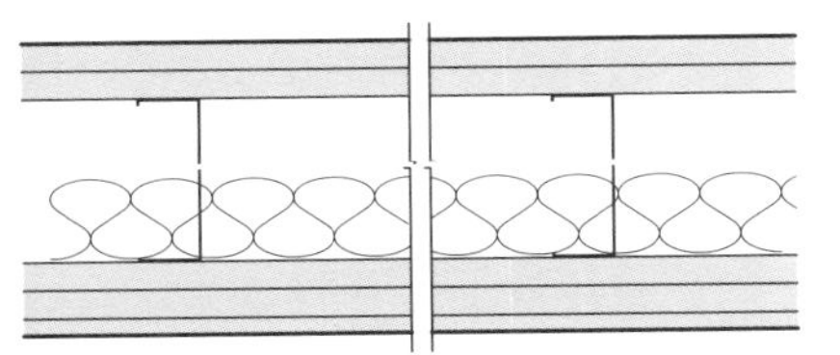

2-HR
耐火等级

钢结构中的防火组件

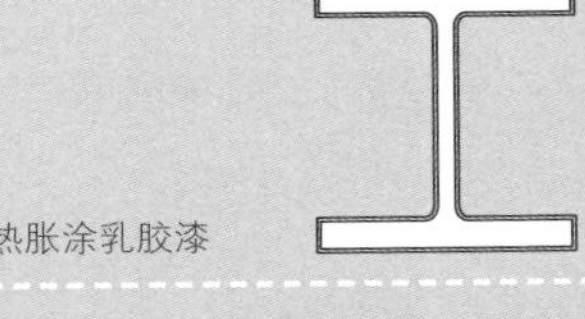

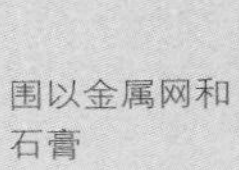

围以金属网和石膏

喷防火漆

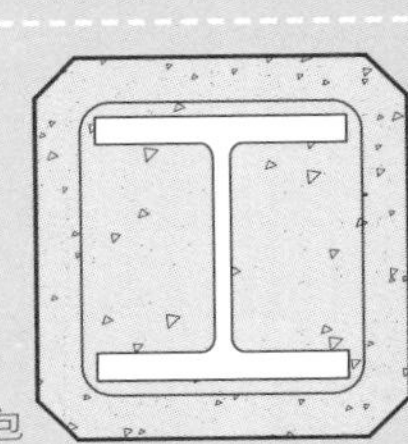

钢筋混凝土外包

多层石膏板围合

灰泥

现今大多数灰泥都有层石膏打底。石膏经过煅烧然后拌入细粉末。当再次混合时加入水，石膏水化后变为原来的状态，慢慢扩展并变硬，同时带有极佳的耐火性能。这个过程中可以加入骨料进行混合，并通过手工或是机械涂抹到墙体或是网格框架上。

灰泥类型

定标灰泥：加入石灰膏以加速沉降和减少裂缝；可以加入成品石膏以达到高质量的饰面。

石膏灰泥：加入沙子或是少量骨料。

高强度底涂料层：用于高强度饰面层下。

干固水泥：带有高强度和抗裂缝的强拉伸性能

造型灰泥：沉淀速度快，用于线脚装饰和挑檐。

拉毛灰泥：含有石灰膏的普通水泥，用于外墙或是潮湿的部位。

带有木纤维或是珍珠岩骨料灰泥：轻质，耐火性好。

板条部件

灰泥置于金属板条之上

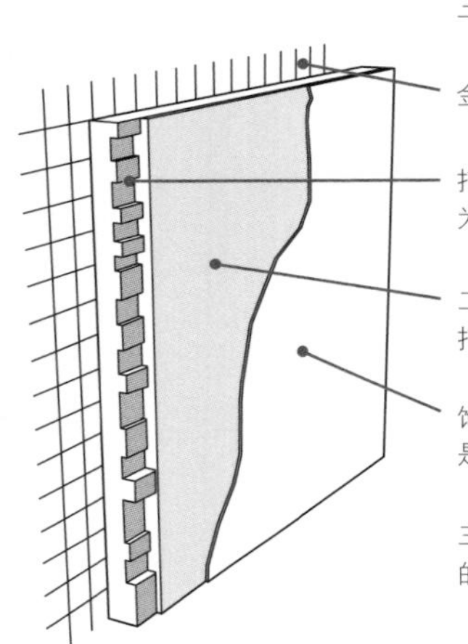

三层面层灰泥

金属板条：多孔金属网或是筛孔。

打底水泥层：用镘刀大致涂抹，刮涂是为下一层制成拉毛表皮。

二道抹灰层：涂抹于金属板条之上，使打底水泥层变硬。

饰面层：非常薄的最外层，可以磨平或是做质感处理。

三层的总厚度大致为 16mm，并有很好的耐火性能和耐久性。

灰泥置于石膏板条之上

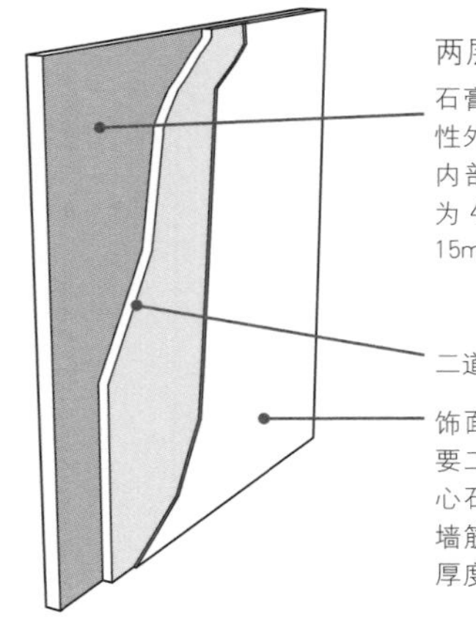

两层或是三层面层灰泥

石膏板条：硬质石膏板芯，且带有吸水性外层，吸水纸用于与石膏黏着，并和内部防水层一起保护板芯，尺寸大致为 400mm × 1200mm，板厚为 10mm 和 15mm。

二道抹灰层

饰面层：如果石膏与墙筋相接触，仅需要二层石膏就可以达到足够的刚度；实心石膏墙体（石膏两面均涂以灰泥，无墙筋）则需要三层面层。一侧石膏的总厚度为 15mm。

饰面灰泥

饰面灰泥价格低廉，所需劳动力也较少。特殊饰面的基本操作与标准石膏板墙体系类似，并且表面光滑平坦，能够为致密的饰面灰泥提供最佳的外观表面。灰泥连续地用于两层涂层，第二层涂层称为罩面层，干的速度快；灰泥的总厚度大约在 3mm。

灰泥置于砖石之上

灰泥可直接用在砖墙、混凝土砌块、素混凝土和石材墙面上。墙体应先打湿，以防止在操作过程中灰泥脱水。一般来说，需要三层涂层，总厚度为 15mm，尽管在大多数情况下砖墙的厚度包含了灰泥的厚度。当砖墙或是其他墙体不适合直接涂抹灰泥时（如果存在湿气或冷凝或为达到绝缘需要空气间层），灰泥和板条将置于装饰墙体之上，便于与墙体连接。

墙身部件

灰泥和板条组件可应用于桁架墙筋、钢质墙筋或是木质墙筋以及装饰板条上。厚度大致在 50mm 左右的实心石膏板墙体一般用在十分重要的空间中。它们一般是由位于多孔金属网或是石膏板条两侧的灰泥组成的。通过金属滑道支撑楼面和天花板。

木板条是现今广泛使用且具有较强耐久性的板条类型。

装饰外形

天花板造型

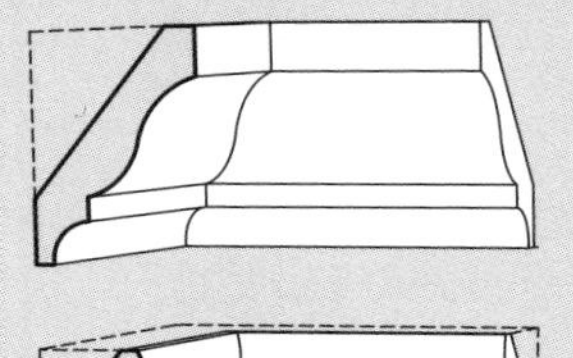

隆起

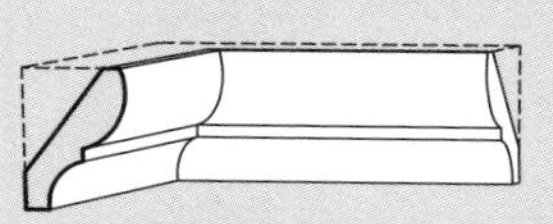

河床形

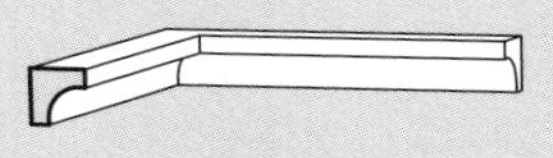

凹圆线

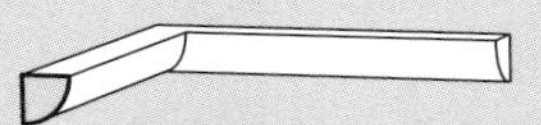

象限圆饰

总体造型

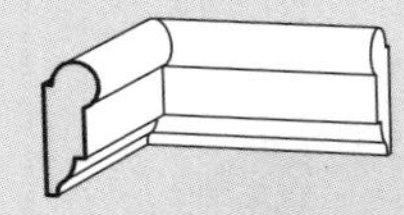

挂镜线

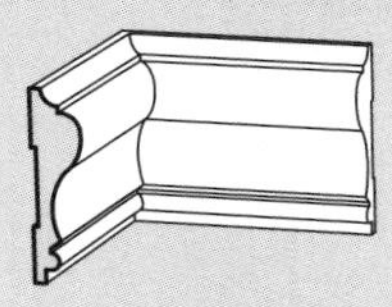

护墙板

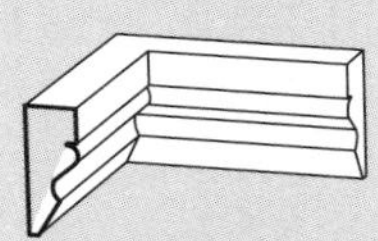

镶板线条作为护壁板

踢脚板

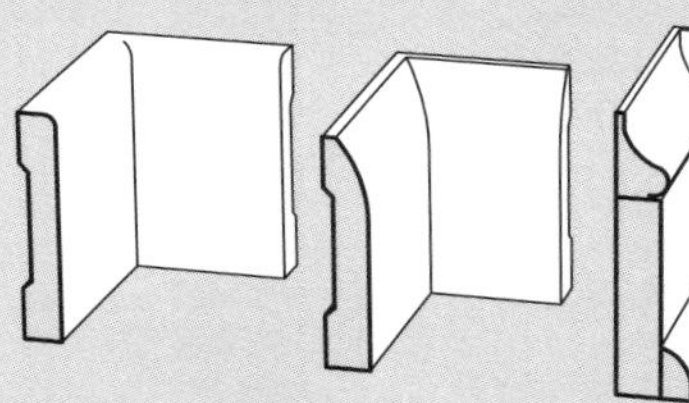

楼面精修

楼面在日常使用中会受到磨损，例如脚部、家具、脏物和水分的接触摩擦。楼面精修材料应针对空间的功能和所承载的交通量进行仔细的选择。以下列出了一系列的楼面精修材料类型和现有的装修安装方式。展示的是在当前的商业和居住方面应用最为广泛的精修方式。

地毯

地毯纤维最多的类型包括羊毛、尼龙、聚丙烯和聚脂，其中尼龙是广泛使用的。构成成分包括天鹅绒、以黄麻为底的羊毛织花、威尔顿机织绒头、装缨球，织物和棉絮等。组合方式包括拉紧（用绒丝）、直接胶结和双面胶结。

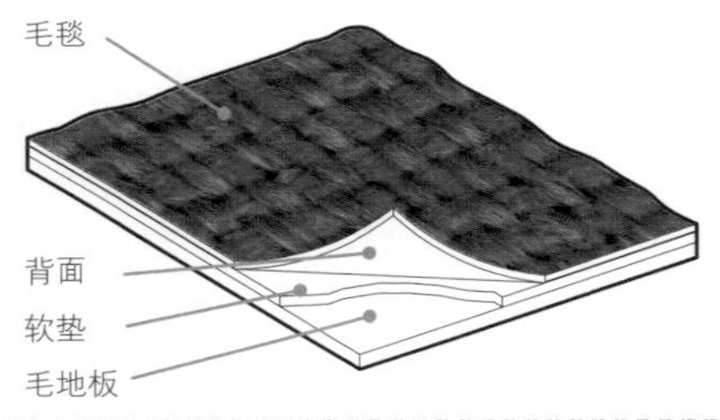

弹性地板

乙烯基板、均质乙烯基屋面板、乙烯基合成板、软质砖石板、橡胶砖地板和亚麻油毡是最普通的弹性地板类型。不论是3mm厚的板、楼面，还是贴面砖地面，都要黏着在混凝土板或是木板上。许多类型被装修成无缝的但是整体隆起的底层。

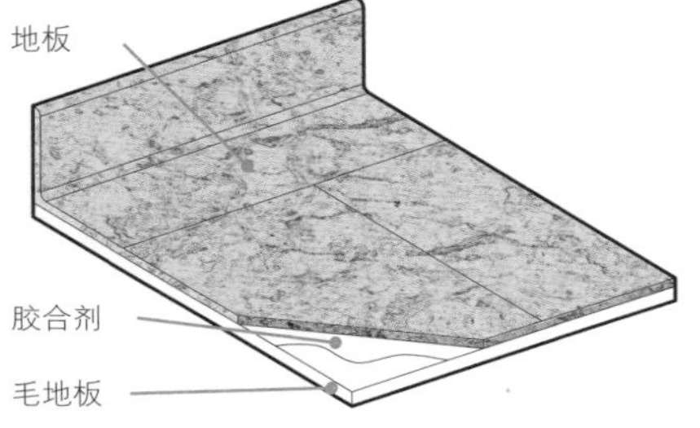

木地板

木地板有多种厚度和宽度及多种安装方式。尽管橡木、山核桃木和枫木的地板很普遍，但是几乎所有的木材均可制成地板条。厚的木板可以设置在承载重物的部位。

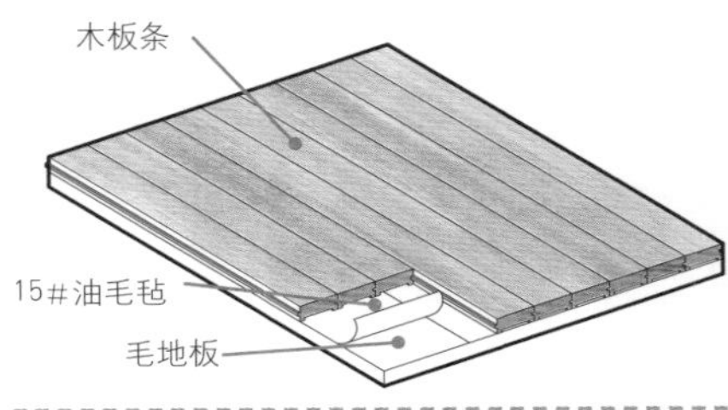

瓷砖和方砖

厚重安装设置时，贴面砖采用25mm的水泥沙浆黏结；轻质安装设置时，贴面砖采用3mm的干制砂浆、胶乳普通水泥砂浆、有机黏合剂改良的环氧树脂或乳胶砂浆黏结。

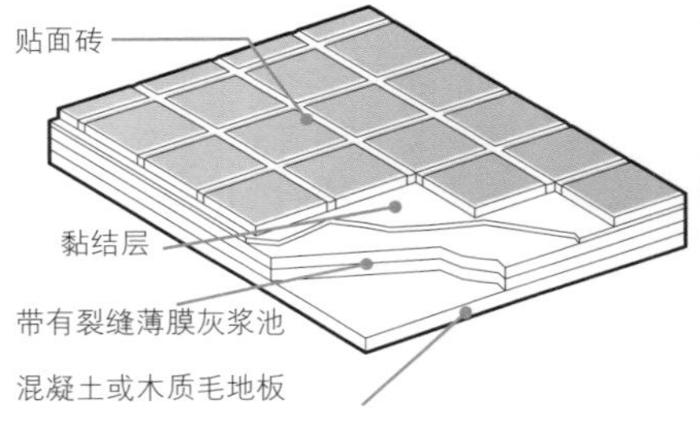

水磨石

水磨石是由碎石块和水泥杂矿石浇注或是预制的建筑材料。外观类型变化从标准型（小碎石大小）到威尼斯式（大的任意大理石块之间带有的小碎块）到粗石面（统一的质地带有无杂矿石的外露小碎块）。

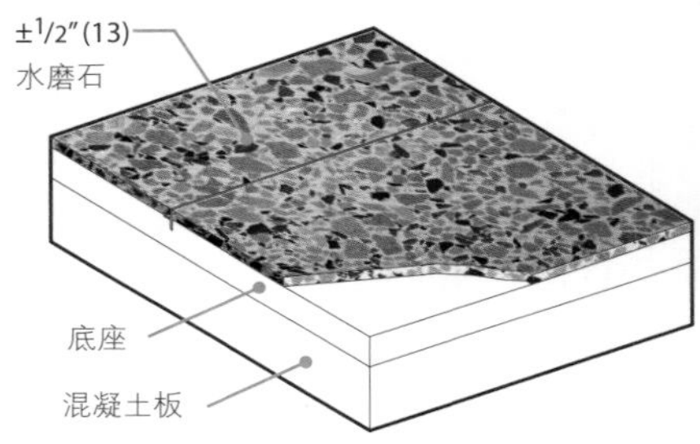

天花板

附联天花板

石膏板、灰泥板、金属和其他材料直接与节点、椽木和混凝土板相连。附联天花板在构造方式上与墙体大致相同。

吊顶

尽管石膏板、灰泥板或是纤维面板已经被普遍采用，但是所有的材料都可以应用在吊顶体系上。金属格网的 C 型槽悬吊于结构构件之上，并附有悬线为石膏板和灰泥板提供支撑。

结构面层之上与吊顶之间的空隙称为增压空间。为电缆管线、水管线、暗管线和其他设备管线提供空间。

纤维板俗称为吸声天花板（ACT），它是由矿物质或是玻璃纤维制成的，有很强的吸声性能。它们很容易卷起，安置在带有悬线的悬挂金属 T 型物之中，可以外露、凹入或是完全隐蔽。好的吸声天花板有很高的减音系数，就是说，它能吸收抵达它的大部分声音。而石膏板和灰泥板的隔音系数相对较低。然而，声音易于透过轻质板，穿过增压空间。带有吸声材料的合成板可以很好地解决这个问题。吸声板可以采用其他材料，如穿孔金属板、聚脂薄膜或是顶盖。

天花板应该可以很容易地移走，以便进入增压空间对设备管线进行维修。

常用板尺寸(mm)

305 x 305
305 x 610
610 x 610
610 x 1 219
610 x 1 524
508 x 1 524
762 x 1 524
1 524 x 1 524
1 219 x 1 219

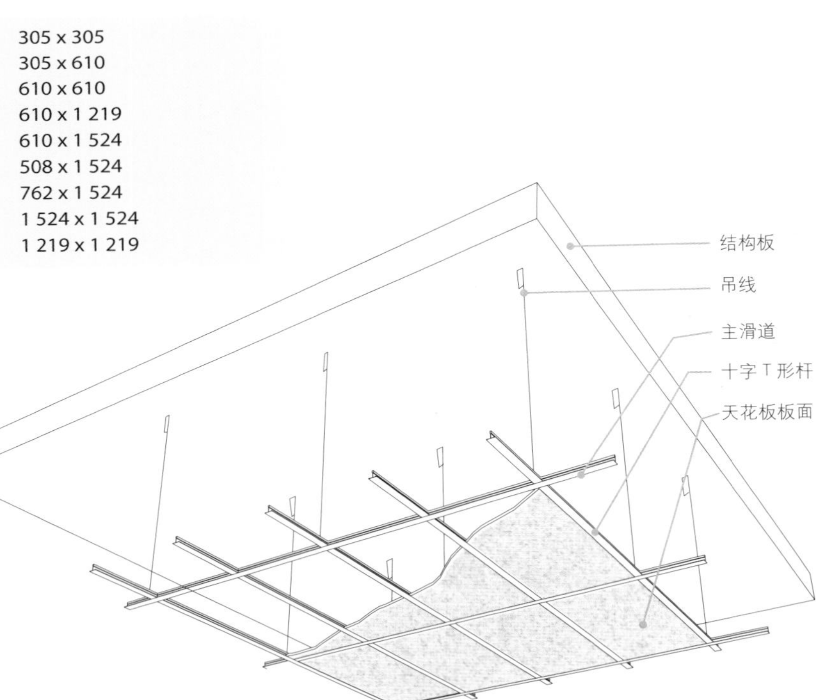

木工精修作业

建筑室内木装修部分称为木工作业。木工作业用木材作为原料，采用多种实心木材和饰面板木。总的来说，与采用骨架相比，可以有更高的质量保证。木工作业涉及到橱柜和橱柜的组装。建筑师木工协会（AWI）将橱柜质量分为三个等级：经济型、普通型和优质型。

木板类型

高密度胶合板（HDP）

与普通胶合板相比，HDP 有更多的板层和很少的空洞。自身强度和稳定性使其正适合于橱柜制作。

中等密度空心硬木纤维板（MDF）

MDF 是经过热压细木屑和黏合剂制成的平板。喷漆的板或是带有饰面表层的板可以直接使用。而染色的 MDF 则从表层到内核都有连续的颜色。适用于书架和柜厨，但也有缺点，那就是重量过大，一个全由 MDF 制成的抽屉（19×1219×2438）大约有 40.8kg 重。

中高密度深层胶合板（MDO 和 HDO）

MDO 和 HDO 一般是带有 MDF 表层的胶合板类型。它比全是由 MDF 制成的板质量轻，而比镶木面板更加光滑坚固。

刨花板孔胶合板（PBC）

PBC 是通过热压粗木屑和黏合剂制成的平板。由粗木屑形成的平板比全部由 MDF 制成的板要轻。虽然带有粗糙和不连续的外表面，但是可作为多种产品的底层材料板使用。

饰面板孔状硬木胶合板（VC）

VC 是一种带有精修的木质纹理表面的胶合板，质量轻且易于加工。

饰面板

三聚氰胺：三聚氰胺是由带有热熔点的刨花板和饱和树脂纸精修制成的。尽管在纸衬板名称上涉及到树脂，但整个产品仍是归类于三聚氰胺。适用于柜厨，可以有很多的颜色样式。同时可以用 MDF 作为其底层材料。

塑料夹层板：塑料夹层板是由浸过树脂的纸层、织物层或是玻璃丝织物压成的实心板。采用不同的树脂黏结织物（酚醛树脂、三聚氯胺树脂或是环氧树脂）会产生不同性能的塑料夹层板。塑料夹层板价格低廉，耐久性适中，有多种颜色和样式。它的耐高温性能不佳，而且着色时易于渗透。尽管潮气渗透进入接缝会对底层材料造成损伤，但是塑料夹层板自身却有很好的防潮性能。

常见柜台

塑料夹层板柜台

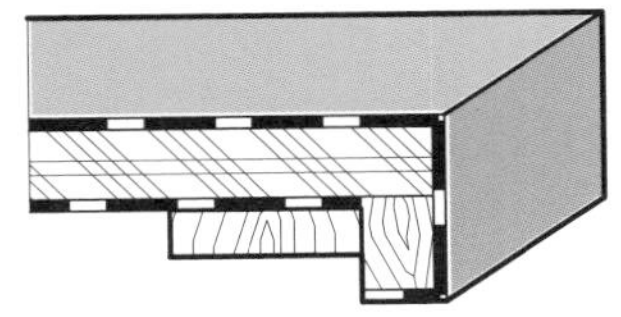

塑料夹层板柜台是由已经黏结在刨花板主平板上的夹层板、后挡板和外圆角边缘制成的。

也可以由塑料夹层板作为薄板材料制作，大约 1.6mm 厚，通过黏结剂连接；装饰性塑料夹层板印有木纹纹理或是其他图样。

石材

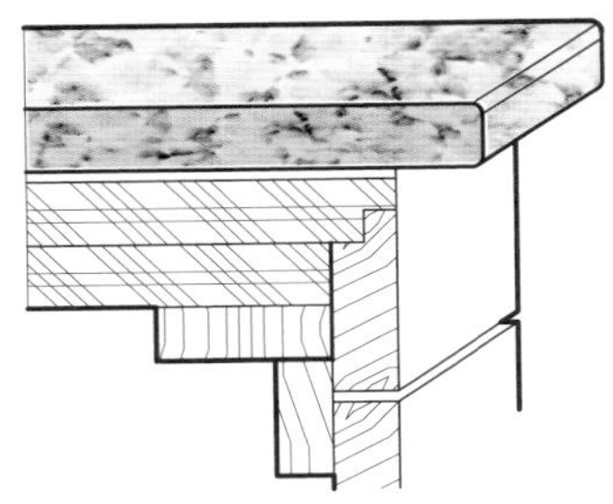

实心花岗石、皂石、大理石或是板石（基本上依靠一层薄的混凝土），对于大多数常见的厨房或浴室而言，都有很好的耐久性。底层材料多是两层胶合板或是刨花板。石材表面的厚度变化取决于类型的不同，但一般厚度范围在 20mm ～ 30mm。

浆砌石材贴面可使得表面更加光亮，价格也比较低廉。

实心表面

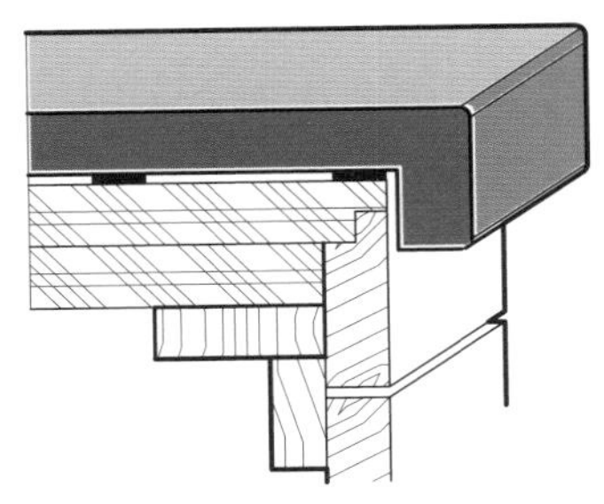

一般的实心表面是由聚合物（丙烯基树脂或是不饱和聚脂树脂）、三水铝合物、填料、染料和催化剂组成的。实心的表面材料是没有气孔的，表面均质（保持同样的外表面），坚固，稳定性好，表面带有一定硬度。它们在防水、抗压、抗化学腐蚀、防止生锈和耐高温性能方面表现良好。实心表面可以通过砂磨、修整，还可以抛光打磨处理成原始的修饰面层。

实心表面材料有较强的多用性，有多种颜色、质地、样式和透明度。尽管通常作为柜台和水槽材料，但由于它们易于切制，而且加热处理后易于形成任何形状，所以被广泛应用于家具、外包层和灯具等固定物的创新产品上。

水平应用时一般采用 15mm 厚的薄板。

第六部分

纲要

建筑的艺术性是很难进行意化和定义的。虽然建筑的定型脱离了标准的建造过程是不能实现的，但它的艺术性所包含的决不仅仅是由赋予它外形的一些材料和体系所展示的。先前的章节介绍了建筑建造的初步方式和方法，讲述了建筑师如何应用这些工具将限制性的条件转化为可能性，并赋予它们以挑战的空间，最终成为理想的建筑环境。

浩瀚的实践资料，即本书中涉及到的基本体系和概念，同样也只是向使用者对建筑界进行的一种描述。以下向大家概述一下这些基本体系是如何成为我们文明的交叠历史的。

我们生活在建筑的世界中，无论其设计好坏与否，都是我们生存的空间。通过日常生活和在各地的旅行，我们能够对它们有所了解。为了加强我们对建筑的了解，本书的最后将从无限的建筑资料和讨论中挑出一部分向大家进行介绍，当然，这仅仅是了解建筑的一个开始。

第 25 章　时间轴

建筑的历史是一部文明史。建筑是人工建造的，建筑的内在与它们建造的时代和社会紧密相联，清晰地展示了它们修建时的背景。为了理解一座建筑，必须深入洞察当时当地的无尽的各方面的因素，包括地理条件、气候条件、社会等级以及宗教实践和工业文明的程度。同时由于建筑是很少能够移动的，因此建筑几乎不可能在它的起始地消失。

历史长河的流动性对朝代进行的简明分类是不实用的，建筑风格与建筑发展则可以解决这个难题。虽然一些特殊条件可能导致一些风格样式的突然出现，但是大多数还是慢慢进化着，并且逐渐衰落。任何历史片断都带有明显的局限性，尽管如此，这里所写的大致时期，正是用于纵览整个时间线，以阐述各种建筑运动事件之间的联系。

古代

吉萨大斯芬尼克像
（约公元前 2500 年）埃及

吉萨金字塔
（公元前2570～2500 年）埃及

巨石阵
（约公元前2900～1400年）
英国*Salisbury*平原

公元前2000年

公元前1000年

0

古埃及
（约公元前3500～30年）

多柱厅
（约公元前1300年）
埃及

曼图赫特普神庙
（公元前2061～2010年）
埃及

拉美西斯二世神庙
（约公元前1285～1225年）
埃及，阿布

山岳台
（公元850年）
墨西哥

岩石圣殿
（公元687～689年）
以色列

古希腊
（约公元前2000～31年）

克诺塞斯王宫
元前1700～1380年）
希腊，克诺索斯

赫拉神庙
（公元前460年）
意大利

阿波罗神庙（公元前310年）土耳其
建筑师：Paeonis和Daphnis

帕埃斯图姆神庙
（约公元前530～460年）
意大利，帕埃斯图姆

帕提农神庙（公元前448～432年）
希腊，雅典

阿塔勒斯柱廊
（公元前150年）
希腊，雅典

罗马风建筑
（公元500～公元1200年）

古罗马
（公元前510～公元476年）

卡瑞卡拉浴场
（公元215年）
罗马，意大利

潘提翁神庙
（重建于118～25年）
意大利，罗马

康坦斯丁凯旋门
（公元312～315年）
罗马，意大利

斗兽场（公元72～80年）
罗马，意大利

普罗旺斯城
Aqueduct
（公元前15年）
法国

金字形神塔
（约公元前2100年）
美索不达米亚

伊特鲁里亚时期
（约公元前9世纪～公元前50年）

拜占庭时期
（公元324年～15世纪）

1000年 1100年 1200年

中世纪时期

肯达利·玛哈戴瓦神庙
(1025～1050年)
印度

巴黎圣母院
(1163～1250年)
法国，巴黎

沙特尔大教堂
(1194～1220年)
法国，沙特尔

亚眠主教堂
(1220～1247年)
法国，亚眠

索尔兹伯里主教堂
(1220～1260年)
英格兰，索尔兹

罗马风建筑
(500～1200年)

乌尔姆主教堂 (1110～1181年)
德国，乌尔姆

圣阿波里奈教堂
(约490年)
意大利

比萨教堂 (1063～1092年)
和斜塔 (1153年)
意大利，比萨

吴哥窟
(约1120年前)
柬埔寨

圣维托教堂 (526年)
意大利

圣索菲亚教堂 (537年)
土耳其，伊斯坦布尔

圣马可广场 (1042～1085年)
意大利，威尼斯

拜占庭时期建筑
(324年～12世纪)

1300年 1400年 1500年

国王礼拜堂
(1446～1515年)
英格兰，剑桥

哥特建筑
(约1140～1500年)

立法大楼
(1493～1508年)
法国

米兰大教堂
(1387～1572年)
意大利，米兰

斯特拉斯堡大教堂
(始建于1277年)
法国

故宫
(15世纪)
中国，北京，紫禁城

圣母百花大教堂
(1377～1436年)
意大利，佛罗伦萨
建筑师：Filippo Brunelleschi

圆厅别墅 (1557年)
意大利
建筑师：Andrea Palladio

文艺复兴时期
(1350～1600年)

劳伦琴图书馆
(1524年)
意大利，圣劳伦斯
建筑师：Michelangelo

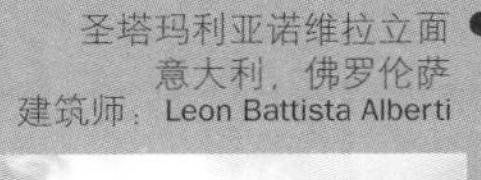

圣塔玛利亚诺维拉立面
意大利，佛罗伦萨
建筑师：Leon Battista Alberti

鲁切拉宫(1455～1470年)
意大利，佛罗伦萨
建筑师：Leon Battista Alberti

圣乔治大教堂 (1566年)
意大利，威尼斯
建筑师：Andrea Palladio

坦比哀多
(1502年)
意大利，罗马
建筑师：Donato Bramante

1600年

1650年

1700年

近现代

苏珊纳立面
(1603年)
意大利，罗马
建筑师：Carlo Maderno

圣彼得广场柱廊
(1656年)
意大利，罗马
建筑师：Gianlorenzo Bernini

卡瑞斯彻 (1656年)
奥地利，维也纳
建筑师：Johann Fischer van Erlach

圣卡罗教堂 (1634年) 意大利，罗马
建筑师：Francesco Borromini

巴洛克建筑
(1600～1700年)

文艺复兴时期
(1350～1600年)

泰姬陵
(1630～1653年)
印度，阿格拉
Emperor
建筑师：Shah Jahan

克斯威
(1725～
英格兰
建筑师

沃拉顿大厅
(1580～1588年)
英格兰，诺丁汉郡
建筑师：Robert Smythson

西班牙大台阶
(1723～1725年)
意大利，罗马
建筑师：Francesco de Sanctis

1750年

1800年

1850年

新艺术运动
(1880～1902年)

泰西尔住宅 (1893年)
比利时，布鲁塞尔
建筑师：Victor Horta

“全景敞式建筑”(1791年)
建筑师：Jeremy Bentham

国家国书馆
(1858～1868年)
法国，巴黎
建筑师：Henri Labrouste

水晶宫 (1851年)
英格兰，伦敦
建筑师：Joseph Paxton

盐场 (1780年)
法国, Chaux
建筑师：Claude-Nicolas Ledoux

斯高尼克剧场 (1819～1821年)
德国，柏林
建筑师：Karl Friedrich Schinkel

弗尼克亚大学 (1826年)
美国
建筑师：Thomas Jefferson

新古典主义建筑
(1750～1880年)

蒙特塞洛城 (1771～1782年)
美国，弗吉尼亚州，夏洛茨维尔
建筑师：Thomas Jefferson

波士顿公共图书馆
(1887～1895年)
美国，马萨诸塞州，波士顿
建筑师：McKim, Mead & White

潘提翁神庙 (1764–1790年)
法国，巴黎
建筑师：Jacques Germain Soufflot

议会大厦
(1836～1868年)
英格兰，伦敦
建筑师：Charles Barry

菲尔德批发市场
(1885～1887年) 美国，芝加哥
建筑师：H. H. Richardson

乔治亚时期
(1714～1830年)

英格兰银行
(1788年)
英格兰，伦敦
建筑师：John Soane

洛可可建筑
(1700～1780年)

1900年 1920年 1940年

新艺术时期
(1880～1902年)

现代主义

德国馆(Barcelona Pavilion)
建于1928年，于1930年拆除，又于1959年重建
西班牙，巴塞罗那
建筑师：Ludwig Mies van der Rohe

米拉公寓(1906～1910年)
西班牙，巴塞罗那
建筑师：Antoni Gaudí

伊姆斯住宅 (1945年)
美国，加利福尼亚州
建筑师：Charles & Ray Eames

国际主义风格展览
(1929年) 美国，纽约

现代主义
(1900～1945年)

萨伏伊别墅 (1929年)
法国
建筑师：Le Corbusier

哥德曼 &萨拉斯克商店
(1910年)
奥地利，维也纳
建筑师：Adolf Loos

爱因斯坦天文台 (1921年)
德国，波茨坦
建筑师：Erich Mendelsohn

流水别墅 (1937年)
美国，宾夕法尼亚州
建筑师：Frank Lloyd Wright

Ward Willits 住宅 (1902年)
美国，伊利诺州，高地公园
建筑师：Frank Lloyd Wright

包豪斯 (1925年)
德国，波茨坦
建筑师：Walter Gropius

红屋 (1859–1860年)
英格兰,Bexleyheath
建筑师：Philip Speakman Webb

工艺美术运动
(1860～1925年)

装饰艺术
(1920～1940年)

帝国大厦 (1930年)
美国，纽约
建筑师：Shreve, Lamb & Harmon

国际装饰艺术与现代工业展
(1925年) 法国，巴黎

1960年

1980年

2000年

粗野主义
(1950～1970年)

亨斯特顿学校 (1954年)
英格兰，诺福克郡
建筑师：Alison & Peter Smithson

西雅图公共图书馆 (2004年)
美国华盛顿州，西雅图
建筑师：Rem Koolhaas (OMA)

罗马小体育馆
(1960年)
意大利，罗马
建筑师：Pier Luigi Nervi

期现代主义建筑
45～1975年)

贝尔博物馆 (1967～1972年)
美国，德克萨斯州
建筑师：Louis I. Kahn

环球 (1962年)
美国，纽约
建筑师：Eero Saarinen

Carpenter Center (1964年)
美国，马萨诸塞州
建筑师：Le Corbusier

三号住宅 (1969～1970年)
美国，康涅狄州
建筑师：Peter Eisenman

ass House (1949年)
国，康涅狄州
筑师：Philip Johnson

卢浮宫加建 (1983～1989年)
法国，巴黎
建筑师：I. M. Pei

蓬皮杜文化中心 (1976年)
法国，巴黎
建筑师：Renzo Piano & Richard Rogers

解构主义
(1980～1988年)

拉维莱特公园 (1982～1985年)
法国，巴黎
建筑师：Bernard Tschumi

韦克斯纳视觉
艺术中心 (1989年)
美国俄亥俄，哥伦比亚
建筑师：Peter Eisenman

盖里自宅 (1977～1978年)
美国，加利福尼亚州
建筑师：Frank Gehry

后现代主义建筑
(1960～1990年)

波特兰市政厅 (1982年)
美国，俄勒冈州
建筑师：Michael Graves

电话电报中心 (1978年)
美国，纽约
建筑师：Philip Johnson & John Burgee

栗子山住宅 (1964年)
美国，宾夕法尼亚州
建筑师：Robert Venturi

第 26 章　建筑元素

古典主义建筑元素

古典主义建筑基本上是指古代希腊和古代罗马的建筑样式，是基于柱子的比例与古典秩序的装饰而形成的建筑。希腊和罗马的古典主义也是整个历史复兴的基础，而隐藏在形式与比例背后的理念，在今天仍然得到一定的发展。

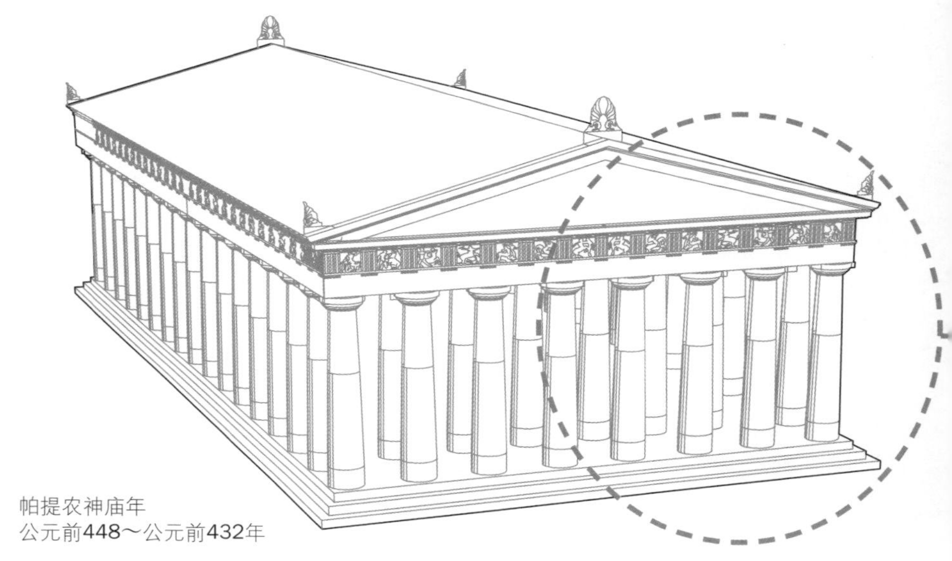

帕提农神庙年
公元前448～公元前432年

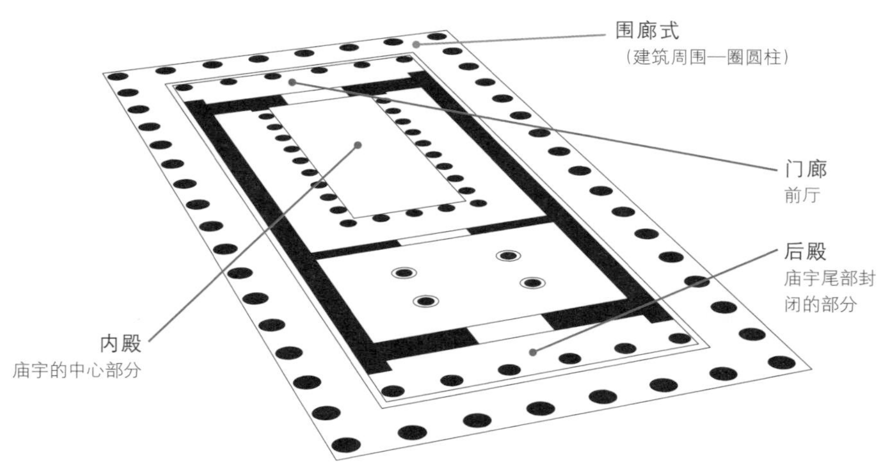

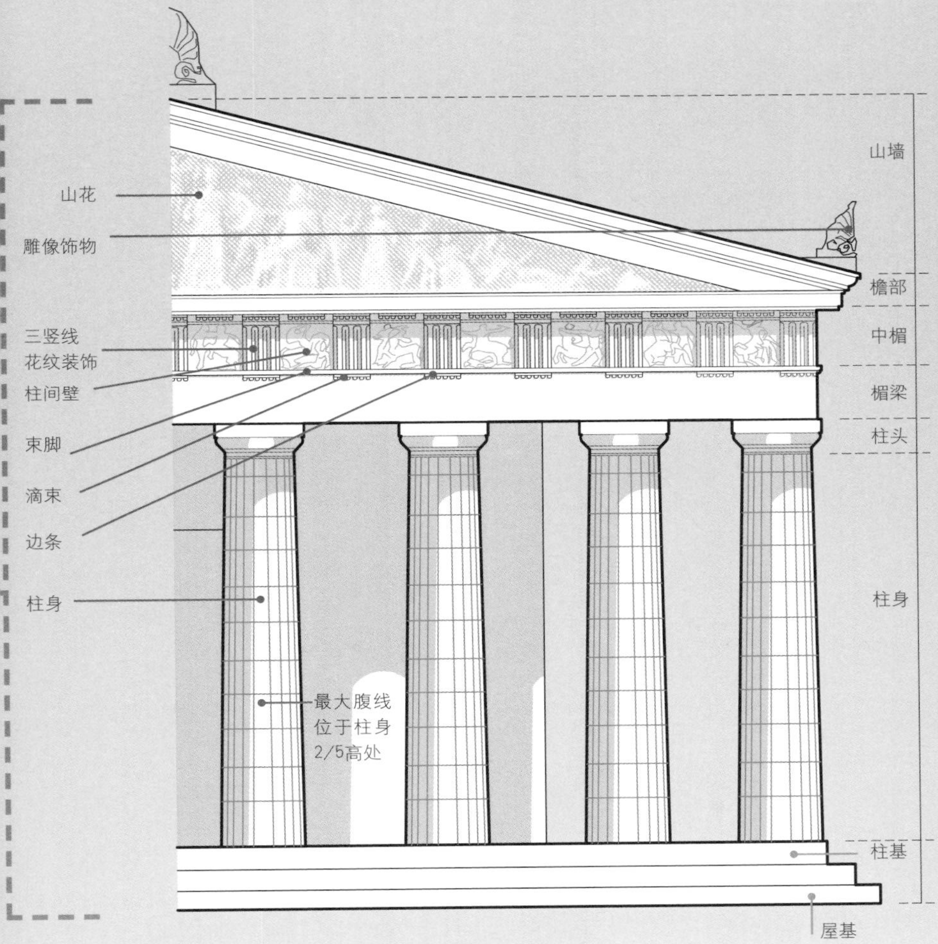

山墙
山花
雕像饰物
檐部
三竖线
花纹装饰
中楣
柱间壁
楣梁
束脚
柱头
滴束
边条
柱身
柱身
最大腹线
位于柱身
2/5高处
柱基
屋基

凸肚状：古典的柱子有轻微的凸面曲率，用于矫正直线而导致的凹状视错觉。其他调整例如斜倚柱，则轻微的脱离垂直关系，将末端柱子做得更大、更紧密，同时产生了视觉上的美感。

像身柱：雕刻成像身的柱子，用于柱子支撑。其他形式包括男像柱子、顶篮子的少女像身柱子、方形石柱和倒锥柱子（基座倒锥形，终端是人头或是动物头像）

古典建筑秩序

古典建筑元素的次序是以它们独特的比例体系划分的。这种比例体系的基础是柱子的直径，而基座、柱身、檐口的高度均与其有关。以一种普通的柱径为例，来说明五种柱式各部分之间的比例关系。

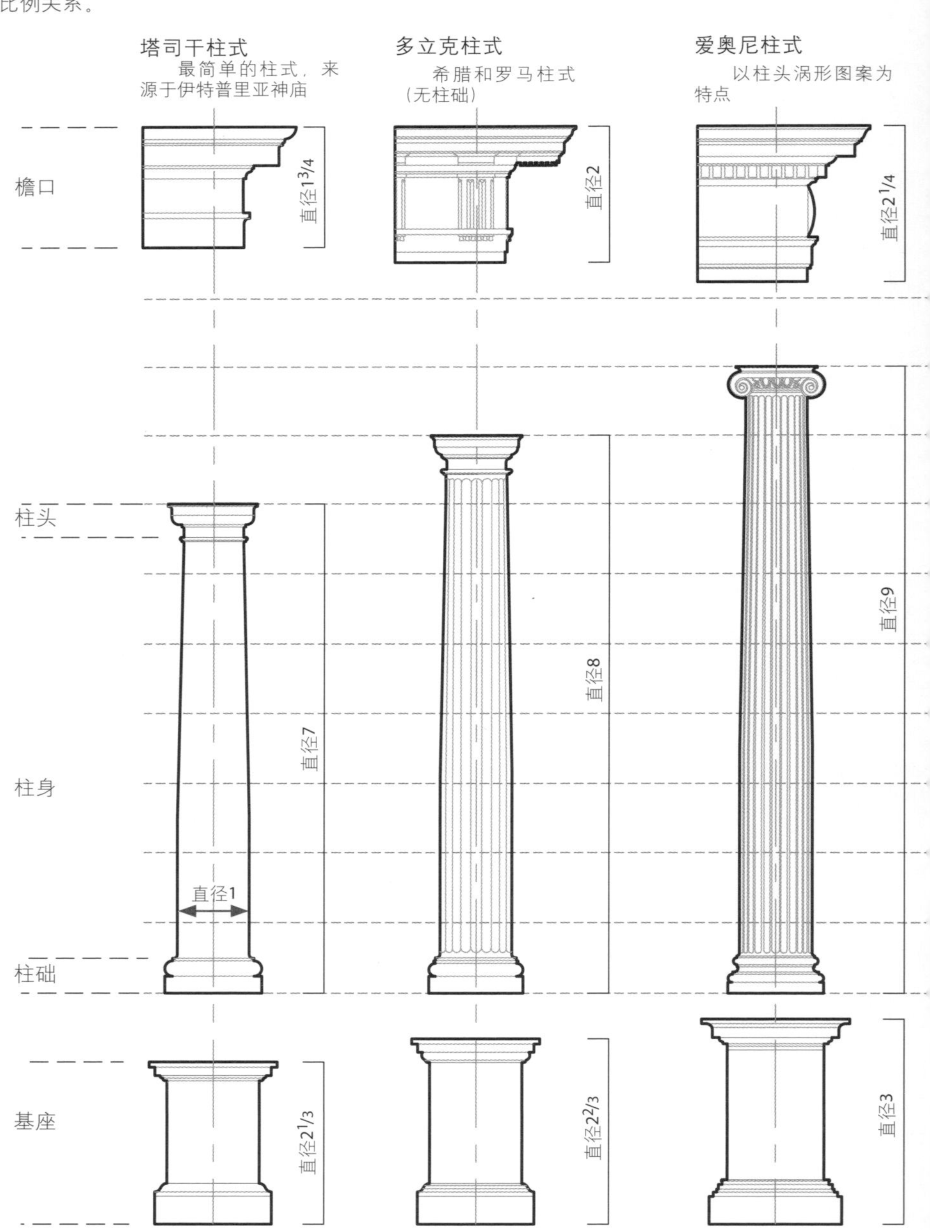

科林斯柱式

希腊和罗马柱式，饰有凹槽或没有，以柱头叶形装饰为明显特征。

混合柱式

罗马柱式，爱奥尼柱式与科林斯柱式的融合。

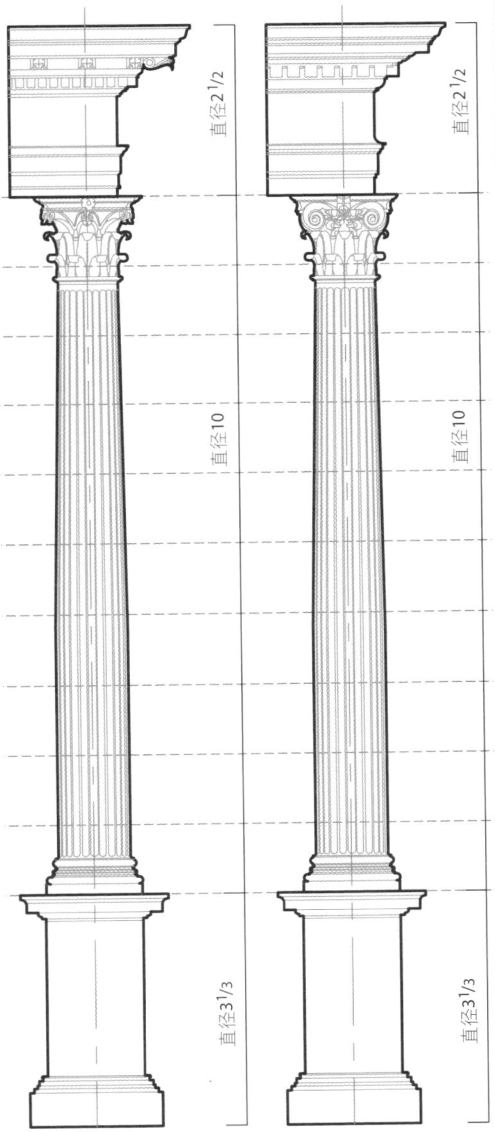

直径2 1/2
直径10
直径3 1/3
直径2 1/2
直径10
直径3 1/3

檐口
柱上楣
额枋
楣梁
柱头
柱身
柱础
方形基座
台座
基座
方形基座

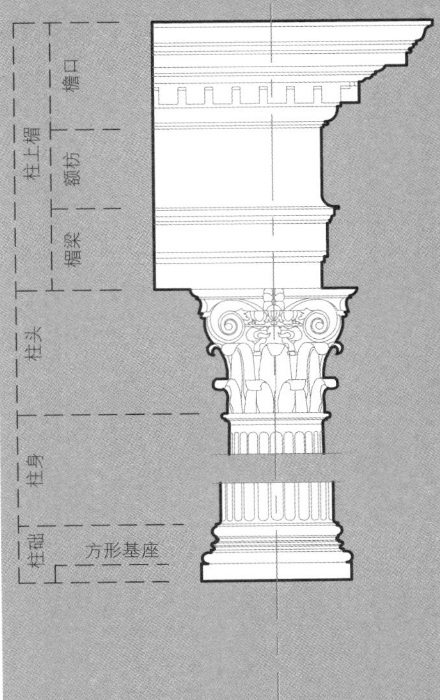

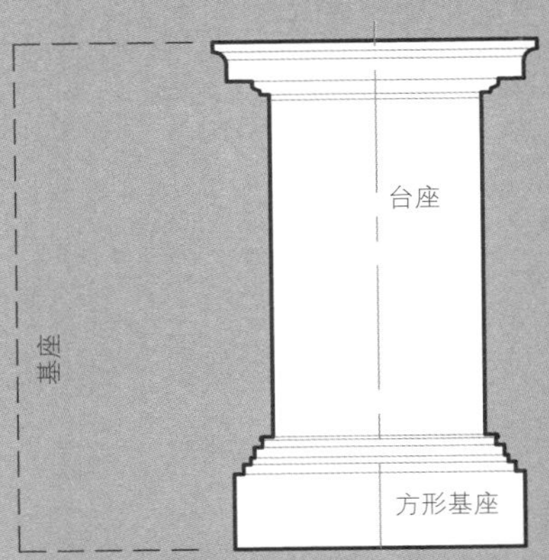

哥特建筑构件

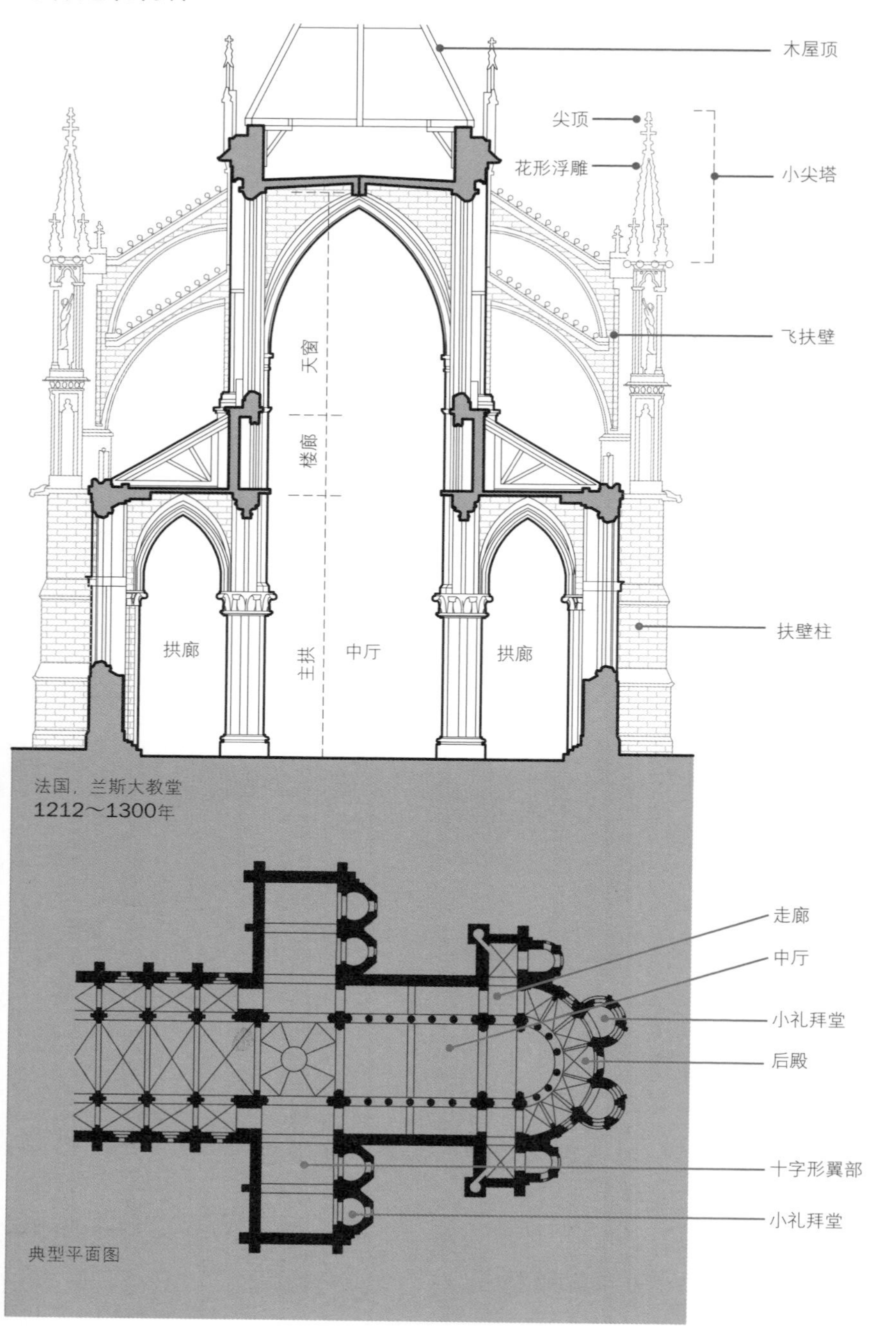
木屋顶
尖顶
花形浮雕
小尖塔
飞扶壁
天窗
楼廊
扶壁柱
拱廊
主拱
中厅
拱廊
法国，兰斯大教堂
1212～1300年
走廊
中厅
小礼拜堂
后殿
十字形翼部
小礼拜堂
典型平面图

拱

1 柱脚
2 楔石块
3 拱心石
4 内弧面
5 外弧面
6 顶
7 腰部
8 跨度
9 起拱线
10 拱心

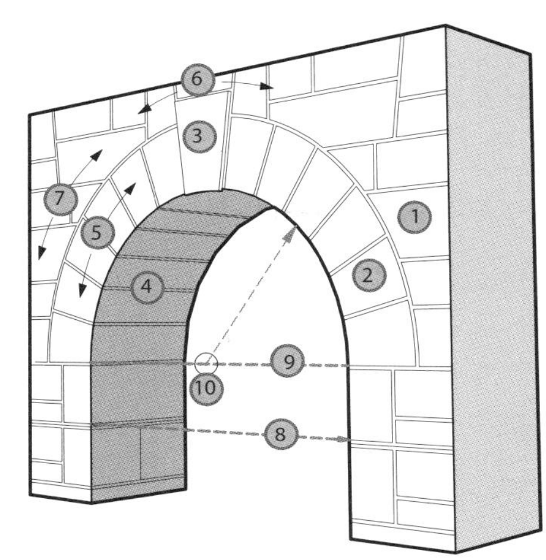

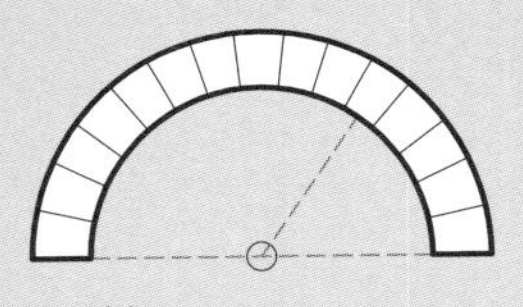
半圆形拱

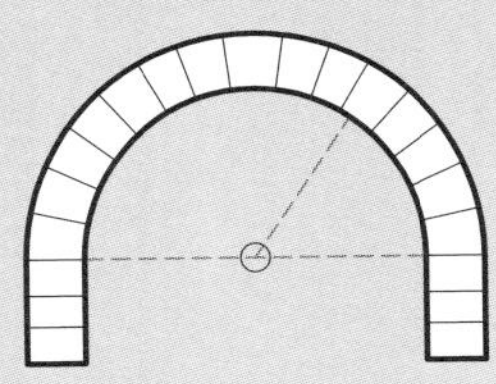
半圆形支架拱

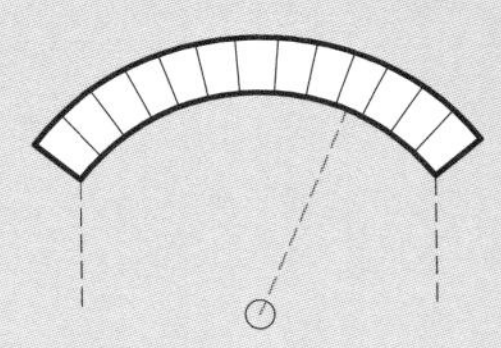
扇形拱

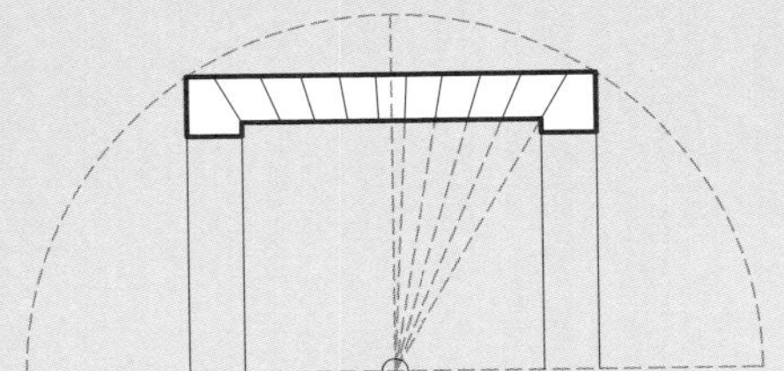
起重器

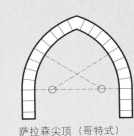

萨拉森尖顶（哥特式）

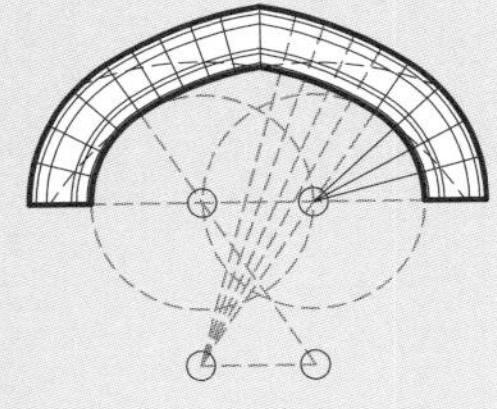
四心尖顶拱

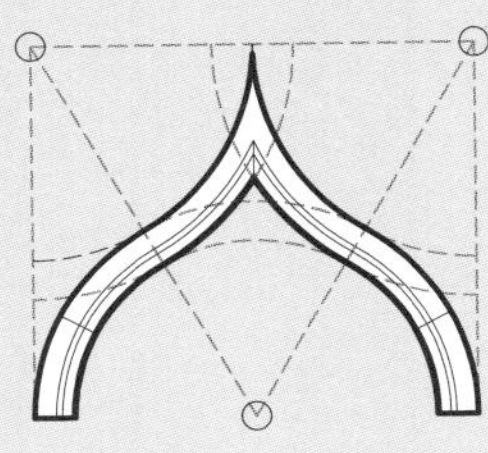
尖拱

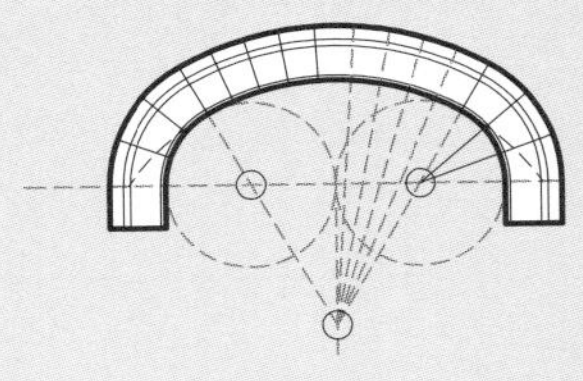
三心拱顶

现代主义建筑

现代主义建筑反对古典建筑的形式和风格，主张利用当今的技术、工业化、钢、铁以及混凝土材料在结构系统中的、创新使用，使得人们不再依靠笨重的砖墙，而开启了全新的灵活的设计方式。瑞士建筑师柯布西耶发展了这种体系，在这种体系下，他把承重结构和围护结构分离开来，形成了自由的平面和自由的立面。

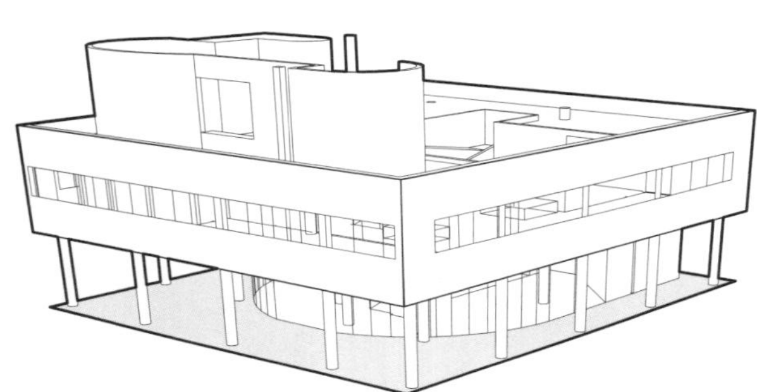

柯布西耶的建筑五点是：独立支柱，屋顶花园，自由的平面，水平带形窗，自由的立面。1929年他在法国普瓦西建造的萨伏伊别墅（他称之为“住宅是居住的机器”）清晰地阐明了他的建筑五点。

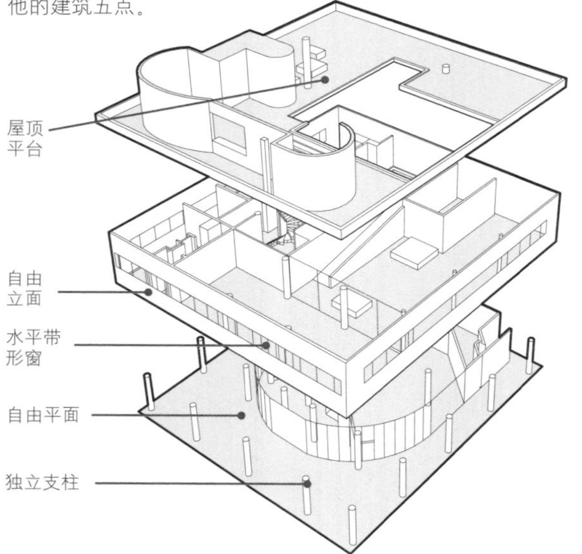

小结

屋顶形式

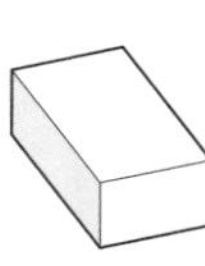
平顶

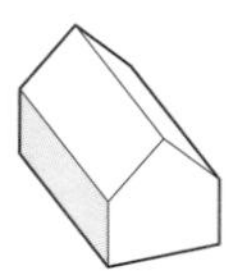
两坡顶

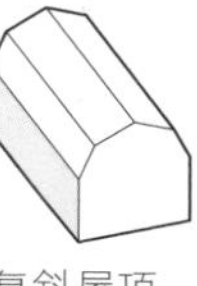
复斜屋顶

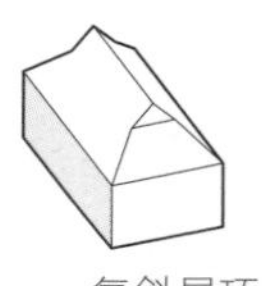
复斜屋顶

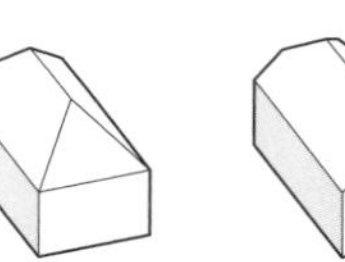
四坡顶

斜山墙四坡顶

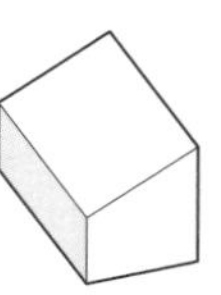
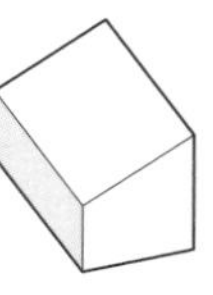
单坡顶

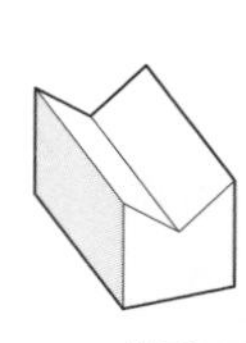
蝶形顶

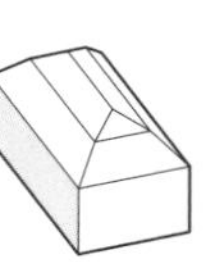
孟莎式屋顶

拱顶

尖塔顶

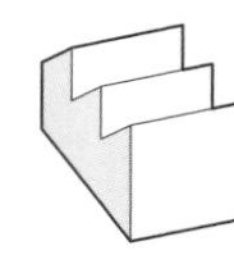
锯齿顶

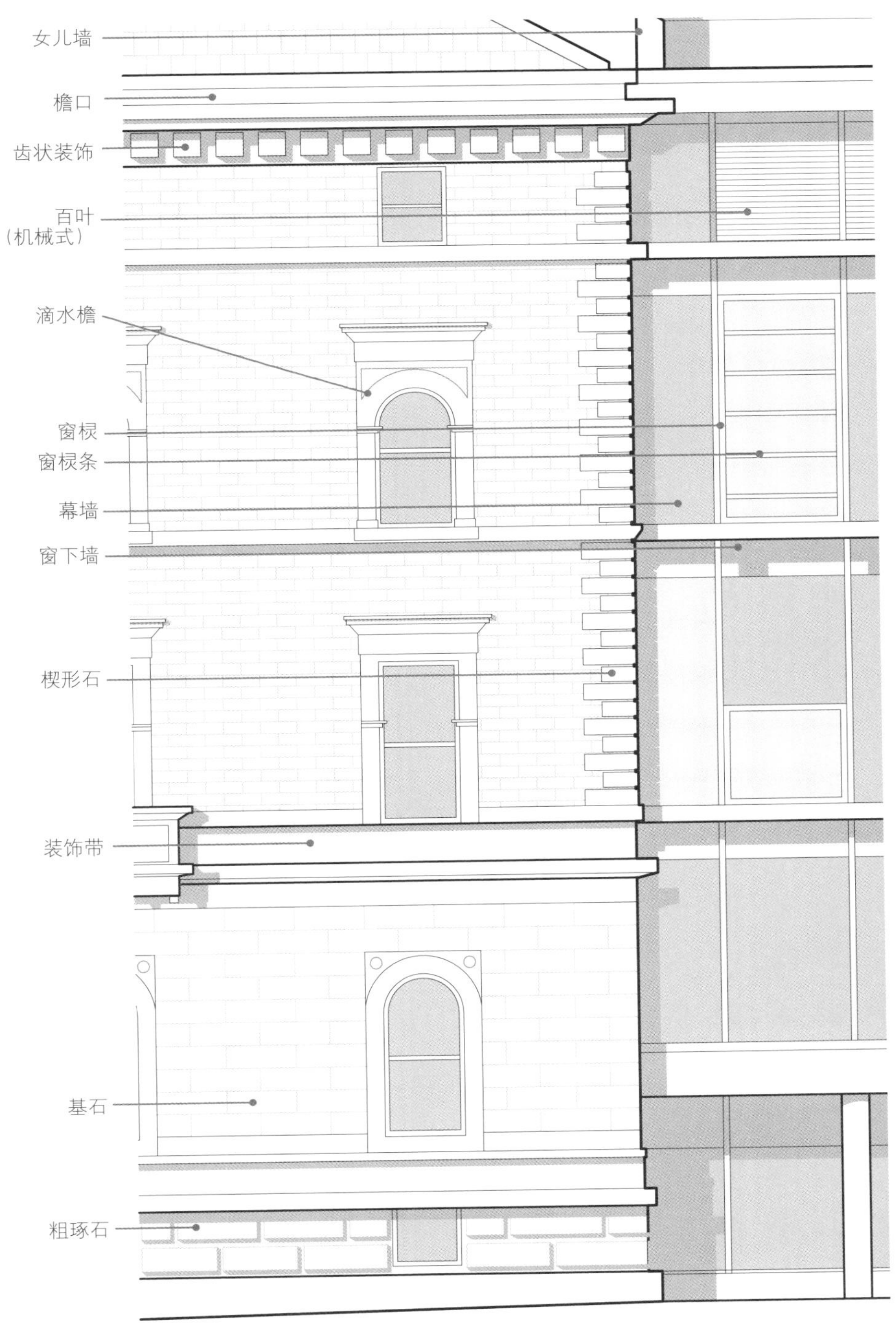
女儿墙
檐口
齿状装饰
百叶
（机械式）
滴水檐
窗棂
窗棂条
幕墙
窗下墙
楔形石
装饰带
基石
粗琢石

第 27 章 词汇表

AASM：美国钢铁制造商协会

AGCA：美国总承包商协会

AIA：美国建筑师协会

AISC：美国钢结构学会

AISI：美国钢铁协会

ANSI：美国国家标准协会

APA：美国胶合板学会

ASHRAE：美国制冷、加热和空气调节工程师学会

ASTM：美国试验与材料学会

CSI：美国建筑规范学会

IESNA：北美照明工程协会

ICC：国际建筑规范理事会

ICED：国际环境设计理事会

ISO：国际标准化组织

LEED：能源与环境设计联盟

NIBS：美国国家建筑科学院

NFPA：美国国家消防委员会

RAIC：加拿大皇家建筑科学院

RIBA：英国皇家建筑科学院

UIA：国际建筑师协会

UL：保险业者实验室

A

检修楼面层（Access flooring）：楼面结构层上部的可移动装饰楼面层，开启后可以在内部安装电缆和水管管道。

无障碍（Accessible）：所有人都可以通过，无论伤残程度如何。

吸声吊顶（Acoustical ceiling）：天花板上可以吸声的移动式纤维面砖系统。

ADA：美国残疾人保护法

改建性重利用（Adaptive reuse）：根据建筑使用者的变化而在建筑功能上进行的调整。

AFF：楼面竣工标高以上。

骨料（Aggregate）：在混凝土和石膏中的砂子、砾石和石子等颗粒。

合金（Alloy）：由两种金属或是金属和其他物质制成的新物质。

螺栓（Anchor bolt）：能将建筑框架与砖墙或是混凝土相连的埋件。

煅烧（Annealed）：在控制条件下使金属缓慢的冷却。

角铁（Angle）：L型铁件。

拱形（Arch）：能够将垂直荷载转化成水平力的建筑构件形式。

拱廊（Arcade）：由一系列柱子形成的廊道。

天井（Atrium）：由屋面开敞形成的庭院。

轴向力（Axial）：与结构构件长轴方向平行的作用力、荷载、拉力或压力等。

B

压顶／镇流器(Ballast)：屋顶薄膜上部安置的重物，比如碎石，将风对屋顶的掀起力降到最小；在灯具中指的是镇流器，即为荧光灯开启时提供瞬时电压，并在运行阶段保持稳压作用的仪器。

轻捷型构架（Balloon frame）：木结构构架方式，即将垂直柱头螺栓直接栓在窗台和屋檐之间，而不需借助楼板。

栏杆支柱（Baluster）：支撑楼梯扶手的垂直构件。

栏杆（Balustrade）：由栏杆支柱和扶手组成的，经常用于阳台上。

饰带(Band/banding)：在墙体上由不同材质、不同颜色或不同纹理形成的连续的水平分割。

圆形钢（Bar）：小的轧型钢。

型钢格栅（Bar joist）：楼板和屋顶支撑的桁架类型，在顶部和底部带有钢构件，并以粗钢丝或钢管绑扎。

底板（Base plate）：柱子和基础之间的钢板，它将柱子的荷载传递到基础上。

跨（Bay）：由邻近的四根柱子形成的长方形空间；或是表示立面中突出的部分。

梁（Beam）：跨度之间的水平线性构件，在两端以墙体或柱子支撑。

承重墙（Bearing wall）：承载楼面和屋面的墙体。

平缝（Bed joint）：在砖墙体系中，砖块间的水平砂浆层。

弯矩(Bending moment)：作用于结构构件，能够引起曲线变形的结构应力。

垫块（Blocking）：置于接缝、螺栓或是椽子之间的木片。用以稳定结构或是为精修提供钉板表面。

蓝图（Blueprint）：在特殊图纸上的打印图。适用于精确不失真的比例放大图纸。蓝图已经迅速被计算机打印图纸取代。

木料尺（Board foot）：衡量木材体积的单位。

过梁（Bond beam）：位于砖墙顶部，由混凝土和钢筋制成，用于支撑楼面荷载。

深遮阳（Brise−soleil）：建筑物的遮阳方式，即将遮阳物与室内相连。

建筑规范(Building code)：确保建筑安全合理使用的建筑设计限制条文。

组合叠加屋顶（Built−up roof）：屋顶表层已由几层的绒毛附着并有柏油或炭焦提炼成的沥青加以防水处理。

扶壁（Buttress）：用于支撑拱顶或是穹隆顶斜向应力的砖石或混凝土结构构件。

C

CAD：计算机辅助建筑设计

沉箱基础（Caisson）：穿过建筑物地下结构中不佳的土质，一直到达岩石、密实卵石或是硬土层，然后灌以混凝土而形成的基础形式。

遮篷（Canopy）：门窗上部的遮蔽物。

悬臂（Cantilever）：梁板伸出其端部支撑体。

柱头（Capital）：柱子的最上部部分。

空心墙（Cavity wall）：中间夹以空气层的砖墙。

水泥（Cement）：由水和黏结骨料通过化学作用制成的干粉末。

工程变更通知单(Change order)：由业主和承包商都签名的书写文件，对工程变更进行授权。

凹槽墙（Chase wall）：空心处放置电缆线或是水管的墙体。

弦杆（Chord）：桁架结构中的结构构件。

净地面空间（Clear floor space）：满足单个静态轮椅和使用者的最小的占地面积。

天窗（Clerestory）：安置在墙体高处的窗户，但比屋面高度低。

扩大系数（Coefficient of expansion）：在恒定压力下由温度改变而引起的物体在长度、面积或是体积上的部分变化。

冷轧（Cold rolling）：在室温下对金属进行的轧制，拉伸金属的晶体结构以加强金属的硬度。

柱廊（Colonnade）：支撑柱顶上盘或是拱顶的一系列的柱子。

柱子（Column）：用于承担荷载的升起的结构构件。

混凝土（Concrete）：由水泥、骨料和水混合制成的结构材料。

混凝土砌块（Concrete masonry unit）（CMU）：由混凝土浇注制成的实心或空心砖块。

挡板（Coping）：防护板或是墙体上部用于挡水的护板。

枕梁（Corbel）：由连续的突出下面一层的砖石层形成的，突出的砖石或混凝土支撑架。

檐口（Cornice）：建筑物上部的突出成型部位；或是柱子最上的部分。

层(砖石砌体)(Course)：一砖高的水平砖石单元。

排水管（Cricket）：将檐沟、平台或屋面的水排走的管道部件。

过梁支承短柱（Cripple stud）：在过梁跨中支撑过梁的竖向受力短构件。

圆屋顶（Cupola）：在建筑物上升起的穹顶结构。

幕墙（Curtain wall）：由建筑物结构框架支撑的非承重墙体体系。

D

板（Deck）：横跨梁或托梁的水平面板。

挠度（Deflection）：在应力作用下，结构构件发生的垂直于构件轴线方向的弯曲变形。

可交付文件（Deliverables）：由建筑师提交给业主的建设文件，是经过主审建筑师同意的。

细部（Detail）：关于材料和构件构造的制图信息，可以键入放大比例示图中。

尺寸稳定性（形稳性）(Dimension stability)：即木片能够抵挡反复潮气的性能。尺寸稳定性差的木材在潮湿的环境中稳定性差。

穹隆（Dome）：拱形环绕其垂直轴旋转形成的碗形体量。

老虎窗（Dormer）：突出斜屋顶带有窗户的部分。

通风管（Duct）：控制和引导空气流通的管道。

DWG：计算机制图文件

E

屋檐（Eave）：突出于室外墙体的屋面边缘。

疏散（Egress）：安全离开的方式。

立面图（Elevation）：于站立观看视线垂直的建筑物的外表面图形，表明各部分之间的相互关系。

侵占（Encroachment）：建筑物的一部分超出自己的领域，非法占据其他建筑物的领域。

能量有效利用（Energy efficiency）：在不影响功效的情况下对能量的利用。

附墙柱（Engaged column）：与墙体相连的非独立柱。

柱上楣（Entablature）：古典柱式的最上部部分，由额枋、檐口和楣梁组成。

伸缩缝（Expansion joint）：建筑的分隔缝，以防止建筑物的扩大变形引起的破坏。

F

立面（Facade）：建筑物的各个表面。

挑口饰（Fascia）：屋檐上暴露的垂直表面装饰。

窗排列与配合法（Fenestration）：立面上窗户的排列与布置方式。

屋顶装饰物（Finial）：尖顶或屋顶上的装饰构件。

耐火等级（Fire-resistance rating）：由建筑材料或建筑构件抗燃时间长短确定的等级。

防雨板（Flashing）：由金属片、塑料或是其他防水材料制成的薄板，用于防止雨水渗透或是透过接缝进入墙体或屋顶。

平板玻璃（Float glass）：普通平板玻璃是将玻璃材料浮游在熔融金属层制成的，形成的玻璃表面光滑且平坦。

基础脚（Footing）：基础的扩大部分，可以将建筑的荷载分散给土壤持力层。

地基（Foundation）：建筑物的最底层部分，能够将建筑物的荷载传递给土壤。

G

电池效应（Galvanic action）：在两种相似金属间发生的相互腐蚀。

主梁（Girder）：水平的梁，通常比较大，用于承载其他梁。

柱间系梁（Girt）：在柱子间承载墙体覆层的水平梁。

黄金分割（Golden section）：线段分隔的完美比例关系，即分隔成的短线段长度与长线段长度的比值等于长线段长度和线段总长度的比值。

安全扶手（Grab bar）：与墙体方向平行的扶手，为人提供稳定平衡的抓手。

等级（Grade）：尺寸大小或是质量的分类；地板面；坡度。

防护栏杆（Guardrail）：在开口部位设置的防止跌落的安全扶手。

连接板（Gusset plate）：桁架弦杆之间相互连接的桁架节点。

石膏墙板（Gypsum wallboard）（GWB）：室内墙面面板，石膏介于两层纸之间。也称为灰泥板。

H

半（砖）木结构（Half-timbered）：木结构空隙层填以砖石墙体。

扶手（Handrail）：与楼梯或坡道行进方向平行的栏杆，可形成一种连续的界面。

硬公制（Hard metric）：不同度量体系中构件尺寸的相互转换，并不是很精确的换算。

硬木（Hardwood）：由落叶木形成的木材。

直角接合（Head joint）：砖墙中的垂直砂浆层。

露头砖（Header）：过梁；在钢结构中表示的次梁；在砖石体系中表示突出墙体外表面的砖块。

重木（Heavy timber）：最小宽度和厚度不小于127mm的结构原木。

热轧钢（Hot-rolled steel）：通过加热和轧制使其定型的钢材。

HSLA：高强度低合金钢材

HUD：住区与都市发展

HVAC：制冷、加热和空气调节

I

IBC：国际建筑设计规范

I型梁（I—beam）：美国标准钢材剖面，现在已经过时不用了。有I型和H型。

绝缘／绝热（Insulation）：材料对于延缓或组织热传导或电流传导的性能。

J

门窗梃（Jamts）：门或窗的垂直构架。

托梁（Joists）：质轻，排列紧密的支撑楼板或是平屋顶的梁。

K

拱心石（Keystone）：在拱形顶部中心的楔形石头。

L

碾压（Laminate）：材料一层与一层之间相互黏结。

过梁（Lintel）：承载用于开门、开窗的墙体开口部位的荷载。

窗格玻璃（Lite）：长方形玻璃；经常以不同形式分割，以避免影响可见光的照射。

荷载（Loads）：作用在结构上的力。静荷载是指固定物和静态构件的荷载，比如建筑外表皮、自身结构和设备。动荷载是指建筑物中的变化荷载，包括人、雪、车辆和家具等的荷载。

纵向的（Longitudinal）：长度方向的。

天窗（Louver）：屋顶上开的窗，可用于通风、采光或是观景。

M

砖石工程（Masonry）：砖块作业、砌块作业和石材作业。

国际公制化（Metrication）：将度量体系转换成国际公制。

夹层（Mezzanine）：在楼地面和楼层顶棚之间的楼面层。

低碳钢（Mild steel）：含碳量低的钢材。

磨光作业（Millwork）：建筑室内精修作业的一部分，包括橱柜、门窗、线脚和楼梯。

模型（Model）：以一定比例制作的建筑物或是建筑构件；在计算机绘图和建模中，模型制作成二维的或三维的。

线脚（Molding）：由木材、石膏或是其他材料制成的装饰带。

砂浆（Mortar）：由水泥、碱石灰、细小的骨料（砂子）和水分制成的建筑材料，用于砖块之间的相互黏结。

直棂（Mullion）：两块相临窗格玻璃或是亮子玻璃中的水平或垂直杆件。

窗格条（Muntin）：在小的窗格玻璃分格或窗扇之间的水平或垂直的分隔条。

聚脂薄膜（Mylar）：聚脂胶片，涂层后可用于制图。

N

壁龛（Niche）：墙壁等的凹进处，经常用于设置雕像。

额定尺寸（Nominal）：给材料制定的相近的使用尺寸。

O

使用率（Occupancy）：建筑物的使用列表，以确定选择的规范种类。

尖拱（Ogee）：由相反曲线形成的外形轮廓线（凹曲线在上凸曲线在下）。

悬垂（Overhang）：突出墙体的下垂物。

P

参数（Parametric）：一个或多个变量，对其进行变动会造成不同的结果，在参数化建模中，要通过数据库对所有设计元素的变化进行同时追踪记录。

女儿墙（Parapet）：突出平台的低矮的墙体部分，常位于屋顶上部。

变位（Parti）：管理和组织建筑作品的中心思想。

分隔墙（Partition）：室内用于分隔的非承重墙体。

被动式吸热（Passive solar）：建筑物自然取暖和制冷的技术，通过采用高效节能的材料和适当的安置位置来实现。

山墙（Pediment）：屋顶侧面两端的微倾的墙体，经常刻有浮雕。

穹拱（Pendentive）：曲线的、三角形的支撑，是由方形向穹顶的变形体。

屋顶房间（Penthouse）：屋顶上部用于安置机械设备的房间；阁楼

列柱廊（Peristyle）：由列柱形成的廊道空间。

桩基/扶壁（Pier）：沉箱基础的一种；支撑拱顶的结构构件。

壁柱（Pilaster）：深入墙体的扶壁。

支柱（Pillar）：非古典柱式的承重柱。

底层架空（Pilotis）：柱子或支柱将建筑物从底部抬高升起。

屋面坡度（Pitch）：建筑物屋面的倾斜角度。

平面图（Plan）：建筑物的水平平面制图，表明相互之间的关系，可视为建筑物的水平剖面。

压力通风空间（Plenum）：用于设置制冷或加热管道的空腔，经常安装在吊顶中。

砖砌勾缝（Pointing）：在布置好砖层后进行的用砂浆粘砌的过程，作为精修接缝的方式或修复现有接缝。

门廊（Portico）：入口廊。

预制混凝土（Precast concrete）：不在施工地点浇注的混凝土。

装配式建筑（Prefabricated building）：在工厂中将建筑的构件，如墙体、楼板和屋顶等，制作完成，然后运到施工地点组装。

檩条（Purlin）：横跨建筑屋顶的梁，用于支撑屋顶结构板。

Q

隅石（Quoin）：在墙体角部的石材，明显区别周围墙体，带有不同的纹理或有更深的接缝以突出石材。

R

槽口（Rabbet）：木材上用于接口的凹口或是门框架上的凹进处。

椽子（Rafter）：屋顶框架结构件，与屋顶斜坡方向一致。

天花板平面图（Reflected ceiling plan）：颠倒的天花板布置图。

挡土墙（Retaining wall）：用于防止出水或其他材料移位的施工墙。

建议申请书（Request for Proposal）（RFP）向承包商、建筑师或是子承包商提供的关于预算或投资建议的请求。

肋（Rib）：板材中的折叠或弯曲构件。

屋脊（Ridge）：两坡屋面相交形成的水平线。

升起（Rise）：立面上不同的抬起升高。

梯级竖板（Riser）：两楼梯踏步间的垂直界面。

房间中空比例（Room cavity ratio）：房间的尺寸比例，用于确定需要安装多少灯具。

带圆顶的建筑物（Rotun－da）：平面圆形，屋顶为穹顶的建筑物。

水平投影长度（Run）：楼梯、坡道或其他带有坡度的构件，它们在水平方向的长度。

R植（R－value）：描述材料的隔热性能的数据。

S

做法表（Schedule）：建筑制图中的表格或图表，包含建筑材料、精修做法、建筑设备、门窗类型和数量以及指示符号等的相关信息。

工程范围（Scope of work）：书面的在工程中由承包人负责的工作。

剖面图（Section）：建筑制图的一种，是建筑部件垂直剖切后的视图，可看作是建筑的垂直平面。

柱身/竖井（Shaft）：柱子的主干部位，介于柱础和柱头之间；也表示建筑物内部设置垂直管道的管道井和电梯井。

石膏板胶纸夹板（Sheet－trock）：石膏墙板的品牌名称。通常用来指任何一种石膏或石墙。

SI：国际公制

现浇混凝土（Sitecast）：在施工地点浇注的混凝土。

地面板（Slab on grade）：直接依靠地面承重的混凝土板。

内面（Soffit）：过梁、拱形或是悬垂物的精修内面。

软公制（Soft metric）：其他度量体制与国际公制之间的精确转换。

软木（Softwood）：由针叶树木形成的木材。

弄碎（Spall）：因混凝土或砖石的风化作用，使表面形成碎片。

跨度（Span）：两个支撑体之间的距离。

窗下墙/拱肩(Spandrel)：窗户可见面积间的室外墙体，能够隐蔽结构楼板；拱形曲线间的三角形空间，以长方形外轮廓封闭。

明细表(Specifications)：书面的建筑材料和建筑构造介绍，是建筑施工图纸的一部分。

声音传递等级（STC)：是描述空气中声音传递丢失量等级的一组数据。它是在精密测试条件下在声学实验室中得到的。

门竖梃（Stile）：门的框架构件。

楼梯斜梁（Stringer）：楼梯中，支撑踏步的木质或钢质构件。

可持续设计（Sustainable design）：考虑环境因素的设计体系，即在满足当代人需求的同时，以不损害下一代人的利益为出发点进行的设计。

T

玻璃传热性能（Thermal performance）：玻璃在阻止热量传递方面的性能。

亮子（Transom）：门窗上部的开口部位，可装上玻璃或实心木板。

Transverse：成十字状的。

踏步（Tread）：楼梯两级高之间的水平界面。

视错觉（Trompe–l'oeil）：使二维的绘画或是装饰看起来像是三维的。

桁架（Truss）：由三角形结构构件形成的结构框架，能够将作用的非轴向力转换成轴向力。

U

未刨的木材（Undressed lumber）：没有经过平削的木材。

V

屋谷（Valley）：由两个相交坡屋面形成的形式。

价值工程学（Value engineering）：采用替代的材料、设备和体系所产生的性价比的分析过程，经常用于低投资高收益的工程项目。

穹隆顶（Vault）：拱顶的形式之一。

饰面板（Veneer）：薄的面层、片板。

乡土建筑（Vernacular）：以本土材料、建造方式和传统工艺建造的建筑物。

W

横撑（Waler）：在混凝土框架中的水平支撑梁。

（楼梯的）斜踏步（Winder）：L型楼梯中进行90度转角的楔形踏步。

砖脉（Wythe）：一单元厚的石造/砖筑建筑层。

Z

金字型神塔（Ziggurat）：古代亚述及巴比伦的踏步位于背面的祭祀用神塔。

第28章　参考资料

本书提供的是关于与建筑设计和建筑构造相关，方便查阅的内容和信息，仅仅是冰山一角而已。如果读者想查阅更多相关主题的资料，请参考以下列出的资源信息，这些参考资料具有相当大的实用价值。其中有很多的参考资料可以在大设计公司的图书资料室，多数建筑院校的图书馆，甚至在一些地方的图书资料馆都可以查阅到。许多科目的网站也为读者提供了方便快捷的免费查询方式，同时对于商品制造商或是商业相关信息也提供了很有价值的参考。要声明的是，网站上的内容和地址是经常会改变的。

建筑和设计专业

报纸和期刊

Architecture (月刊，美国); www.architecturemag.com

Architectural Record (月刊，美国); www.archrecord.com

Architectural Review (月刊，英国); www.arplus.com

Arquitectura Viva (双月刊，西班牙); www.arquitecturaviva.com

a+u (Architecture and Urbanism) (月刊，日本); www.japan-architect.co.jp

Casabella (月刊，意大利)

Detail (双月刊，德国); www.detail.de

El Croquis (每年5本，西班牙); www.elcroquis.es

JA (Japan Architect) (季刊，日本); www. japanarchitect.co.jp

Lotus International (季刊，意大利); www.editorialelotus.it

Metropolis Magazine (月刊，德国); www.metropolismag.com

网站

www.archinect.com

www.archinform.net

www.architectureweek.com

www.archittetura.it

通用规范

Architectural Graphic Standards, 10th ed.
Charles George Ramsey, Harold Sleeper, and John Hoke; John Wiley & Sons, 2000
The CD-ROM, version 3.0., is also available.

Neufert Architects' Data, 3rd ed.
Blackwell Publishers, 2000

Fundamentals of Building Construction: Materials and Methods, 4th ed.
Edward Allen and Joseph Iano; John Wiley & Sons, 2003

Pocket Ref, 3rd ed.
Thomas J. Glover, Sequoia Publishing, 2001

Understanding Buildings: A Multidisciplinary Approach
Esmond Reid; MIT Press, 1994

Building Construction Illustrated
Francis D. K. Ching and Cassandra Adams; John Wiley & Sons, 1991

Skins for Buildings: The Architect's Materials Sample Book
David Keuning et al.; Gingko Press, 2004

Annual Book of ASTM Standards
American Society for Testing Materials, 2005
Seventy-plus volumes contain more than 12,000 standards available in print, CD-ROM, and online formats.

www.ansi.org (American National Standards Institute)

www.nist.gov (National Institute of Standards and Technology)

01 基本几何体与画法几何

Pocket Ref, 3rd ed.
Thomas J. Glover; Sequoia Publishing, 2001

Basic Perspective Drawing: A Visual Approach, 4th ed.
John Montague; John Wiley & Sons, 2004

Graphics for Architecture
Kevin Forseth with David Vaughan; Van Nostrand Reinhold, 1980

Basic Perspective Drawing: A Visual Approach, 4th ed.
John Montague; John Wiley & Sons, 2004

02 建筑制图的类型

Design Drawing
Francis D. K. Ching and Steven P. Juroszek; John Wiley & Sons, 1997

03 工程管理和建筑文件

The Architect's Handbook of Professional Practice, 13th ed.
Joseph A. Demkin, ed.; American Institute of Architects, 2005

www.uia-architectes.org

www.aia.org

www.iso.org

www.constructionplace.com

www.dcd.com (Design Cost Data)

04 工程标准

MasterSpec Master Specification System for Design Professionals and the Building/Construction Industry
ARCOM, ongoing; www.arcomnet.com

Construction Specifications Portable Handbook
Fred A. Stitt; McGraw-Hill Professional, 1999

The Project Resource Manual–CSI Manual of Practice
Construction Specifications Institute and McGraw-Hill Construction, 2004

www.csinet.org (Construction Specifications Institute)

05 尺规绘图

Architectural Drawing: A Visual Compendium of Types and Methods, 2nd ed.
Rendow Yee; John Wiley & Sons, 2002

Architectural Graphics, 4th ed.
Francis D. K. Ching; John Wiley & Sons, 2002

06 计算机制图标准与指南

U.S. National CAD Standard, version 3.1
2004; www.nationalcadstandard.org

AutoCAD User's Guide
Autodesk, 2001

AutoCad 2006 Instructor
James A. Leach; McGraw-Hill, 2005

www.nibs.org (National Institute of Building Sciences)

www.pcmag.com

07 人体尺度

The Measure of Man and Woman: Human Factors in Design, rev. ed.
Alvin R. Tilley; John Wiley & Sons, 2002

Human Scale, vol. 7: Standing and Sitting at Work, vol. 8: Space Planning for the Individual and the Public, and vol. 9: Access for Maintenance, Stairs, Light, and Color
Niels Diffrient, Alvin R. Tilley, and Joan Bardagjy; MIT Press, 1982
Both above-cited books draw on information produced by Henry Dreyfuss Associates, a leading firm in the development of anthropometric data and its relationship to design.

08 形式与组织

Architecture: Form, Space and Order, 2nd ed.
Francis D. K. Ching; John Wiley & Sons, 1995

Harmonic Proportion and Form in Nature, Art and Architecture
Samuel Colman; Dover Publications, 2003

09 居住空间

In Detail : Single Family Housing
Christian Schittich; Birkhäuser, 2000

Dwell Magazine (bimonthly, USA); www.dwellmag.com

www.residentialarchitect.com

www.nkba.com (National Kitchen & Bath Association)

10 公共空间

Time-Saver Standards for Interior Design and Space Planning, 2nd ed.
Joseph De Chiara, Julius Panero, and Martin Zelnik; McGraw-Hill Professional, 2001

The Architects' Handbook
Quentin Pickard, ed.; Blackwell Publishing, 2002

In Detail: Interior Spaces: Space, Light, Material
Christian Schittich, ed.; Basel, 2002

11 停车场

Parking Structures: Planning, Design, Construction, Maintenance & Repair, 3rd ed.
Anthony P. Chrest et al.; Springer, 2001

The Dimensions of Parking
Urban Land Institute and National Parking Association, 2000

The Aesthetics of Parking: An Illustrated Guide
Thomas P. Smith; American Planning Institute, 1988

Parking Spaces
Mark Childs; McGraw-Hill, 1999

www.apai.net (Asphalt Paving Association of Iowa – Design Guide)

www.bts.gov (Bureau of Transportation Services)

12 ADA与无障碍设计

ADA Standards for Accessible Design
U.S. Department of Justice
www.usdoj.org/crt/ada; 1-800-514-0301 (voice) or 1-800-514-0383 (TDD).

ADA and Accessibility: Let's Get Practical, 2nd ed.
Michele S. Ohmes; American Public Works Association, 2003

Guide to ADA & Accessibility Regulations: Complying with Federal Rules and Model Building Code Requirements
Ron Burton, Robert J. Brown, and Lawrence G. Perry; BOMA International, 2003

Pocket Guide to the ADA: Americans with Disabilities Act Accessibility Guidelines for Buildings and Facilities, 2nd ed.
Evan Terry Associates; John Wiley & Sons, 1997

www.signs.org

13 可持续设计

Sustainable Architecture White Papers (Earth Pledge Foundation Series on Sustainable Development)
David E. Brown, Mindy Fox, Mary Rickel Pelletier, eds.; Earth Pledge Foundation, 2001

Cradle to Cradle: Remaking the Way We Make Things
William McDonough and Michael Braungart; North Point Press, 2002

www.greenbuildingpages.com

www.buildinggreen.com (Environmental Building News)

www.usgbc.org (U.S. Green Building Council)

14 结构体系

LRFD (Load and Resistance Factor Design) Manual of Steel Construction, 3rd ed.
American Institute of Steel Construction, 2001; www.aisc.org

Steel Construction Manual
Helmut Schulitz, Werner Sobek, and Karl J. Habermann; Birkhäuser, 2000

Structural Steel Designer's Handbook
Roger L Brockenbrough and Frederick S. Merritt; McGraw-Hill Professional, 1999

Steel Designers' Manual
Buick Davison and Graham W. Owens, eds.; Steel Construction Institute (UK).

Graphic Guide to Frame Construction: Details for Builders and Designers
Rob Thallon; Taunton Press, 2000

www.key-to-steel.com

www.awc.org (American Wood Council)

15 机械问题

Mechanical and Electrical Systems in Construction and Architecture, 4th ed.
Frank Dagostino and Joseph B. Wujek; Prentice Hall, 2004

Mechanical and Electrical Equipment for Buildings, 9th ed.
Ben Stein and John S. Reynolds; John Wiley & Sons, 1999

Mechanical Systems for Architects
Aly S. Dadras; McGraw-Hill, 1995

www.homerepair.about.com

www.efftec.com

www.saflex.com

16 照明

Lighting Handbook Reference, 9th ed.
Mark S. Rea, ed.; IESNA, 2000

Lighting the Landscape
Roger Narboni; Birkhäuser, 2004

1000 Lights, vol. 2: 1960 to Present
Charlotte and Peter Fiell; Taschen, 2005

www.archlighting.com

www.iesna.org (Illuminating Engineering Society of North America)

www.iald.org (International Association of Lighting Designers)

17 楼梯

Stairs: Design and Construction
Karl J. Habermann; Birkhäuser, 2003

Staircases
Eva Jiricna; Watson-Guptill Publications, 2001

Stairs: Scale
Silvio San Pietro and Paola Gallo; IPS, 2002

18 门

Construction of Buildings: Windows, Doors, Fires, Stairs, Finishes
R. Barry; Blackwell Science, 1992

19 窗户与玻璃装配

Glass Construction Manual
Christian Schittich et al.; Birkhäuser, 1999

Detail Praxis: Translucent Materials—Glass, Plastic, Metals
Frank Kaltenbach, ed.; Birkhäuser, 2004

www.GlassOnWeb.com (glass design guide)

www.glass.org (National Glass Association)

20 木材

Laminated Timber Construction
Christian Müller; Birkhäuser, 2000

Wood Handbook: Wood as an Engineering Material
Forest Products Laboratory, U.S. Department of Agriculture

Timber Construction Manual
Thomas Herzog et al.; Birkhäuser, 2004

Detail Praxis: Timber Construction—Details, Products, Case Studies
Theodor Hughs et al.; Birkhäuser, 2004

AITC Timber Construction Manual, 5th ed.
American Institute of Timber Construction, 2004

AWI Quality Standards, 7th ed., 1999

www.awinet.org (Architectural Wood Institute)

www.lumberlocator.com

21 砖石

Masonry Construction Manual
Günter Pfeifer et al.; Birkhäuser, 2001

Masonry Design and Detailing for Architects and Contractors, 5th ed.
Christine Beall; McGraw-Hill, 2004

Complete Construction: Masonry and Concrete
Christine Beall; McGraw-Hill

Design of Reinforced Masonry Structures
Narendra Taly; McGraw-Hill Professional, 2000

Reinforced Masonry Design
Robert R. Schneider; Prentice-Hall, 1980

Indiana Limestone Handbook, 21st ed.
Indiana Limestone Institute, 2002

www.bia.org (Brick Industry Association)

22 混凝土

Concrete Construction Manual
Friedbert Kind-Barkauskas et al.; Birkhäuser, 2002

Construction Manual: Concrete and Formwork
T. W. Love; Craftsman Book Company, 1973

Precast Concrete in Architecture
A. E. J. Morris; Whitney Library of Design, 1978

Concrete Architecture: Design and Construction
Burkhard Fröhlich; Birkhäuser, 2002

www.fhwa.dot.gov (Federal Highway Administration)

www.aci-int.org (American Concrete Institute)

23 金属

SMACNA Architectural Sheet Metal Manual, 5th ed.
1993

Metal Architecture
Burkhard Fröhlich and Sonja Schulenburg, eds.; Birkhäuser, 2003

Steel and Beyond: New Strategies for Metals in Architecture
Annette LeCuyer; Birkhäuser, 2003

www.corrosion-doctors.org

www.engineersedge.com

24 精修

The Graphic Standards Guide to Architectural Finishes: Using MASTERSPEC to Evaluate, Select, and Specify Materials
Elena S. Garrison; John Wiley & Sons, 2002

Interior Graphic Standards
Maryrose McGowan and Kelsey Kruse; John Wiley & Sons, 2003

Detail Magazine—Architectural Details 2003
Detail Review of Architecture, 2004

Extreme Textiles: Designing for High Performance
Matilda McQuaid; Princeton Architectural Press, 2005

Sweets Catalog
McGraw-Hill Construction, ongoing; www.sweets.com

25 时间轴

History of Architecture on the Comparative Method: For Students, Craftsmen & Amateurs, 16th ed.
Sir Banister Fletcher; Charles Scribner's, 1958

Modern Architecture: A Critical History, 3rd ed.
Kenneth Frampton; Thames & Hudson, 1992

A World History of Architecture
Marian Moffett et al.; McGraw-Hill Professional, 2003

Source Book of American Architecture: 500 Notable Buildings from the 10th Century to the Present
G. E. Kidder Smith; Princeton Architectural Press, 1996

Architecture: From Prehistory to Postmodernism, 2nd ed.
Marvin Trachtenberg and Isabelle Hyman; Prentice-Hall, 2003

Encyclopedia of 20th-Century Architecture
V. M. Lampugnani, ed.; Thames and Hudson, 1986

26 建筑元素

A Visual Dictionary of Architecture
Francis D. K. Ching; John Wiley & Sons, 1996

De architectura (Ten Books on Architecture)
Marcus Vitruvius Pollio, ca. 40 B.C.

27 词汇表

The Penguin Dictionary of Architecture and Landscape Architecture, 5th ed.
John Fleming, Hugh Honour, and Nikolaus Pevsner; Penguin, 2000

Dictionary of Architecture, rev. ed.
Henry H. Saylor; John Wiley & Sons, 1994

Dictionary of Architecture and Construction, 3rd ed.
Cyril M. Harris; McGraw-Hill Professional, 2000

Means Illustrated Construction Dictionary
R. S. Means Company, 2000

Architectural and Building Trades Dictionary
R. E. Putnam and G. E. Carlson; American Technical Society, 1974

图片鸣谢

吉萨金字塔: Erich Lessing, Art Resource, New York; 200页

史前巨石库: Anatoly Pronin, Art Resource, New York; 200页

帕提农神庙: Foto Marburg, Art Resource, New York; 201页

半兽场: Alinari, Art Resource, New York; 201页

山岳台: Vanni, Art Resource, New York; 201页

圣维托教堂: Scala, Art Resource, New York; 202页

巴黎圣母院: Scala, Art Resource, New York; 202页

圣母百花大教堂: Scala, Art Resource, New York; 203页

圣塔玛利亚诺维拉: Erich Lessing, Art Resource, New York; 203页

圆厅别墅: Vanni, Art Resource, New York; 203页

圣卡罗教堂: Scala, Art Resource, New York; 204页

盐场: Vanni, Art Resource, New York; 205页

水晶宫: Victoria & Albert Museum, Art Resource, New York; 205页

菲尔德批发市场: Chicago Historical Society / Barnes-Crosby; 205页

德国馆: Museum of Modern Art / licensed by Scala, Art Resource, New York. © 2006 Artists Rights Society (ARS), New York / VG Bild-Kunst, Bonn; 206页

爱因斯坦天文台: Erich Lessing, Art Resource, New York; 206页

包豪斯: Vanni, Art Resource, New York. © 2006 Artists Rights Society (ARS), New York / VG Bild-Kunst, Bonn; 206页

流水野墅: Chicago Historical Society / Bill Hedrich, Hedrich-Blessing; 206页

栗子山住宅: Rollin R. La France, Venturi, Scott Brown and Associates; 207页

西雅图公共图书馆: LMN Architects / Pragnesh Parikh; 207页

致谢

Special thanks to Adam Balaban, Dan Dwyer, John McMorrough, Rick Smith, and Ron Witte.

Every attempt has been made to cite all sources; if a reference has been omitted, please contact the publisher for correction in subsequent editions.

关于作者

在波士顿、堪萨斯城和纽约，**朱莉娅·麦克莫罗**女士的设计涉及到很多的工程项目类型，包括医院、图书馆、大学建筑以及建筑师事务所等。目前，她以设计师和研究合伙人的身份在APT工作室工作。她在堪萨斯大学获得建筑学学士学位，并在哥伦比亚大学获得理科学硕士学位。现居于美国俄亥俄州哥伦比亚城。